부억에서 물리 찾기 ①

부엌에서 물리 찾기 1

청유재 사람들 지음

북스힐

글을 시작하며

부엌에서 찾는 **물리**라니! '우물에서 찾는 숭늉'만큼이나 부엌과 물리는 멀어 보입니다. 그런데 우리가 부엌에서 음식물을 조리하는 일은 과학자가 연구실에서 탐구하는 일과 비슷합니다. 과학자는 어떤 현상을 설명하기 위해 가설을 세운 뒤, 이를 증명하기 위해 실험을 하고, 그 실험 결과를 분석하여 더 나은 가설을 세우는 과정을 되풀이하지요. 이런 과정으로 과학자는 더 보편적인 법칙을 발견하고 과학은 더 정교하게 다듬어지며 발전합니다. 이런 연구 과정을 요리와 비교해볼까요? 이 재료와 저 재료를 섞어보면 어떨지, 지금까지 조리한 것과 다른 방식으로 조리해보면 어떨지 생각해보는 것은 가설을 세우는 것과 같습니다. 그리고 실제로 그 아이디어를 시도해서 먹어보고 다음 요리에 참조하는 것을 되풀이하여 최상의 요리를 만드는 것 과학자가 하는 일과 똑같지 않나요? 거기까지 갈 것도 없습니다. 채집한 식물이나 동물이 먹어도 되는지, 먹으면 죽는지를 알아내는 것은 인류 최초의 과학적 탐구활동이었지요. 어떤 것을 먹을 수 있는지 더 나아가

몸에 더 좋은지 구분해 놓은 것이야말로 인류가 가진 최고의 과학지식이 아닐까요? 복요리를 먹을 때마다 이런 생각을 합니다. '복어를 먹으면 사람이 죽는 것을 알면서도 기어이 안전한 조리법을 찾아낸 사람은 누구일까? 그 노력과 과정보다 더 훌륭한 현대 과학적 탐구활동이 있을까?'라고요.

'부엌에서 물리찾기'가 낯설게만 느껴지는 이유는 또 있습니다. 음식 또는 요리를 과학과 연결하라고 하면 대부분은 생물학이나 화학을 머리에 떠올립니다. 초등학교부터의 과학 수업에서 배운 포도당의 광합성이나 녹말의 소화가 주로 기억에 남아있기 때문입니다. 우리가 먹는 쌀이나 감자는 식물의 광합성 작용으로 만들어진 포도당이 녹말로 저장된 것이고 그것들을 우리 몸에서 다시 분해해서 살아갈 에너지를 얻는 과정이 소화지요. 우리는 혀에서 어느 부분이 단맛을 느끼는지, 단맛을 내는 설탕과 포도당의 화학식과 그 구조도 배웠습니다. 간장과 식초는 발효라는 생화학적 과정의 산물이지요. 소금으로 간을 맞추는 작업은 화학 실험실에서 시약의 농도를 조절하는 것을 생각나게 하는 작업이고, 잘 구워진 빵의 표면이 갈색으로 변하는 것은 마이야르 반응이라는 틀림없는 화학반응입니다. 그래서 '맛있는 화학', '부엌의 화학자'와 같은 제목의 책도 있습니다.

그렇지만 부엌에서 생물학적, 화학적 과정은 생각만큼 많이 일어나지는 않습니다. 오히려 부엌에서 일어나는 일은 대부분 물리학적 과정입니다. 물체의 운동이나 전자기장을 복잡한 수식을 이용해서 다루는 딱딱한 물리학이 맛있는 음식을 요리하는 것과는 전혀 어울리지 않아 보이지요? 물론 현대의 부엌에서 사용하는 모든 조리기구는 물리학의 원리를 이용한 것입니다. 각 가정에 전기를 공급할 수 있는 것은 패러데이의 법칙 덕분입니다. 주방에서 전기를 사용하지 못한다면 어떤 일이 벌어질까요? 음식물을 간단히 데우거나 익힐 수 있는 전자레인지는 2차대전 때 마이크로파를 이용한 레이다를 만드는 기술을 이용한 것이고, 음식이 달라붙지 않는 프라이팬은 NASA에서 우주선에 우주 먼지가 달라붙지 않게 하도록 개발한 코팅 기술을 활용한 것입니다. 오븐을 300℃에 맞춰주는 온도조절장치와 가스레인지 불이 꺼지면 가스가 새어 나오지 않도록 막아주는 안전장치는 모두 열전대 현상을 이용합니다. 하지만 이 책에서 이런 종류의 이야기를 하려는 것은 아닙니다.

요리 과정을 다시 한번 생각해볼까요? 칼로 음식 재료를 알맞은 크기로 써는 것은 물리적인 일입니다. '에이 그까짓 것!'이라고요? 우리는 호랑이나 독수리처럼 날카로운 송곳니나 부리를 가지고 있지 않습니다. 소나 양처럼 튼튼한 어금니도 없지요. 그런 우리 인간이 지구의 생명체 중 최상위를 차지할 수 있는 것은 칼로 음식을 잘게 자를 수 있게 된 덕분이기도 합니다. 재료를 칼로 잘게 썰면 음식물을 익힐 때 열의 확산이 잘 일어나게 합니다. 달걀을 익힐 때 일어나는 일은 화학적 변화가 아니라 물리적 변화입니다. 화학적 변화가 일어난 달걀은 먹을 수 없지요. 고기를 불판에 올려놓거나 빵가루 입힌 새우를 기름에 넣을 때 우리는 라이덴프로스트 효과라고 부르는 물리 현상을 이용합니다. 요리하는 사람 대부분 그 이름이나 원리를 모르지만, 떨어뜨린 물방울이 증기로 되지 않고 방울이 되어 돌아다니면 튀기기에 알맞은 온도가 되었다는 것은 알지요. 포도주를 잔에 따를 때 병 주둥이 밖에 묻어 흐르는 것도 물리적 원리로 설명이 됩니다. 이스트를 넣은 밀가루 반죽이 부풀어 오르는 것은 효모균의 무기호흡이나 유기호흡과 같은 생물학과 화학만 관계하는 것이 아니라 글루텐이 만든 막에 기체가 갇힌 물리적 현상이기도 합니다. 프라이팬을 빠르게 들썩여서 파전을 뒤집는 데에는 '재미없는 물리학'을 대표하는 물체의 운동 법칙이 적용됩니다.

그렇다고 이 책의 목적이 '부엌에서 일어나는 많은 일이 화학이나 생물이 아닌, 물리적 현상이다'라고 주장하며 다른 분야의 학문과 경쟁하려는 것도 물론 아닙니다. 과학을 물리학, 화학, 생물학이라고 엄격한 경계로 나누는 것은 의미가 없습니다. 현대에 와서 과학이 복잡해져서가 아니라 사실 처음부터 그랬습니다. 이 책은 우리가 부엌에서 '어? 이것 왜 그러지?'라고 나올 수 있는 질문에 대해 끝까지 파고들어 현재 옳다고 받아들여진 물리학 법칙이나 원리로 설명해보려는 것입니다. '가장 기초적인 법칙으로 자연현상을 설명하려는 것'이 물리학이고, 그렇게 했을 때만 우리는 어떤 현상에 대해 '안다'라고 말할 수 있으니까요.

과학에 관심이 많은 초등학생에게 '무거운 비행기가 어떻게 해서 공중에 뜨지?'라고 물으면 '양력 때문에요'라고 잘 대답합니다. 그리고는 사람들 대부분은 이 초등학생 정도의 '과학적' 지식으로 평생을 삽니다. 그런데 '양력이 작용해서 비행기가 뜬다'라는 것은 과학적 지식이 아닙니다. 양력은 '띄우는 힘'이니까 '비행기가 띄우는 힘이 있어서 뜬다'라고 알고 있는 것이 결코 과학적 지식이 될 수 없지요. '비행기를 띄우는 힘을 무엇이라고 하나?'라는 국어 시험문제의 답은 '양력'이 맞겠지요. '물체를 던지면 포물선을 그린다', 또는 '달걀흰자를 불로 요리하면 단백질 변성이 일어나 굳는다'라는 과학적 지식도 결국은 포물선과 변성이라는 단어를 아는 것에 불과합니다. '포물선'은 '던진 물체가 그리는 선'이라는 뜻이고 '변성'이라는 것은 '성질이 변했다'라는 것인데 앞에 있는 두 문장은 '포물선'과 '단백질 변성'에 대한 국어 사전적 정의에 불과하니까요. 이 책에서는 온도가 올라가면 달걀흰자의 단백질에 어떤 일이 일어나서 끈적한 액체이던 흰자가 말랑말랑한 겔로 굳고, 왜 이것이 흰색으로 보이는지를 물리학적으로 설명해보고자 합니다.

부엌에서 일어나는 현상 중 아무리 신기한 것이라 해도 물리학적으로 분석하려고 들면 어려워지고 딱딱해질 수밖에 없습니다. 더구나 이 책은 어떤 현상에 대해 '왜?'라는 질문을 계속해서 던져 기본적인 물리 법칙에 다다르는 것을 목표로 삼았으니 더욱더 그렇겠지요. 예를 들어, 이 책에서는 '달걀노른자가 왜 노란가?'라는 질문에 대해 '그 안에 잔토필이라는 색소분자가 있어서이다'라는 대답으로 만족하지 않습니다. 이것은 '왜 은행잎이 노랗게 물드는가?'에 대한 이유까지도 설명하는 보다 보편적인 지식이기는 하지만 결국은 '노란색으로 보이게 하는 색소는 잔토필이다'라는 단답형 지식이니까요. 이 책은 '왜 잔토필 분자가 들어 있으면 노란가?'라고 다시 묻고 '잔토필 분자가 파장이 짧은 파란색이나 보라색 빛을 흡수하기 때문'이라는 답에 대해서도 또 '왜?'라는 질문을 던지고 끝까지 답을 찾아가 보려고 합니다. 우리는 이렇게 끝장을 보는 설명에 대해 자신의 궁금증을 풀어주었다고 좋아하며 무릎을 칠 독자가 틀림없이 있을 것이라고 믿습니다. 우리 인류는 무엇인가에 대해 알고자 하는 욕구를 유전적으로 가지고 있는 호모 사피엔스니까요. 이 책은 '알아도 아무짝에도 쓸데가 없는 신변잡기'를 재미있어하는 진정한 호모 사피엔스를 독자로 생각하고 만들었습니다.

이 책에서 다루는 내용은 어떤 것은 고등학교 물리 수준보다 높은 것도 있고, 어떤 것은 이공계 대학교의 일반물리학, 심지어는 물리 전공자가 배우는 양자역학을 포함하고 있기도 합니다. 수식을 거의 사용하지 않고 쉽게 설명하려고 노력했지만, 결코 가볍게 읽을 수 있는 책은 아닙니다. 그럼에도 불구하고 우리는 초등학생이 꼭 읽기를 바라며 이 책을 만들었습니다. 과학이 좋아서 장래에 과학자가 되려고 하는 초등학생이 과학지식을 무조건 받아들이기 전에 세상을 자신의 눈으로 보고 자연에 대한 호기심부터 가지기를 바라기 때문입니다. 책에 나오는 질문은 모두 유치원생 또는 초등학생이 던질 수 있는 것입니다. 그래서 어린 학생들이 아직 그 이유나 원리에 대한 설명을 모두 이해하지 못하더라도, 이 책의 '왜 그릇이 바닥에 떨어지면 깨지지?'와 같은 황당하고도 우스꽝스럽기까지 한 질문들로부터 과학적인 질문을 던지는 법을 배울 수 있기를 바랍니다. 학생들이 이 책을 통해 아주 싱거운 질문에 대해서조차 아직 제대로 대답하지 못하고 있다는 것, 지금도 많은 과학자가 답을 찾고 있다는 것, 그리고 뉴턴, 켈빈, 아인슈타인, 파인만 같은 유명한 과학자들도 이러한 사소한 문제에 대해서 관심을 가졌었다는 것을 알게 된다면 좋겠습니다. 그래서 우리의 과학 꿈나무들이 훌륭한 과학자가 되려면 남이 만든 어려운 질문에 대한 답을 찾으려 하지 말고 스스로 멋진 문제를 만들어야 한다는 것을 깨달았으면 합니다.

우리나라의 과학교육에서는 학생들이 스스로 궁금해하기도 전에 너무도 많은 내용을, 그것도 'OO는 OO이다' 또는 'OO는 OO이기 때문이다'라고 가르칩니다. 이 지식에 대한 단답형 문제를 푸는 대학수학능력시험이 지속되는 한 이러한 교육은 변하지 않을 것입니다. 이런 교육에서는 배운 내용을 심지어 전혀 이해하지 못한 것까지도 지극히 당연한 것으로 받아들여야 합니다. 그래야 답을 맞힐 수 있으니까요. 시험을 치르고 나면 문제의 정답을 맞히지 못한 학생은 물론 맞힌 학생조차 그 당연한 내용에 대해서는 더 알아보려고 하지 않을 것입니다. 선생님들도 이미 알고 있는 내용이고, 앞선 천재 과학자들이 다 풀어버렸다고 생각하니까요. 그래서 높은 점수를 받아 우수한 대학교에 입학한 학생들도 대학원에 진학하면 연구를 어려워

합니다. 모르는 것이 없다고 생각하니 무엇을 연구해야 할지 모르는 것이지요. 역설적이지요? 그렇지만 자기가 배운 것에 대해 모르는 것이 없다면 그것은 제대로 알지 못하고 있는 것입니다. 세미나를 듣고 나서 질문을 할 것이 없다면, 그 내용을 모두 이해해서가 아니라 오히려 제대로 이해하지 못했기 때문이 아니셨어요?

어떤 내용에 대해 능숙하게 시험문제를 잘 푸는 학생들은 이제 더 알아야 할 것이 없다고 생각하겠지만, 아직도 과학자들이 정확하게 알지 못하는 것 하나만 이야기해 볼까요? 메테인 CH_4가 연소하여 이산화탄소와 물이 되는 것은 중학교 과학 시간에 모두 배웁니다. 몇 분자의 CH_4와 O_2가 만나 몇 분자의 CO_2와 H_2O가 되는지도 알지요. 하지만 이 연소가 어떤 과정을 통해 일어나는지는 최근에 와서야 밝혀지고 있습니다. 이 책의 엉뚱한 질문과 그 질문에 대한 현재까지의 설명을 통해 자신이 알고 있는 과학이 전부이고 그 모든 것이 당연하다는 생각을 바꾸는 계기가 되면 좋겠습니다.

이 책은 맛있는 요리를 만드는 조리법이나 부엌에서 주의해야 할 일을 알려주지는 않습니다. 대신 칼로 썰고, 물을 부어 밀가루를 반죽하고, 불로 요리하는 과정에서 어떤 물리적인 일이 일어나는지 그 원리는 무엇인지를 설명해 주지요. 원리를 깨우치고 나면 자연스레 맛있는 요리를 안전하게 할 수 있게 될 테니까요. 예를 들어 볼까요? 많은 요리책에 또는 인터넷 사이트에 달걀을 삶는 방법이 나와 있습니다. 냄비에 어느 정도의 물을 넣고 몇 분간 몇 도로 온도를 유지하라고 말이지요. 하지만 달걀을 삶는 것은 어떤 열원을 사용하는지 어떤 냄비를 사용하는지 얼마나 큰 달걀을 삶는지에 따라 달라야 합니다. 오히려 달걀을 삶을 때 어떤 일이 일어나는지를 이해하면 상황에 맞게 달걀을 잘 삶을 수 있지요. 밀가루를 그릇에 담거나 수저로 퍼서 옮길 때는 어떤가요. 항상 바닥에 흘리지요? 이럴 때 조금씩 떠서 옮기라고 잔소리를 하는 대신 수북이 담은 밀가루가 왜 쏟아질 수밖에 없는지를 알려주는 것이 나을 것입니다. 하천에 사는 생물을 보호하기 위해 세제를 적게 쓰라는 캠페인을 하는 대신 아주 적은 양으로도 설거지를 할 수 있다는 것을 물리학적으로 보여주면 효과가 더 좋지 않을까요?

어쩌다 보니 우리 가족은 모두 물리학을 전공하게 되었습니다. 그러니 일상생활의 거의 모든 일에 심지어는 영화를 보면서까지도 '저게 가능해?'라는 질문을 버릇처럼 던지는 까칠한 가족입니다. 어떤 질문에 대해서 답을 곧바로 하기 전에 질문이 제대로 된 것인지를 따지지요. 이 책은 이런 네 사람이 따로 또는 함께 부엌일을 하다가 떠오른 생각이나 나누었던 이야기를 토대로 자료를 찾아 보완하고 검증해서 만들어진 것입니다. 이런 이야기를 책으로 만들어보자는 말은 파전을 공중으로 던져 뒤집으며 나왔습니다. 그 과정에서 일어나는 각운동량 보존, 질량중심의 운동, 팔꿈치를 중심으로 하는 프라이팬의 회전운동, 파전의 관성모멘트 등에 대한 수다를 떨다가 시작하게 되었습니다.

지금은 가족이 여러 곳 심지어 지구의 반대편에까지 흩어져서 살고 있습니다만 우리 가족의 '집'은 충남 논산에 있는 청유재(淸遊齋, 맑게 놀다 가는 집이라는 뜻)라는 택호를 가진 작은 주택입니다. 서예가이신 장암(長巖)선생께서 초라한 집에 너무 거창한 택호를 지어주셨지요. 마치 몸에 맞지 않은 옷을 입은 것 같아서 부끄럽지만, '이 세상에서 맑게 놀다 간다'라는 좋은 뜻을 마음에 새기며 살고 싶어서 그렇게 부르고 있습니다. 그래서 이 책의 저자를 '청유재 사람들'로 한 것입니다. 여기에서 꽃도 가꾸고 닭도 기르는 전원생활을 하고 있기에 이 책에 실린 모닥불이나 달걀 등의 이야기는 우리 가족의 일상생활에서 자연스레 나온 것입니다. 예쁜 꽃과 맑은 바람, 그리고 과학을 좋아하는 분은 청유재에 오시면 언제든 환영하겠습니다. 오셔서 맑게 놀다 가십시오.

끝으로, 잘 팔리지도 않을 것이 뻔한 물리학 원고를 출판하시겠다고 선뜻 받아주시고 여러 조언을 해 주신 조승식 사장님과, 그저 글과 그림이었던 원고를 예쁜 책으로 개조해 주신 북스힐 편집부에 깊은 감사를 드립니다.

2023년 6월

청유재 사람들

차례

CHAPTER 02 불(Fire)

CHAPTER 03 물(Water)

CHAPTER

01

칼로 썰기(Knife)

음식 재료를 칼로 써는 이야기로 시작하겠습니다. 단숨에 읽어 내려갈 수 있는 책은 아니니, 차근차근 하나씩 따지며 읽으면 부엌에서 항상 하던 칼로 써는 작업이 다르게 보일 것입니다. 세상은 아는 만큼 보인다고 하잖아요.

요리는 자연계의 동물, 식물과 같은 식재료를 음식으로 맛있게 먹기 위해서 하는 작업이지요. 모든 요리는 식재료를 써는 것에서 시작합니다. 통으로 된 재료를 음식에 필요한 적당량만큼 썰어내고, 손질하고, 소화하기 쉬운 음식을 만들기 위해 또다시 자릅니다. 우리나라 사람들의 인기 음식이면서 가장 단순한 요리라고 할 수 있는 삼겹살 구이를 예로 들어볼까요? 통돼지 중에 삼겹살 부위를 썰어내어 정육점에 전시하고, "한 근 주세요."라는 손님의 주문에 커다란 칼로 삼겹살을 적당량 썰고 손님에게 다시 묻습니다. "구우실 건가요? 삶으실 건가요?" 삼겹살을 삶을 때는 썰지 않고 통째 삶는데, 구울 때는 얇게 썰지요. 써는 작업에도 여러 조건이 있습니다. 껍질을 함께 썰지, 껍질을 제거할지, 기름이 많은 부위를 덜어낼지 말지…. 이러한 써는 작업들은 요리의 종류에 따라 각각 다른 작업들이 진행됩니다.

재료를 써는 것은 조리 과정에서 음식을 고루 섞이게 하거나 골고루 익히거나, 간이 골고루 배게 하거나, 또는 모양을 예쁘게 하는 등의 목적이 있습니다. 또한 식구 여러 명이 식사할 때 각자 나누어 먹기 쉽게 썰기도 하고요. 잘 썬 음식이 먹고 났을 때 소화도 잘됩니다. 요리의 종류에 따라 식재료를 여러 가지 모양으로 썰지요. 채썰기, 깍둑썰기, 골패썰기, 나박썰기, 반달썰기, 은행잎썰기 등 다양한 이름의 썰기 방법이 있습니다. 식재료의 모양뿐만 아니라 칼을 사용하는 방법에 따라서도 썰기 방법을 구분합니다. 예를 들어 자르기, 저미기, 돌려깎기 등의 방법이 있습니다. 이렇듯 요리를 하기 위해 칼로 써는 것은 너무도 당연한 일입니다. 그런데 이런 질문을 해본 적이 있나요?

왜 잘게 썰어요?

이것은 말을 막 배운 어린아이나 던질 질문으로 보입니다. 부엌에서 하는 모든 일이 신기해서 말이지요. 그런데 막상 대답하려면 말문이 막힙니다. 입에 넣을 수 없다면 먹지 못하지 않겠어요? 우리나라 음식이나 중국과 일본 음식은 작게 썰어서 상에 올리는 데 반해 서양식 스테이크와 같은 음식은 큰 덩어리째 조리하고, 식탁에서 포크와 칼로 직접 잘게 썰어서 먹습니다. 음식을 잘게 써는 것이 당연해 보이나요? 그렇지만 그냥 이로 베어 먹는 음식도 있습니다. 튼튼한 치아를 가졌다면 꼭 칼로 썰어야 사과를 먹을 수 있는 것은 아니지요. 한 입 한 입 베어 물 때 나는 그 소리며, 그 순간 나오는 사과즙 맛은 기막히게 좋지요. 통닭은 뜯어 먹어야 제 맛이고요. 이렇게 큰 덩어리를 자르지 않고 먹을 수도 있는데, "우리는 왜 잘게 썰까요?" 물리학은 이렇게 당연해 보이는 일상적인 일들에 대해 '왜?'라고 물어보고 답을 찾아보는 과정입니다. 그리고 다음과 같이 다른 관점에서 보면 '어, 그렇네?'라는 생각도 들 겁니다.

음식을 입 안에서 한 번 씹을 때마다 그 음식물 조각들이 각각 반으로 쪼개진다고 생각해 봅시다. 우리는 이렇게 계속 반으로 나눈다면 얼마나 빨리 음식물을 잘게 나눌지 그래서 그 조각 수가 얼마나 빨리 늘어날지 알고 있습니다. 수학적으로 지수함수라고 하지요. 한 번 씹으면 2조각으로, 두 번 씹으면 두 개의 조각이 각각 반으로 쪼개어지니 4조각, 세 번째에는 8조각…. 이렇게 10번만 나누면 1000조각이 넘고 다시 10번을 더하면 2000조각이 아니라 백만 조각이 되니까요. 그러니 칼로 반으로 잘라 먹는 대신 한 번만 더 씹거나 베면 되는데 "왜 굳이 칼로 잘게 썰까?"라고 질문하는 것이 그렇게 억지는 아니잖아요?

이런 질문을 던진 것은 우리만은 아니었나 봅니다. 이것을 확인하기 위해 실제로 실험을 한 사람들이 있습니다. Katherine D. Zink와 Daniel E. Lieberman은 고기와 야채를 칼로 썰어 알맞은 크기로 만들면 턱 근육이 해야 할 일을 30% 이상 줄여준다는 연구 결과를 2014년에 네이처(Nature)지에 발표하였습니다.[1)] 이들은 구석기 시대의 사람들이 먹고 살았을 식물 뿌리와 고깃덩어리를 잘게 쪼갰을 때와 그렇지 않았을 때 어느 정도를 씹어야 목으로 넘길 수 있는지를 실험으로 비교하여 이런 결론을 내렸습니다. 칼로 조각을 내는 것이 기껏 두세 번 자르는 것뿐이고 치아로도 그렇게 할 수 있을 텐데 어떻게 30%라는 큰 차이가 날까요?

앞에서 우리가 한 번 씹을 때마다 반으로 조각이 난다는 가정을 하고

1) Katherine D. Zink and Daniel E. Lieberman, *Impact of meat and Lower Palaeolithic food processing techniques on chewing in humans*, Nature 16990, 2014.

오직 씹는 횟수만 생각한 것은 너무 단순화한 생각이었던 것입니다. 우선 큰 조각을 씹기 위해서는 턱을 많이 벌려야 합니다. 그런데 이렇게 턱을 많이 벌릴수록 씹을 때 훨씬 더 많은 노력을 해야 합니다. 큰 조각을 한 번 씹어서 두 조각으로 나누는 것과 반으로 쪼개진 두 조각을 씹어서 네 조각으로 나누는 것은 같은 일을 하는 것이 아닙니다. 언뜻 생각하면 같아 보이지만 그렇지 않습니다. 확인해 볼까요?

확인해 볼까요?

그림 1-1과 같이 작은 과도로 사과를 반으로 자릅니다. 잘린 두 조각을 다시 붙인 채 그것을 반으로 잘라 네 조각으로 나누어봅시다. 처음 반으로 나눌 때와 두 번째에 반으로 나눌 때, 어느 경우가 더 쉬운가요? (정육면체 모양의 무로 실험하면 그 차이를 더 잘 알아볼 수 있습니다.)

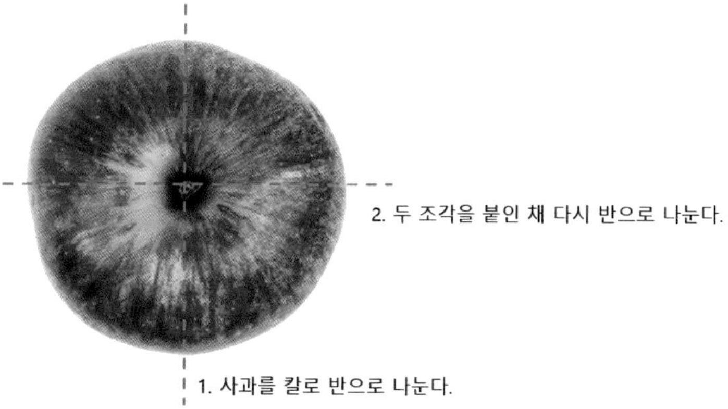

그림 1-1 처음에 칼로 사과를 반으로 나눌 때와 나뉜 두 조각을 붙인 채 다시 반으로 잘라 네 조각으로 나눌 때, 어느 경우가 더 쉬울까요?

두 조각을 붙인 채 다시 자르는 것이기 때문에 칼이 사과를 자른 면적은 똑같습니다. 그런데도 두 번째는 처음보다 훨씬 쉽게 사과가 잘립니다. 이 실험은 사과를 칼로 나누는 것이니까 힘이 더 들고 덜 들고의 차이만 있을 뿐 둘 다 가능한 작업입니다. 그런데 그렇지 않은 작업도 있습니다. 여러분은 사과를 손으로 쪼갤 수 있나요? 이것은 상당히 힘이 센 사람만이 할 수 있습니다. 그런데 칼로 한 번 반으로 쪼갠 사과는 비교적 쉽게 반으로 쪼갤 수 있을 것입니다. 물론 두 번을 해야 네 조각으로 나눌 수 있지만, 사과를 손으로 쪼개는 작업을 아예 하지 못했던 것에 비하면 칼로 반으로 쪼갠 것이 크게 이득인 것입니다. 이처럼 전체 모양과 크기가 같더라도 작은 조각을 자르는 것과 큰 조각을 자르는 것은 차이가 납니다. 호박죽을 끓이기 위해 늙은 호박을 잘라본 적이 있나요? 처음에 커다란 통호박을 자를 때는 무척 힘이 들지요?

칼로 잘게 나누는 것은 그 재료를 익혀서 요리를 하는 과정에 아주 중요한 역할을 합니다. 모든 식재료는 어떤 온도 이상이 되어야 분자구조의 변화가 일어나 우리가 익었다고 하는 상태가 됩니다. 그런데 그 식재료를 끓는 물에 담그거나 뜨겁게 달군 프라이팬에 올려놓아도 곧바로 익지 않습니다. 프라이드 아이스크림은 아이스크림 한 덩어리를 단단하게 얼린 후 빵가루나 밀가루 옷을 입혀 기름에 튀긴 것입니다. 겉에 나온 밀가루 옷이 기름에 튀겨지는데도 안에 있는 아이스크림이 녹아버리지 않는 것도 열이 빨리 전달되지 않기 때문입니다.

물체의 온도를 높이려면 끓는 물이나 프라이팬의 열이 이 물체로 이동해 들어 와야 합니다. 열은 전도, 대류, 복사라는 세 가지 방식으로 이동할 수 있습니다. 프라이팬에 부치는 계란프라이에는 전도로 열이 전달되고,

끓는 물에 넣은 만두에는 뜨거운 물의 대류를 통해 가스레인지의 열이 만두에 전달됩니다. 물론 끓는 물에서 만두로 열이 전달되는 것은 전도라고 해야겠지만요. 전자레인지나 오븐에서는 복사의 형태로 열이 전달됩니다. 그런데 모든 경우에 고체 형태의 식재료의 표면에 도달한 열은 전도 형식으로 내부에 열이 이동합니다. 이 과정에는 확산이라는 물리학의 중요한 원리가 적용됩니다. 이에 따르면 익혀야 할 식재료의 두께를 반으로 줄이면 익히는 데 걸리는 시간은 대개 1/4로 줄어듭니다.

열은 온도가 높은 곳에서 온도가 낮은 곳으로 이동합니다. 열이 물체를 통해 이동하는 것을 전도라고 하는데, 이때 고속도로를 달리는 자동차처럼 곧바로 이동하지 못합니다. 열은 어느 한 지점에 피워 놓은 모기향이 방에 퍼져나가는 것과 같은 방식으로 이동합니다. 모기향의 연기가 흩어지며 널리 퍼져나가는 방식을 **확산(擴散, diffusion)**이라고 합니다. 모기향의 분자는 매 순간 앞-뒤-오른쪽-왼쪽-위-아래 어느 방향으로 갈지를 주사위를 던져 정하는 것과 같은 운동을 합니다. 이렇게 운동하는 모기향 분자가 처음 출발점에서 **어떤 거리를 확산으로 퍼져나가는 데 걸리는 시간은 그 거리의 제곱에 비례**합니다. 이것을 물리학에서는 술 취한 사람이 집으로 돌아갈 때 걷는 걸음에 비유하기도 합니다. 술 취한 사람이 집을 찾아가는 데 술집과 집 사이의 거리가 두 배가 되면 걸리는 시간은 네 배가 되겠네요. 술에 취해서 집을 그대로 지나치지 않는다면 말입니다.

이 확산에 대한 법칙에 따라 식재료의 두께를 반이 되게 썰면 익히는 데 걸리는 시간은 1/4로 줄어들게 됩니다. 똑같은 양의 요리를 해도 그렇다는 것입니다. 그래서 감자채볶음에서는 감자를 잘게 채로 쳐야 합니다. 이 요리를 할 때는 감자가 골고루 익도록 자주 뒤적여주어야 하는데, 두껍게 썰면 여러 번 뒤적여야 하고 이때 이미 익은 겉 부분이 서로 부딪혀 으깨지기 때문이지요. 이 법칙은 샤브샤브에서 고기를 왜 얇게 써는지 왜 수육을 만들 때 고깃덩어리가 크면 한참 동안 삶아야 하는지도 설명해 줍니다.

심지어는 커피나 홍차에 비스킷을 담글 때 어떻게 담가야 하는지까지 확산에 대한 법칙으로 설명한 물리학자도 있습니다.[2] 따뜻한 차에 비스킷을 담가 먹으면 맛있다는 것은 잘 알려진 사실입니다. 설탕이 녹아 단맛을 곧바로 느끼게 해주기 때문일 것입니다. 문제는 비스킷이 물컹해져서 차에 빠져버리는 난감한 일이 일어난다는 것입니다. 논문의 저자는 비스킷을 어떻게 담가야 비스킷이 부러지지 않을까를 분석했습니다. 여기서 제시한 해결책은 비스킷을 차의 위 표면 쪽에 비스듬히 얇게 담가서 비스킷의 윗면은 차에 담기지 않게 마른 상태로 두는 게 안전한 방법이라는 설명입니다. 비스킷의 한쪽에만 홍차가 스며드니 비스킷을 다 적시는 데 걸리는 시간이 4배가 되기 때문입니다. 이 정도면 알쓸신잡이 아닌, 알면 유용한 정보지요. 이제 아침에 늦게 일어나 급하게 출근해야 한다면 아침 식사를 위해 달걀을 삶는 것 보다는 프라이를 하는 것이 빠르겠다고 생각할 수 있겠습니까?

다음은 식재료를 칼로 써는 모양에 대해 알아봅시다. 칼로 재료를 썰 때는 일정한 두께와 폭으로 가지런하게 써는 것이 요리의 기본입니다. 잡채는 모든 재료를 당면 모양처럼 가늘게 채로 썰고, 탕수육에는 모든 재료를 넓적하게 썰지요. 반드시 그래야 하는 것은 아니어서 예외도 많이 있습니다. 짜장면은 기다란 국수에 고기와 야채는 넓적하게 써는군요. 그래서 짜장면을 먹고 나면 국수 외의 재료들이 소스와 함께 남아버려서 마지막으로 소스

---

2) L. Fischer, *Physics takes the biscuit,* Nature 397, 469 (1999)

와 함께 짠맛의 고기와 야채를 따로 먹어야 하는 불편함을 겪습니다. 어린아이들은 국수만 건져 먹고 아깝게도 고기와 야채는 남기는 경우가 대부분이지요. 짜장면의 고기와 야채를 모두 채로 썰면 짜장 국수와 함께 고기, 야채를 버무린 더욱 맛있는 요리가 되지 않을까요. 여하간 전통적인 요리의 레시피에는 하나의 요리에서 모든 재료를 같은 모양으로 썰라고 합니다. 냉면에 넣는 오이는 가늘고 길게 썰지요?

왜 같은 모양과 같은 크기로 썰라고 할까요?

무엇보다도 이래야 보기에 좋지요. 어떤 일이건 보기 좋게 하라고 할 때 '보기 좋은 떡이 맛도 좋다'는 속담을 들먹입니다. 그러니 보기 좋으면 맛도 좋은 것은 모두가 받아들이는 사실인가 봅니다. 맛에 앞서 보기에도 아름다운 우리의 전통 요리 구절판에서 어느 한 재료가 채썰기가 아닌 다른 모양으로 썰려 있다면 얼마나 이상할까요?

그런데 이렇게 같은 모양으로 썰라고 하는 데에는 이런 미적인 이유에 앞서 실용적인 물리학적 이유도 있다고 생각합니다. 재료가 같은 모양과 크기로 썰려 있어야 우리가 먹을 때 편리합니다. 대부분 음식의 조화로운 맛은 여러 재료를 입에서 씹어 섞을 때 제대로 느낄 수 있습니다. 아마도 오랜 시행착오를 거쳐 그 재료를 섞으면 맛이 좋다고 알게 되었을 것입니다. 그런데 예를 들어 재료가 채썰기와 깍둑썰기로 되어 있다면 이 둘을 동시에 젓가락으로 집어 입에 넣기 어렵습니다. 맛을 제대로 느끼려면 채로 썬 재료를 입에 넣은 채로 깍둑썰기한 재료를 입에 넣어 섞기 위해 젓가락질을 여러 번 해야 하니 번거롭겠지요. 그게 귀찮아 한 번에 한 재료만 음미하면 그 요리의 맛을 제대로 음미하지 못하게 되고요. 그래서 땅콩을 넣은 멸치볶음에는 물엿으로 이들이 서로 붙어 있게 하나 봅니다.

같은 모양이라고 하더라도 크기가 다르면 먹을 때 불편합니다. 다른 두께로 채썰기를 해 놓으면 여러 조각을 젓가락으로 집기가 훨씬 힘이 들겠지요. 그뿐만이 아닙니다. 서로 다른 크기의 음식물을 입에 넣고 씹는다고 생각해 보세요. 부드러운 음식이라면 괜찮지만 크기가 서로 다른 재료인데 딱딱하기까지 한 음식물은 먹을 때는 치아에 큰 위험이 될 수 있어서 상당히 주의를 기울여야 합니다. 딱딱한 음식은 주로 어금니를 사용하여 부수는 작업을 합니다. 작은 조각으로 만든 다음에는 맷돌처럼 갈아 더 작은 조각으로 만들지요. 일상적인 일이라 의식하지 않지만, 이 과정에서 우리 뇌는 아주 섬세하고 복잡한 작업을 지시하고, 치아와 혀 그리고 턱뼈와 근육이 이 명령을 수행합니다. 식사 중에 이야기하느라 정신을 팔면 치아가 혀나 입술을 깨물기도 하잖아요?

음식 조각을 입에 넣기 전부터 우리의 눈과 손가락은 음식의 크기와 모양을 감지하고 뇌에 있는 정보로 음식물의 강도와 경도, 맛을 짐작합니다. 혀도 아주 중요한 진단장치 역할을 하겠지요. 그림 1-2에 보인 것처럼 어금니에 음식이 닿을 순간을 예측하고 감지해가면서 속도를 조절합니다. 음식물이 이에 닿기 직전에는 속도를 줄이고, 닿고 나면 턱에 가하는 힘을 서서히 증가시켜서 이것을 부숩니다.

이러한 과정에서도 물리법칙이 적용됩니다. 바로 작용-반작용의 법칙이지요. 힘은 두 물체 사이의 상호작용입니다. 어떤 물체가 다른 물체에 작용하면 반드시 그 물체도 이 물체에 똑같은 크기의 힘을 반대 방향으로 작용합니다. 한 물체가 다른 물체에 일방적으로 힘을 작용할 수 없습니다. 작용과 반작용이라는 용어 때문에 이 현상을 잘못 알고 있는 경우가 많습니다. 작용-반작용은 두 사람이 싸울 때 한 사람이 때리면 누군가가 되받아치는 것처럼 어떤 물체가 다른 물체에 힘을 작용하면 그다음에 그 물체가 이 물체에 힘을 작용하는 것이 아닙니다. 이런 오해는 우리가 힘에 대해 '두 물체가 힘을 주고받는다'라고 말하는 것으로부터 생길 수 있습니다. 우리 일상에서 사람끼리 인사를 주고받고, 돈을 주고 물건을 받는 것처럼 주고받는 일은 대부분 순서대로 일어나니까요. 그렇지만 작용-반작용은 동시에 일어납니다. 어느 것이 작용이고 어느 것이 반작용인지 정할 수 없습니다. 그래서 '힘을 주고받는다'는 말은 사용하지 말아야 합니다. 힘은 두 물체가 서로 작용한다고 표현해야 합니다. 어떤 물체 자체로 힘을 가지고 있을 수 없으니 '힘 좀 주어 봐' 또는 '어떤 사람은 힘이 세다'라고 말할 때의 힘은 물리학에서 말하는 힘이 아닙니다. 그 힘이 작용할 상대방이나 물체가 없다면 그 말을 어떻게 알겠어요. 아예 작용-반작용의 법칙을 '**한 물체가**

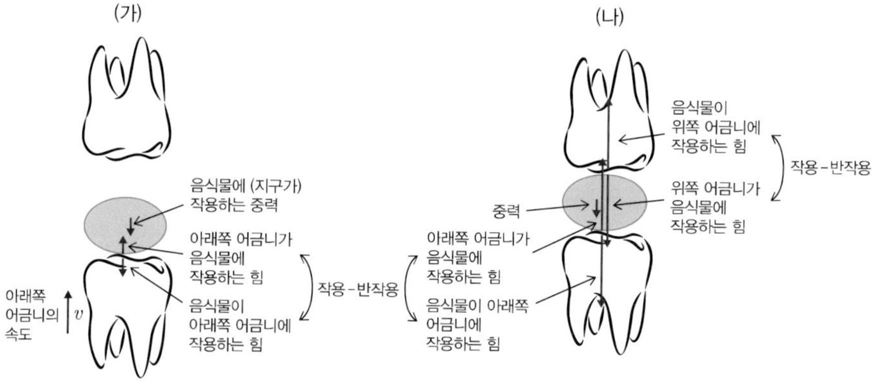

그림 1-2 어금니로 딱딱한 음식물을 부술 때 일어나는 물리현상. (가) 음식물이 아래쪽 어금니에 얹혀 있고 아래쪽 어금니가 음식을 씹기 위해 속도 v로 움직인다. (나) 윗니가 음식물에 부딪힌 순간부터 음식물에 윗니와 아랫니가 힘을 작용한다.

다른 물체에 힘을 작용하려면 반드시 그 물체도 이 물체에 똑같은 크기의 힘을 반대 방향으로 작용해야 한다'라고 표현해 보면 어떨까요? 차이를 아시겠어요?

그러니까 음식물을 부수거나 갈기 위해 치아가 음식물에 작용하는 힘과 똑같은 크기의 힘을 음식물도 치아에 작용합니다. 그림 1-2 (가)는 아래쪽 어금니에 음식물이 얹혀 있고, 이것을 부수기 위해 위쪽 어금니가 다가서는 상황을 간단히 나타낸 것입니다. 이때 음식물에는 지구의 중력이 작용하고 있고 아래쪽 어금니에는 음식물을 받치는 힘이 작용하고 있습니다. 중력이 누르니까 치아가 받치는 힘이 작용한다고 생각해서 이 두 힘을 작용-반작용이라고 생각할 수 있지만 그렇지 않습니다. 다시 한번 강조하자면 작용-반작용은 서로 힘을 작용하는 두 물체 사이에 작용하는 힘을 가리킵니다. 음식물에 작용하는 중력은 지구가 음식물을 잡아당기는 힘입니다. 이것에 대한 반작용은 음식물이 지구를 잡아당기는 힘이어야지요. 이 힘이 지구에는 어떤 영향도 주지 못할 것이기 때문에 우리가 생각하지 않을 뿐입니다. 음식물에 작용하는 중력과 어금니가 받치는 힘은 음식물이 제자리에 가만히 있을 때만 서로 크기가 같습니다. 아래쪽 어금니가 음식물에 작용하는 힘에 대한 반작용은 음식물이 어금니에 작용하는 힘입니다. 이 두 힘은 항상 그 크기가 같고 방향이 반대입니다. 물리학에서는 이렇게 물체와 물체 사이에 면에 수직으로 미는 방향으로 작용하는 힘을 **수직항력**이라고 부릅니다. 그림의 밤색 화살표는 힘의 방향과 크기를 알려주는 것입니다. 화살표의 길이는 힘의 크기를, 화살표의 방향은 그대로 힘의 방향을 가리킵니다. 아주 직관적이지요?

그림 1-2 (나)는 위아래의 두 어금니가 음식물에 힘을 작용해서 부수는

상황을 보여줍니다. 이 그림에 화살표로 나타낸 여러 힘들 중에 어떤 힘이 서로 작용-반작용의 관계에 있는지, 또 어떤 힘들이 서로 크기가 같은지, 왜 그런지 설명할 수 있다면 이제 여러분은 작용-반작용의 법칙을 제대로 이해한 것입니다. 힘들을 나타내는 화살표의 길이가 그림 (가)에 비해 무척 길어졌지요? 사실 이것보다 훨씬 더 길어야 합니다. 치아를 꽉 물어서 작용할 수 있는 힘을 치악력이라고 하는데, 성인 남자는 최대 150 psi 정도입니다. 1 psi(pound per square inch)는 압력의 단위로 제곱인치당 1파운드의 힘이 작용하는 상태를 말합니다. 1파운드는 영국이나 미국에서 사용하는 무게의 단위인데 450 g 정도의 물체에 작용하는 중력의 크기, 즉 4.5 N 정도입니다. 어금니를 한 변이 1 cm인 정사각형 모양으로 단순화하면 면적이 약 1 cm^2, 즉 $(1/2.54)^2$ in^2라고 할 수 있습니다. 힘은 압력에 면적을 곱한 것이니까 150 psi가 1 cm^2에 작용하는 힘은 약 100 N 정도로 10 kg의 물체에 작용하는 중력과 같습니다. 어금니 하나에 올라가는 음식물의 질량이 10 g도 채 안 될 것이라는 점을 고려하면 그림 (가)의 중력을 그린 화살표와 그림 (나)에 어금니가 작용하는 힘을 그린 화살표의 크기는 최대의 힘이 작용할 경우 1000배만큼 차이가 나야 합니다.

그런데 때로는 더 강한 힘이 (가)에서 (나)로 바뀔 때, 즉 치아가 음식물에 닿는 순간 치아에 작용합니다. 치아가 음식물에 닿아 멈추는 시간이 너무 짧으면 그렇게 됩니다. 고기 속에 들어 있는 뼛조각이나 밥에 있는 돌을 씹었을 때 얼마나 놀라고 아팠는지 생각해 보세요. 자칫 잘못하면 치아가 깨지기까지 하지요?

이것도 물리학적으로 설명할 수 있습니다. (가)의 상황에서 우리는 치아와 턱을 빨리 움직이다가 (나)의 상황에서는 천천히 움직입니다. 시간에 대한 속도의 변화율을 물리학에서는 **가속도**라고 합니다. 속도는 시간에 대한 위치의 변화율입니다. 그래서 두 지점 사이를 짧은 시간에 움직이거나 정해진 시간 동안 위치에 많은 변화가 일어나면 속도가 큰 것처럼 같은 속도의 변화라고 해도 짧은 시간 동안 그 변화가 일어나면 가속도가 크고, 같은 시간 동안 많은 속도의 변화가 일어나면 가속도가 큰 것입니다. 그런데 이 물체의 가속도는 물체에 작용하는 힘과 관계가 있습니다. **물체에 작용한 힘은 물체의 질량에 물체의 가속도를 곱한 것과 같다**는 것이 뉴턴의 운동에 대한 법칙입니다.

밥이나 익은 고기는 단단하지 않기 때문에 우리는 대체적으로 빠른 속도로 씹습니다. 그러다가 치아가 돌이나 뼈를 갑자기 만나면 갑자기 움직이지 못하게 되어 짧은 시간 동안에 속도의 변화가 일어나게 됩니다. 이때 가속도가 크니까 당연히 큰 힘이 작용해야지요. 그래서 치아가 아프고 때로는 깨지는 것입니다. 우리가 뼛조각이나 돌이 섞여 있다는 것을 미리 알았다면 우리의 뇌는 입 안에 있는 여러 감지장치의 도움을 받아 적절히 대처할 수 있었을 겁니다. 크기가 다른 딱딱한 재료의 음식물을 먹을 때 불편한 것은 이러한 이유입니다. 우리의 뇌가 각각의 조각이 어금니에 닿을 때를 예측하고 감지하느라 주의해야만 하니까요.

익히지 않은 당근이나 구운 땅콩처럼 딱딱하고 단단한 음식이 아닌 익혀서 부드러운 음식물을 먹을 때도 마찬가지입니다. 자칫하면 윗니와 아랫니가 세게 부딪히게 되니까요. 우리 입에 넣는 음식물 중에 치아만큼 단단한 것은 없습니다. 치아만큼 단단한 음식은 씹거나 갈 수가 없으니 경험상 아예 먹지를 않지요. 치아와 치아가 세게 부딪히는 것보다 치아에 치명적인 일은 없을 것입니다. 자면서 이를 가는 것이 치아에 나쁜 영향을 미친다는 것은 널리 알려진 사실입니다. 그러니 부드러운 음식이라 해도 크기가 다르면 치아가 언제 부딪히는지 조심해야 하기 때문에 먹을 때 훨씬 더 많은 신경을 써야 합니다.

> **확인해 볼까요?**
> 1. 당근을 서로 다른 두께로 썰어서 함께 입 안에 넣고 먹어보세요.
> 2. 채썰기와 깍둑썰기를 해서 두 종류의 조각을 같이 입에 넣고 씹어보세요. 아주 불편할 겁니다.

'아무렇게나 썰어서 먹으면 되는데 왜 굳이 같은 크기로 썰어야 해요?'라는 불평에 대해 설득하는 우리의 물리학적 답변은 여러 곳에 적용할 수 있습니다. 여러 종류의 견과류를 먹을 때에는 크기가 다른 아몬드와 캐슈너트를 따로따로 입에 넣어 부수는 것이 안전하겠습니다. 아몬드도 하나씩 먹는 것이 좋겠지요. 또, 딱딱한 사탕을 치아로 깨뜨려 먹는 것도 위험합니다. 단것이 치아에 미치는 생물학적, 화학적 작용도 큰 문제지만 치아가 깨지는 물리학적 작용도 무시할 수 없지요. 이 안전 수칙을 지키면 우리가 사는 동안 치과에 가는 횟수가 더 줄어들지 모릅니다.

무인도에 가져갈 단 하나의 조리도구로 무엇을 고르시겠어요?

2012년 영국왕립학회 과학아카데미는 재미있는 조사를 했습니다. 노벨상 수상자가 포함된 임원들이 '음식의 역사상 가장 중요한 발명품'을 20개 정도 우선 선별하고 이것을 회원들에게 투표에 붙였지요. 그 결과는 다음과 같이 냉장고가 1등을 차지했습니다.

1. 냉장고, 2. 살균·멸균 우유, 3. 통조림, 4. 오븐, 5. 상수도, 6. 탈곡기·콤바인, 7. 굽기, 8. 선발육종, 9. 분쇄·제분, 10. 가래, 11. 발효, 12. 어망, 13. 윤작, 14. 냄비, 15. 식칼, 16. 식기, 17. 코르크, 18. 나무통, 19. 전자레인지, 20. 튀김

냉장고가 식품을 신선하게 보관 또는 저장할 수 있게 만들어 준 덕분에 요리와 음식에서 많은 일들이 가능해졌으니 결과에 이해가 갑니다. 우리가 김치를 사계절 내내 맛있게 먹을 수 있는 것도 냉장고 덕분입니다. 냉장고가 나오기 전에는 오직 겨울철에만 맛있는 김치를 먹을 수 있었어요. 뒷마당에 땅을 파고 김치 항아리를 묻어서 온도변화를 줄였습니다. 그것도 우리나라 남쪽 지방에서는 김치를 짜게 담그지 않고서는 겨울철에도 보관하기 어려웠지요. 냉장고는 우리의 식생활을 풍요롭게 하는 데 매우 중요한 역할을 한 발명품입니다.

『식탁 위의 과학 분자요리』의 저자인 이시카와 신이치는 이 중에서 무인도에 가지고 갈 것을 하나만 고르라고 하면 칼을 선택하겠다고 합니다. 사실 위에 있는 20개의 발명품 중에서 무인도에서 사용할 수 있는 것은 몇 개 되지도 않네요. 선발육종, 상수도, 튀김, 발효, 윤작, 분쇄·제분 같은 것은 아예 가지고 갈 수 있는 물건이 아니라 무형의 기술입니다. 코르크는 말할 것도 없지만 무인도에 식기나 나무통을 가지고 갈 사람은 없겠지요.

전기가 없으면 무용지물인 냉장고나 전자레인지까지 제외하고 나면 남는 것은 별로 없습니다. 어망이나 냄비도 있으면 유용하게 사용하겠지만 칼이 가장 필요한 도구 아닐까요? 위에 있는 모든 것을 갖춘 현대의 집에서조차 주방에 식칼이 없다면 얼마나 불편하겠어요? 가장 필요한 것을 찾으려고 할 때는 없다면 가장 불편할 것을 찾으면 될 듯합니다. 우리 가족도 칼이라는 데 대체적으로 동의합니다. 문제 자체에 대해 논란은 좀 있었지만요.

인간이 다른 동물과 구별되는 것은 다른 동물보다 훨씬 큰 뇌를 가지고 있다는 것입니다.[3] 그뿐 아니라 우리는 뇌에 담을 수 있는 것보다 더 많은 정보를 책, 사진, 녹음기, 컴퓨터 메모리 같은 외부 장치에 저장하는 방법도 찾아냈습니다. 현미경과 망원경으로 우리의 맨눈으로 볼 수 없는 세상도 찾아내었으며, 포클레인이나 자동차 같은 기계를 이용하여 우리 맨몸으로 할 수 없는 일까지 해냅니다.

그런데 이에 못지않게 중요한 것은 태어날 때부터 몸에 가지고 있는 소화기관 외에도 외부에 소화기관의 역할을 하는 도구를 사람들이 가지고 있다는 것입니다. 송곳니로 살점을 뜯고 어금니로 갈아야만 소화를 해서 에너지를 얻는 동물들은 치아가 없으면 죽을 수밖에 없습니다. 닭과 같이 모래주머니를 이용해서 음식물을 잘게 부수는 동물도 있습니다만 이들은 아주 작은 곡물이나 부리로 뜯을 수 있는 것만 먹고 살아야 합니다. 하지만 칼을 사용하는 인간은 모든 크기, 모든 종류의 식재료를 먹고 살 수 있습니다. 우리 조상들은 사자나 호랑이와 같이 날카로운 송곳니를 가지고 있지 않았지만 사람보다 큰 동물, 심지어 맘모스까지도 사냥을 해서 먹고 살았습

3) 돌고래의 뇌가 인간의 뇌보다 훨씬 크다고 하나 체중과 두뇌의 비율로 봤을 때는 인간의 뇌가 그 비율이 가장 높다고 하는 것이 더 정확한 말이겠습니다.

니다. 이것은 모두 음식을 칼로 잘라 입에 넣을 수 있었기 때문입니다. 그러니 칼은 매우 중요한 외부 소화기관이라고도 할 수 있습니다. 모든 사람이 가질 수 있는 32개의 치아 외에 더 강력한 그리고 언제든지 새로운 것으로 바꿀 수 있는 치아를 가지는 것입니다.

아마도 인류의 역사에서 가장 먼저 나타난 도구, 또는 우리의 능력을 확장시켜준 장치는 돌을 깨서 또는 갈아서 만든 칼이라고 할 수 있을 것입니다. 아서 클라크(Arthur Clarke)의 원작 소설을 스탠리 큐브릭(Stanley Kubrick) 감독이 영화로 만든 「2001 스페이스 오디세이(2001: A Space Odyssey)」의 첫 장면은 외계인이 허공에 던져 준 뼈로 최초의 폭력 도구를 가지게 된 유인원으로 시작됩니다. 모르기는 해도 이들이 이 도구를 이용해서 처음부터 다른 유인원을 해치는 행위를 했을 것 같지는 않습니다. 다른 동물을 잡는 데 썼다고 해도 '잡은 다음 그것을 해체해서 먹을 방법도 없는데 취미로 그런 일을 했을까'라는 생각이 듭니다.

우리 인류는 언제부터 칼을 사용했나요?

여러 논란이 있지만 현생 인류뿐 아니라 오스트랄로피테쿠스보다 더 먼저 인간이 돌로 된 도구를 사용했을 것으로 보는 선사인류학자도 있습니다.[4] 올도완 돌칼(Oldowan knives)은 지금의 에티오피아 지역에서 발견된 가장 오래된 원시 석기입니다. 이 돌칼은 돌을 쪼개었을 때 만들어지는 날카로운 날을 이용한 것으로, 사냥한 동물의 몸통을 분해하고 토막을 내거

---

4) J. A. Gowlett, *The discovery of fire by humans : a long and convoluted process*, Phil. Tran. R. Soc. B 372 20150164.

나 질긴 나무뿌리를 자르는 등의 목적으로 사용한 것으로 추정됩니다. 중동 국가인 요르단의 북쪽 아즈라크(Azraq) 오아시스 지역에서 고고학자들이 발굴한 25만 년 전 돌칼에는 동물의 것으로 보이는 단백질이 묻어 있었습니다. 돌칼은 인간이 불을 사용하기 시작한 때보다 더 앞선 시기의 유적에서 발견됩니다. 심지어 15만 년 전에 돌을 쪼개기 전 불로 달구어서 가공 효과를 높인 기술도 발전시켰다는 증거가 아프리카에서 발견되기도 했습니다.5) 아마도 당시로는 획기적인 최첨단 기술이었을 것입니다.

선사시대의 유물을 전시해 놓은 박물관에서 우리는 돌도끼와 돌화살촉 그리고 돌칼을 볼 수 있습니다. 여러분은 우리 조상들이 이런 유물을 어떤 용도로 사용했다고 생각하나요? 시대를 가르는 전쟁을 강조하는 역사 교육 탓인지 우리 대부분은 이것들이 다른 부족과의 싸움에서 사용한 무기라고 짐작합니다. 조금은 평화적으로 반달 모양의 돌칼은 농경시대에 곡물을 수확하는 데 사용되었을 것이라고 역사 교과서에 설명되어 있습니다. 하지만 원시적인 돌칼이 발견된 시대는 농경시대 훨씬 전인 수렵과 채취 생활을 하던 때부터이고, 농경시대가 시작되기 전에는 사람들이 소규모 집단으로 유목 생활을 하던 시기라서 부족 사이에 전쟁이 빈번했을 것이라고는 생각되지 않습니다. 그러므로 돌칼의 최초의 용도는 전쟁용이라기보다는 식재료를 채취하거나 작은 조각으로 자르는 요리용이었다고 설명하는 게 더 합리적인 추론이 아닐까 생각되는군요.

돌칼은 어떤 돌로 만들까요? 자연의 돌을 쪼개서 날카로운 날을 만든

---

5) K. S. Brown, C. W. Marean, A. I. R. Herries, Z. Jacobs, C. Tribolo, D. Braun, D. L. Roberts, M. C. Meyer, J. Bernachez, *Fire as an Engineering tool of Early Modern Humans*, Science, 325, 859 (2009)

것이 돌칼입니다. 그런데 아무 돌이나 깨뜨린다고 해서 항상 날카로운 날이 만들어지는 것은 아닙니다. 흑요석(obsidian), 각암(chert, 각이 진 모서리를 가지는 돌), 벽옥(jasper, 푸른색 옥), 옥수(chalcedony, 동물 뼈의 단면과 같은 무늬를 가진 옥), 석영(quartz, 돌꽃이라는 뜻), 부싯돌(flint, 쇳조각을 긁어 불을 일으키는 데 사용한 돌을 부시라고 한다)과 같이 석영질 광물이 주를 이루어 모스경도가 높은 돌만 가능합니다. 이 돌들은 쪼개졌을 때 유리 조각처럼 날카로운 날이 생긴다는 공통점이 있습니다. 이런 특징의 돌들을 우리 인류 조상들이 찾아낸 것이지요. 이 과정에서도 현대의 과학자들이 하는 방법과 같은 과학적 탐구과정을 거쳤을 것입니다. 오래된 경험으로부터 얻은 지식을 후대에 전하고 그것을 기반으로 새로운 기술을 만들어 내면서 말이지요. 우리나라 중학교 과학과 교육과정에서는 여러 종류의 암석을 다룹니다. 화강암, 유문암, 현무암, 석회암 등 많은 종류의 암석을 외워야 하지요. 그런데 이런 지식이 한때는 우리 인류의 생존에 필수적이었다는 것을 알았으면 좋겠습니다. 그리고 현대 최첨단 과학 기술 시대에도 이 지식은 매우 유용한 것입니다. 그 중요성에 대한 이해 없이 다만 시험을 치르기 위해 외워야 하는 귀찮은 것들로 취급되는 것은 안타까운 일입니다.

돌칼을 돌로 만들었다고 무시하면 안 됩니다. 우리나라에서 발견되는 돌칼들은 석기시대뿐 아니라 청동기 시대 유적지에서도 발견됩니다. 청동을 주조할 수 있고 원하는 대로 거푸집으로 모양을 만들 수 있게 되었는데도 청동기보다는 돌이 더 많이 사용된 것이지요. 물론 청동은 매우 귀해서 대부분의 사람들이 사용하지 못한 때문이기도 합니다.

현대의 주방에서 주로 사용하는 식칼은 스테인리스 강철로 만들어져 있습니다. 스테인리스는 이름 그대로 녹이 슬지 않습니다. 항상 물을 사용하는 주방에서 사용하기에는 스테인리스 강철이 가장 좋은 재료지요. 그런데 이 스테인리스 강철은 날이 무디어졌을 때 쉽게 갈 수 없다는 단점이 있습니다. 그래서 전문 요리사들은 날을 항상 날카롭게 갈 수 있는 탄소강으로 만들어진 식칼을 사용합니다. 탄소강은 약간의 탄소가 함유된 강철이며, 스테인리스 강철은 크롬이 주로 섞인 강철입니다. 그런데 요즘은 지르코니아(ZrO_2, 이산화 지르코니움)로 만들어진 세라믹 칼도 등장했습니다. 치아의 임플란트 재료로 많이 사용되고 있는 지르코니아로 칼을 만들다니, 석기시대로 다시 돌아가는 것일까요? 지르코니아 칼은 강철로 만든 칼보다도 칼날이 잘 무뎌지지 않고 음식에 쇠 냄새도 배지 않는다는 장점이 있습니다. 우리나라에서도 한때 크게 유행했었지요. 그런데 딱딱한 식재료와 부딪히면 깨지고 날을 새로 갈기가 스테인리스 식칼보다도 어렵다는 단점이 있습니다. 세라믹 칼날은 다이아몬드 가루가 코팅된 그라인더로만 갈 수 있습니다.

최첨단 과학 문명시대에서는 때로는 역사를 거슬러 과거로 회귀하는 것

그림 1-3 Matthias Kaeding이 선사시대의 돌 칼로부터 영감을 받아 만든 세라믹 칼

도 창의적인 작업이 되나 봅니다. 미국의 마티아스 캐딩(Matthias Kaeding)[6], 스웨덴의 에릭 벨(Erik Bele)[7], 브라질의 클리비슨 캄펠로(Klivisson Campelo)[8] 등 여러 디자이너는 신석기 시대에 사용했을 법한 갈아서 만든 돌칼 모양의 세라믹 식칼을 선보이기도 했습니다.(그림 1-3) 그리고 아직까지 가장 날카로운 칼날은 여전히 흑요석을 쪼갠 것이라고 합니다.

그림 1-4는 커터칼과 유리 조각의 날을 전자현미경으로 확대해 본 것입니다. 맨눈으로 볼 때 매끈했던 칼날이 실제로는 울퉁불퉁하다는 것을 볼 수 있지요. 반면 유리 조각의 날은 상대적으로 매끈합니다. 미국의 부루스 벅(Bruce Buck)[9]과 같은 의사는 동물실험을 통해 날카로운 흑요석 메스로 수술을 했을 때 현대의 어떤 강철 메스로 벤 것보다 깨끗하게 조직을 자를

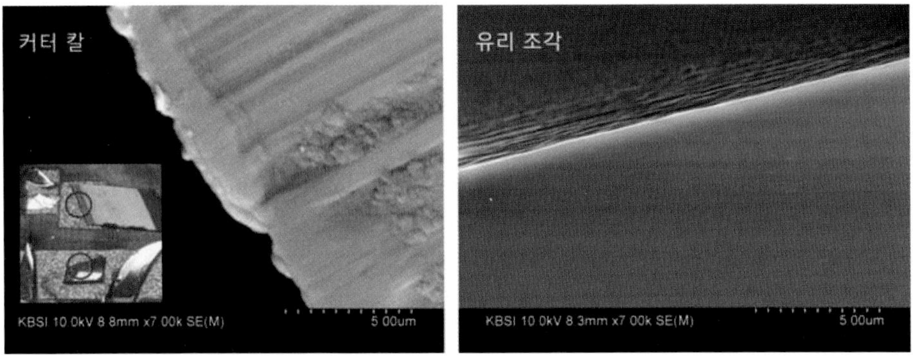

그림 1-4 전자현미경으로 확대(7000배)한 커터칼과 유리 조각의 날 (한국기초과학지원연구원 박지인연구원 촬영)

---

6) https://www.dezeen.com/2009/07/13/neolithic-by-matthias-kaeding/

7) http://news.kmib.co.kr/article/view.asp?arcid=0011449152

8) http://www.designfetish.org/2016/05/stone-age-inspired-knives-by-klivisson.html

9) Bruce Buck, *Ancient technology in contemporary surgery*,. West J Med 136:265-269, Mar 1982

수 있고, 그 덕분에 상처가 잘 아문다는 사실을 보였습니다. 반면 강철 메스는 그림 1-4에 보이는 거친 부분이 더 광범위한 부위의 세포조직을 망가뜨리기 때문에 자른 부분의 봉합이 더 오래 걸리는 것입니다. 종이를 잘 드는 면도날로 그었을 때와 녹이 슬어 날이 무디어진 칼로 자를 때 잘린 면이 어땠는지 생각하면 지르코니아와 강철 메스의 차이를 이해할 수 있을 것입니다. 그렇지만 흑요석 칼날은 수술 도중 날이 깨져서 수술 부위에 남을 위험이 있어서 아직 사용승인은 나지 않았습니다.

여기에서 이런 질문이 생깁니다.

칼날이 날카로워야 잘 자르는 것은 왜일까요?

"또 이런 황당한 질문을 하네요? 너무도 당연한 것 아닌가요?" 대부분 이렇게 되물을 겁니다. 그런데 물리학은 이런 단순한 그리고 당연해 보이는 현상에 대한 궁금증으로부터 시작합니다. 예를 들어 정육점에서는 고기를 썰다가 잘 썰리지 않으면 칼을 쓱쓱 갈고 다시 고기를 썰지요. 칼이 날카롭다고 하는 것은 칼끝이 얇은 것만을 의미하지는 않습니다. 얇기만 하면 잘 자를 수 있다면, 칼이 아닌 얇은 철판을 사용해도 되겠지만, 일반적으로 얇은 철판을 칼로 쓰지는 않습니다. 얇은 철판은 두부나 파전처럼 무른 물질을 자를 때에나 쓰는군요.

우선 날카로운 칼이 잘 자르는 이유에 대해 과학자들이 어떻게 설명하고 있는지 찾아볼까요? 물리학 서적이나 인터넷 사이트에서는 칼날이 날카로우면 칼과 물체가 접촉하는 면적이 작아져서 같은 힘을 작용했을 때 날이 물체에 작용하는 압력이 높아지기 때문에 더 잘 자른다고 설명하고 있습니다. 작용한 힘을 그 힘이 작용하는 면적으로 나눈 것을 압력이라고 정의합니다. 그런데 이렇게 '칼이 날카로우면 접촉면이 작아져서 같은 힘을 작용할 때 압력이 높아지기 때문'이라고 하는 것은 압력이 작용하는 보편적인 물리적 상황으로 만들어 약간 더 체계적으로 설명한 것입니다. 물론 이것도 논리적이고 과학적인 설명입니다. 다른 여러 현상에도 똑같이 적용되니까요. 우리가 운동화를 신었을 때와 하이힐을 신었을 때 발뒤꿈치에 작용하는 압력은 하이힐의 경우에 훨씬 높습니다. 비가 와서 젖은 진흙땅을 하이힐을 신고 걸으면 구두의 뾰족한 굽이 흙 속으로 박혀버리지요.

여기에서 멈추지 말고 조금 더 파고들어 볼까요? 칼이 날카로우면 물체에 닿는 압력이 높아진다는 것은 물리적으로 맞는 말입니다. 그런데 왜 압력을 높이면 칼이 물체를 잘 자르는 걸까요? 압력만으로 칼날을 설명할 수 있다면 절구에 마늘을 찧는 것은 어떤가요? 생마늘을 칼로 자를 때와 절굿공이로 내리칠 때 둘 중 어느 경우가 마늘에 높은 압력을 가할지 비교하기는 어렵습니다. 어찌 되었건 절굿공이로 마늘을 세게 내리친다고 해서 마늘이 잘리지는 않습니다. 그와는 달리 잘 구부러져서 압력을 작용하지 못하는 종이에 손을 베이는 것은 왜 그렇지요? 더구나 스펀지는 누르면 쑥 들어가기만 하고 잘리지는 않습니다. 그러고 보니 '압력이 높다'는 것이 '잘 자른다'는 것과 당연히 연결되는 것은 아니네요?

물리학에서는 이렇게 단순해 보이지만 논리적으로 연결이 안 되는 것에 대해 끝까지 물고 늘어져 답을 찾아냅니다. 방금 던진 질문에 호기심이 생기지 않는다면 이 뒷부분의 이야기는 그냥 건너뛰고 다음으로 넘어가세요. 하지만 뉴턴은 '왜 사과가 떨어지지?'라는 질문에 답을 찾아가던 중에 중력을 발견했습니다. 아르키메데스는 목욕통 물이 넘치는 현상으로부터 부력에 대해 알아냈지요.10) 이렇듯 물리학은 우리가 너무도 당연하다고 생각하는 사실들을 다시 들여다보는 것에서 시작합니다. 날카로운 칼이 왜 잘 잘리는가 하는 문제는 중세시대 연구가 아닌 현대의 과학 기술 사회에서도 궁금해하는 최신 연구주제입니다. 요리뿐 아니라 많은 제품의 제조 과정에서도 무엇인가를 잘라야 하고 쉽게 자를 수 있다면 좋으니까요.

칼로 식재료를 써는 것을 우선 거시적으로 살펴봅시다. 칼로 수박을 잘라본 사람은 맨 처음 수박을 자른 칼이 아래에 있는 도마에 닿기 전에 이미 수박이 반으로 나뉘는 것을 알고 있을 것입니다. 잘 익은 수박은 칼을 대기만 해도 쩍 갈라진다고까지 과장을 하지요. 칼은 처음에 수박의 단단한 껍질을 갈라서 파고 들어가는 역할을 합니다. 무딘 칼로 수박을 자르려면 칼을 앞뒤로 움직여가면서 껍질에 칼집을 내야 하지요. 일단 칼날이 껍질을 가르고 안으로 들어가면 칼은 쐐기 역할을 합니다. 나무에 쐐기를 박으면 나무가 쩍 갈라지지요? 이집트 피라미드에 사용한 거대한 바위들도 직육면체 모양으로 자르기 위해서 쐐기를 사용했다고 합니다.

---

10) 아르키메데스가 '유레카'라고 외치며 목욕탕에서 뛰어나온 것은 부력을 발견해서 좋아한 것이 아닙니다. 당시의 왕은 세공업자가 자신이 준 금을 모두 왕관에 사용했는지를 알고 싶어 아르키메데스에게 그 문제를 해결하라고 했습니다. 왕관의 무게만 재서는 세공업자가 다른 금속을 썼어도 알아낼 수 없습니다. 부피까지 재야 **모든 물질이 고유한 밀도를 가지고 있다**는 과학적 사실로부터 판단을 내릴 수 있지요. 그런데 왕관을 찌그러트려서 다시 직육면체 모양의 금덩이로 만들지 않는 한 부피를 잴 수가 없었지요. 그런데 목욕통에 들어갔을 때 자신이 물에 들어간 부피만큼 물이 넘친다는 것을 보고 왕관의 부피를 재는 방법을 알아냈기 때문에 좋아한 것입니다. 그 후에 아르키메데스는 이 현상을 더 깊이 연구하여 어떤 물체가 밀어낸 물의 무게만큼 부력이 생긴다는 것을 알아낸 것입니다.
에디슨이 자신의 연구소에 근무하는 과학자들에게 전구의 부피를 재는 방법을 물어 복잡한 수식으로 계산해오자 전구를 물에 담가 넘친 물의 부피로부터 전구의 부피를 쟀다는 유명한 일화도 있습니다.

대부분의 단단한 식재료를 자를 때 자세히 보면 칼날이 도달하기 전에 물체의 앞부분이 쪼개집니다. 스스로 길을 내며 쪼개지지요. 물론 칼을 그 길을 따라 계속 아래로 움직여야 그렇게 됩니다. 정도의 차이는 있어도 마늘, 당근, 무 같은 고체 상태의 식재료는 이런 방식으로 잘립니다. 사과를 깎을 때도 그렇습니다. 심지어 가위로 종이를 자를 때 가위 날이 만나는 곳보다 약간 더 앞선 곳에서 종이가 이미 찢어지고 있다는 것을 전자현미경으로 보았다는 연구 보고도 있습니다.[11] 그러니까 칼이 물체를 자를 때, 표면에 칼집이 들어간 이후의 역할은 거시적으로는 쐐기와 같은 역할을 한다고 할 수 있습니다.

이것을 그림 1-5와 같이 나타내 보기로 하지요. 모든 물체에 모양의 변형을 일으키려면 힘이 작용해야 합니다. 힘은 물체에 작용해서 가속도를 가지게도 하지만 변형을 일으키기도 합니다. 중국 식당 주방에서 밀가루 반죽을 늘여 수타로 짜장면 면발을 만들거나 반죽을 눌러서 만두피를 만들 때 잡아당기거나 누르는 힘을 주어야 하지요. 물체를 옆으로 찌그러뜨릴 때에도 힘이 듭니다. 그림 1-5의 (가)에서는 간단히 어느 한 방향으로의 변형만 생각하고 있지만 일반적으로 물체에 힘을 주면 부피나 면적도 바뀝니다. 더군다나 앞에 예로 든 수타국수를 만드는 것이나 만두피를 만드는 과정은 그림 1-5의 (가) 중 어느 하나에만 해당하는 것은 아닙니다. 밀고 당기고 찌그러뜨리고 하는 여러 변형들이 복합적으로 이루어집니다. 이렇게 힘이 작용하여 변형이 일어날 때 적용되는 물리법칙이 있습니다.

---

11) https://flying-news.com/2017/03/scissors/dp

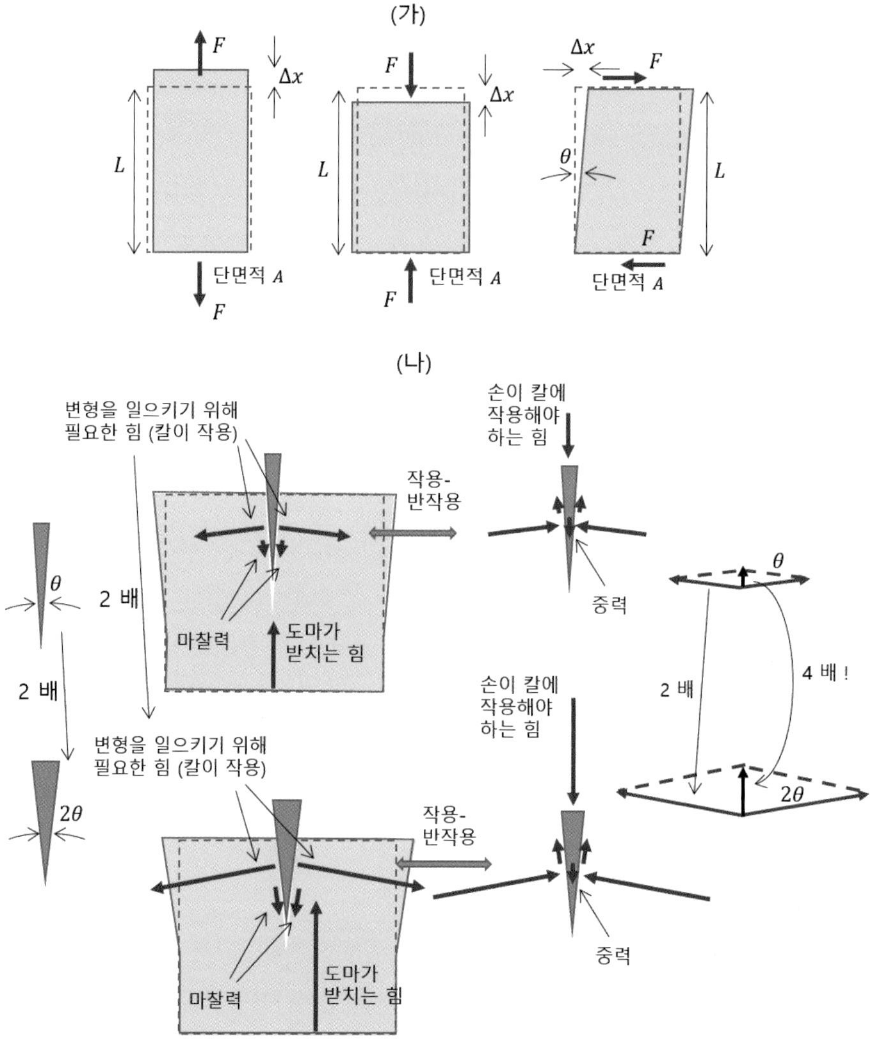

그림 1-5 (가) 물체의 모양을 변형시키는 데 필요한 힘과 변형에 대한 법칙 1. 변형의 정도가 충분히 작을 때 Δx는 작용하는 힘 F에 비례한다. 2. 같은 크기의 힘이 작용했을 때 Δx는 L에 비례하고 단면적 A에 반비례한다. 3. F, L, A가 같다면 변형되는 정도는 어떤 물질인가에 따라 그리고 어떤 상태인가에 따라 다르다. (나) 날이 얇은 칼과 두꺼운 칼이 물체를 자를 때 칼에 작용하는 힘. 칼의 경사각이 2배가 되면 물체를 변형시키기 위해 작용해야 하는 힘은 2배가 되지만 그 두 힘의 합력은 4배가 된다.

1. 변형의 정도가 충분히 작을 때 Δx는 작용하는 힘 F에 비례한다.
2. 같은 크기의 힘이 작용했을 때 Δx는 길이 L에 비례하고 단면적 A에 반비례한다(이것은 단면적이 같은 짧은 막대와 긴 막대를 구부려 보거나, 길이가 같은 굵은 막대와 가는 막대를 구부려 보면 확인할 수 있습니다).
3. F, L, A가 같더라도 물질의 종류와 상태에 따라서 변형되는 정도가 다르다. (예: 밀가루 반죽과 무 조각, 차가운 온도의 초콜릿 바와 뜨거운 온도의 초콜릿 바)

그림 1-5의 (나)는 경사각이 다른 칼로 식재료를 썰 때 일어나는 일을 비교한 것입니다. 칼의 경사각이 2배인 경우를 생각해봅시다. 칼이 물체를 자르려면 그림에서 보이는 것과 같이 변형이 일어나야 합니다. 칼이 밀고 들어온 만큼 어디론가 밀려나야 하니까요. 무 조각처럼 단단한 것은 그림에 보인 것처럼 옆으로 밀려나겠지만 두부처럼 무른 것들은 칼로 누른 부분이 찌그러지는 정도로 끝날 겁니다. 어찌 되었건 칼 두께의 반 정도의 변형이 일어나야 합니다. 그래서 경사각이 큰 칼이 비집고 들어가기 어려운 것입니다. 이 변형을 일으키는 데 필요한 힘이 변형의 양에 비례한다고 했지요? 변형을 일으키는 데 필요한 힘이 너무 크게 그려진 것 아니냐고요? 무나 당근처럼 단단한 것들은 제법 큰 힘이 필요합니다. 무를 자르다가 칼만 옆으로 비틀어서 그 힘으로 쪼개려고 해 보세요. 그러면 이 힘들이 얼마나 큰지 감각적으로 느낄 수 있을 겁니다. 이때 칼이 부러지기까지 하니 주의해야 합니다. 힘만 느껴보고 칼이 부러지기 전에 그만두어야겠지

요. 혹시 단단한 늙은 호박을 자르려다 힘이 모자라서 포기한 적 없나요? 늙은 호박으로 호박죽을 만들 때 단단한 호박을 쉽게 자르는 요령은 호박을 전자레인지에 돌려서 약간 익히는 것입니다. 늙은 호박을 익히면 재질이 물러져서 약한 힘으로도 자를 수 있습니다. 앞에서 변형에 필요한 힘이 물질의 종류뿐 아니라 상태에 따라서 달라진다는 것을 이용하는 것이지요.

그림 1-5 (나)에는 식재료에 작용하는 힘과 칼날에 작용하는 힘이 화살표로 그려져 있습니다. 앞에서 설명한 것처럼 이 화살표의 방향은 힘이 작용하는 방향을, 화살표의 길이는 힘의 크기를 나타냅니다. 칼이 식재료에 작용한 힘은 그만큼의 변형을 일으키는 데 필요한 힘을 구하면 됩니다. 앞에서 언급한 법칙을 적용하면 칼이 물체에 같은 깊이만큼 파고들 때 경사각이 2배인 칼은 식재료에 2배의 힘이 작용해야만 합니다. 그러면 2배로 힘이 드냐고요? 아닙니다. 큰 경사각으로 인해 또 다른 효과가 나타납니다.

작용-반작용 법칙을 적용하면 식재료는 이 힘과 똑같은 크기의 힘을 칼의 양쪽에 작용합니다. 칼의 면에 수직으로 작용하니 수직항력이라고 해야겠네요. 이 두 힘을 상쇄하고도 남을만한 힘을 손으로 작용해주어야 칼이 움직일 수 있을 겁니다. 힘은 서로 더할 수 있습니다. 마치 물 한 컵과 물 두 컵을 더하면 물 세 컵이 되는 것처럼 두 개의 힘이 물체에 따로따로 작용하는 것과 이 두 힘을 더한 것과 같은 하나의 힘이 작용하는 것은 물체에 똑같은 영향을 미칩니다. 즉, 똑같은 방향으로 똑같은 크기의 가속도를 가지게 하거나 똑같은 변형이 일어나게 합니다. 그런데 물체에 작용하는 힘은 크기뿐 아니라 방향도 중요한 역할을 하기 때문에 매우 특별한 방법으로 더합니다.

두 개의 힘을 더할 때는 그림 1-5 (나)의 오른쪽에 나타낸 것처럼 (1)

두 힘을 나타내는 화살표의 시작점들을 일치시키고 (2) 각각의 화살표에 나란한 선분을 그려 평행사변형을 만든 후 (3) 두 화살표의 시작점을 붙여 놓은 점으로부터 평행사변형의 맞은편 꼭짓점으로 화살표를 그리면 그 화살표가 나타내는 힘이 두 힘이 작용하는 것과 똑같은 역할을 합니다. 그래서 크기가 같은 두 힘을 더하면 두 힘이 같은 방향인 경우에만 힘이 2배가 됩니다. 서로 반대 방향으로 같은 크기의 힘이 작용하면 두 힘이 줄다리기를 하다가 오히려 어떤 힘도 작용하지 않은 것처럼 되지요. 두 힘이 서로 직각인 방향으로 작용하면 두 힘을 더한 것은 $\sqrt{2}$ 배만 됩니다.

힘은 왜 이렇게 더해야 하느냐고요? 이것은 그냥 논리적으로 그럴듯해서 만든 규칙이 아니고, 모든 상황에서 옳다는 것이 엄밀하게 실험적으로 확인된 물리법칙입니다. 그러면 그림 1-5 (나)의 오른쪽 그림에서 밤색 화살표로 나타낸 두 힘을 더한 것이 검정색 화살표가 나타내는 힘과 똑같은 역할을 한다는 것은 어떻게 하면 실험적으로 확인할 수 있을까요? 앞에서 서로 다른 방향의 같은 크기의 힘이 작용하면 어떤 힘도 작용하지 않는 것과 같다고 했지요? 밤색의 두 화살표로 나타낸 두 힘이 작용할 때 검은색으로 나타낸 힘과 같은 크기를 가지지만 이것과 반대 방향인 힘을 물체에 작용하면 물체가 움직이지 않습니다. '증명 끝!'이지요.

조금 지루하고 어렵지요? 그렇지만 이 물리학적 분석이 우리에게 재미있는 사실을 보여줍니다. 앞에서 칼의 경사각이 2배라면 변형을 위해 필요한 힘이 2배가 된다고 했지요. 그런데 이 2배의 힘을 더할 때 그려지는 평행사변형의 모양이 다릅니다. 경사각이 2배인 칼의 경우 평행사변형의 뾰족한 쪽 사잇각도 2배가 됩니다. 그래서 두 힘의 합력은 약 4배가 됩니다. 두 힘이 각각 2배여서 4배가 되는 게 아닙니다. 사잇각이 그대로였다면 두 평행사변형이 닮은꼴이고 각 변의 길이만 2배가 되니 두 힘을 더한 힘도 그대로 2배였을 것입니다.

칼의 면이 식재료를 밀어내는 힘에 비례하여 약하기는 하지만 마찰력도 생깁니다. 식재료들이 대부분 물기를 머금고 있어서 특별한 재료가 아니라면 칼로 썰 때 마찰력이 크게 문제가 되지는 않습니다. 마찰력은 면에 나란한 방향이고 운동을 방해하는 방향으로 작용합니다. 그 크기는 면에 수직으로 작용하는 힘에 비례합니다. 그러니까 변형을 위해 칼이 식재료를 밀어내는 힘에 비례해서 그 값도 커집니다. 그러니 이 마찰력들은 칼의 경사각이 2배가 되면 2배로 커지겠네요. 그런데 칼의 양면에 작용하는 마찰력을 더할 때는 앞에서 수직항력을 더할 때와 같은 사잇각의 마술이 나타나지 않고 더한 것도 그대로 두 배입니다. 그림으로 확인해 보기 바랍니다.

그림 1-5의 (나)에는 칼에 작용하는 중력도 표시하였습니다. 중력의 방향은 칼이 움직여야 할 방향이므로 칼이 무거우면 식재료를 썰 때 확실히 도움이 됩니다. 그렇지만 들어 올릴 때는 더 힘이 들기 때문에 무거운 칼의 불편한 점도 있겠지요.

지금까지의 설명으로 2배로 두꺼운 칼의 경우 2배 이상의 힘이 필요하다는 것을 알았습니다. 그래서 자를 때에는 면도칼이나 커터칼처럼 칼이 얇을수록 좋습니다. 단지 칼이 너무 얇으면 쉽게 부러지기 때문에 적절한 두께를 가지도록 하는 것입니다. 그렇지만 그림 1-5의 설명은 아직도 왜 날이 날카로워야 잘 자르는지에 대한 궁금증을 완전히 해결해주지는 못합니다. 더구나 '칼이 날카로우면 같은 힘을 가했을 때 압력이 높아서 잘 자른다'는 일반적인 설명에 들어 있는 압력이라는 개념이 전혀 포함되어 있지 않았습니다.

이제 칼로 식재료를 자를 때 원자와 분자 세계에서 일어나는 일을 알아봅시다. 그림 1-6은 칼이 식재료를 자르는 것을 설명하기 위한 단순한 모형입니다. 칼과 식재료는 모두 원자로 이루어져 있습니다. 칼을 이루고 있는 철에는 철 원자들이 **금속결합**이라는 방식으로 단단히 뭉쳐져 있습니다. 금속결합에서 각각의 원자는 전자를 잃고 양이온이 되며 다른 원자에서 떨어져 나온 여러 전자와의 전기력에 의해 결합이 이루어집니다. 전자들은 양이온 사이를 자유롭게 돌아다닐 수 있고 이러한 상황을 물리학에서는 '전자의 바다'라고 부릅니다. 이로 인하여 금속은 망치로 때리면 깨지지 않고 잘 늘어나고, 어느 정도 구부려도 부러지지 않습니다. 양이온은 마치 김 양식장의 부표처럼 전자의 바다에서 매우 규칙적으로 배열되어 있습니다.

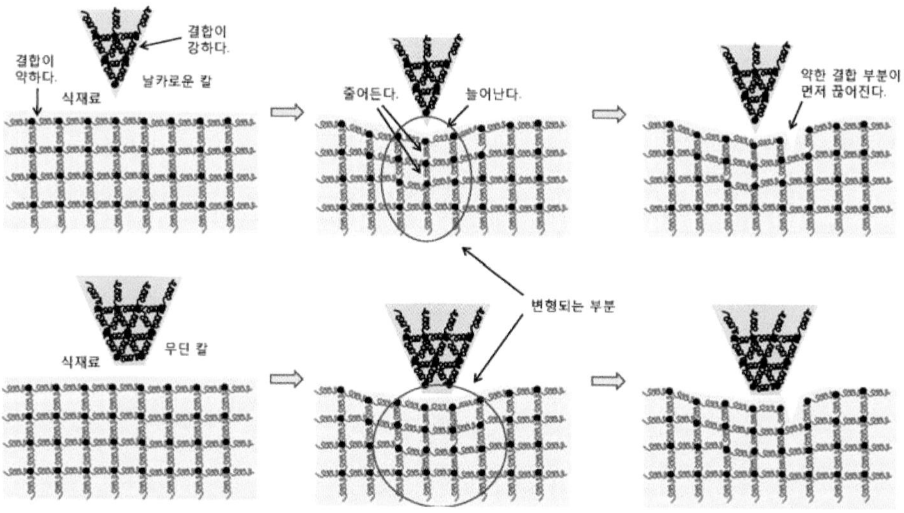

그림 1-6 칼로 식재료를 자르는 것의 미시적인 상황

강철에는 철 원자 이온들의 규칙적인 배열을 깨지 않을 정도로 약간의

탄소 원자가 섞여 있고, 스테인리스 강철에는 약간의 크롬 원자가 섞여 있지요. 이러한 불순물 때문에 강철과 스테인리스 강철은 큰 충격을 주면 깨지기도 합니다. 고체 상태에서 이온들은 제자리에서 약간의 진동만 할 수 있을 뿐 서로 자리를 바꿀 정도의 운동은 하지 못합니다. 그래서 대부분의 금속은 단단합니다. 이렇게 원자들이 강력하게 결합한 것을 그림 1-6에서는 구성 입자들이 강한 용수철로 단단히 고정된 것으로 나타냈습니다.

식재료는 원자들이 만든 여러 녹말, 셀룰로오스, 단백질, 지방과 같은 분자들이 모여 있습니다. 분자에서 원자들은 어느 정도 강력하게 결합한 상태이지만 분자들끼리의 결합력은 무척 약합니다. 식재료의 분자들끼리 약하게 결합한 것을 그림 1-6에는 약한 용수철로 입자들이 연결된 것으로 나타냈습니다. 칼의 금속은 원자들이 규칙적인 배열을 하지만 식재료의 분자들은 배열이 불규칙하다는 것도 나타냈지요. 자연계의 물질에서 원자나 분자는 최적의 상태에 있습니다. 이때 원자와 분자들은 그 상태에서 더 가까워지거나 멀어지는 것을 싫어합니다. 그림 1-6에서 입자와 입자를 용수철로 연결한 것은 이러한 의미도 담고 있습니다.

이제 칼날을 식재료에 대고 누르면 어떤 일이 일어날까요? 칼을 이루고 있는 원자와 식재료를 이루고 있는 원자는 서로 미는 힘이 작용합니다. 이것은 원자를 둘러싸고 있는 전자구름끼리 미는 것입니다. 이 미는 힘은 칼을 이루고 있는 원자끼리의 결합에 비하면 매우 미약해서 칼은 모양을 유지합니다. 그렇지만 식재료를 이루고 있는 분자들 사이의 결합은 이 힘을 이기지 못합니다. 그래서 그림에 나타낸 것처럼 분자 사이의 길이가 늘어나거나 줄어들어야 합니다. 용수철이 늘어나거나 줄어들 때 원래 길이로 되돌아가려는 힘이 작용하듯 분자 사이의 길이가 늘어나지 않도록 또는 줄어들지 않도록 하는 힘이 칼에 작용합니다. 그래서 칼에는 최소한 이만큼의 힘이 작용해야 합니다. 그러다가 식재료를 이루는 분자들의 위치가 결합을 유지할 수 있는 한계를 벗어나면 결합이 끊어지는 것이지요. 그것이 거시적으로는 식재료가 잘린 것으로 나타나는 것입니다.

칼날이 무디면, 즉 칼날이 식재료에 닿는 면적이 크면 그림 1-6의 (다) 그림처럼 훨씬 많은 수의 식재료 분자를 움직여서 변형을 일으켜야 합니다. 그러려면 힘이 많이 들지요. 아무리 날카롭다고 해도 그림 1-6에 보인 원자 하나나 둘 정도의 두께를 가진 칼날은 없습니다. 최소한 수십 ~ 수백 개의 원자 크기일 것입니다. 그러면 변형을 일으켜야 하는 부분의 크기는 날의 두께에 비례할 것입니다. 그러니까 날이 2배로 두꺼우면 2배로 힘이 들지요. 그래서 힘이 아니라 힘이 작용하는 면적도 중요한 요인이 되는 것입니다. 이제 왜 칼날이 날카로워야 잘 잘리는지, 왜 칼을 누르는 힘의 크기가 문제가 아니라 칼날의 면적이 문제인지 알게 되었나요?

그렇지만 이 설명 역시 칼로 식재료를 자르는 것을 단순화한 것입니다. 칼이 식재료를 자르는 것을 기본 힘인 원자핵과 전자 사이에 작용하는 전기력으로부터 출발하여 설명한 것은 아니지요. 더구나 이러한 미시적인 세계에서 일어나는 일은 양자역학으로 기술해야 합니다. 무엇인가를 자르는 일은 과학과 공학에서 아직도 계속되고 있는 연구 대상입니다.[12)]

---

12) T. Atkins, *The Science and Enginerring of Cutting,* Elsevier, 2009.
Williams JG, Atkins AG, Charalambides MN, Lucas PW. 2016 *Cutting science in biology and engineering.* Interface Focus 6: 20160021.

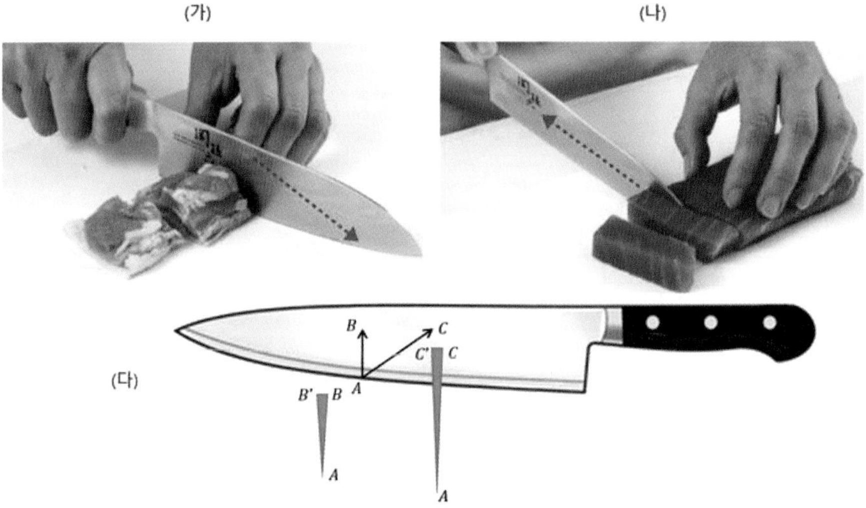

그림 1-7 (가) 밀어 자르기: 주로 질긴 육류와 야채를 자를 때 사용, (나) 당겨 자르기: 주로 연한 생선류를 자를 때 사용 (다) 칼을 위에서 아래로 누르기만 하여 $A \to B$로 자를 때 칼의 경사각은 $\angle BAB'$이고 $A \to C$로 자를 때 칼의 경사각은 $\angle CAC'$이다. B'과 C'은 칼의 반대쪽 면에서 B와 C에 해당하는 점이다. B와 B' 사이의 거리와 C와 C' 사이의 거리는 같지만 선분 $\overline{AC}$의 길이가 $\overline{AB}$의 길이보다 길기 때문에 경사각이 작은 칼로 자른 효과가 있다.

칼을 왜 약간 밀거나 당기면서 썰어야 할까요?

요즘은 거의 모든 것에 대한 정보를 인터넷으로 얻을 수 있습니다. 유튜브 방송에서는 심지어 칼을 사용하는 방법을 설명하는 것들도 많습니다. 칼을 어떻게 쥐고 다른 손으로 어떻게 그 칼을 가이드해야 하는지, 또 어떻게 해야 손을 베지 않는지 자세히 설명해 줍니다. 그런데 그림 1-7처럼 칼을 누르면서 동시에 약간 밀거나 당겨서 자르는 것이 좋다는 것은 대부분 말하지 않습니다. 실제로 시범을 보일 때 강사 자신도 모르게 그렇게 하면서도 언급을 하지 않는 경우도 많습니다. 너무 당연해서 그럴까요? 아니면 자신도 모르게 무의식적으로 그런 행동을 하는 걸까요? 물론 나중에 식칼로 고기를 썰다 보면 그냥 위에서 아래로 누르기만 해서는 잘 썰리지 않고 밀면서 썰어야 한다는 것을 유튜브를 보지 않고도 스스로 깨닫게 될 것입니다.

언 상태가 아닌 육류나 섬유질이 있는 샐러리 같은 채소는 칼을 위에서 아래로 누르기만 하는 것보다는 그림 1-7의 (가)에서 보인 것처럼 밀면서 써는 것이 쉽습니다. 칼의 끝부분에서 시작하여 손잡이가 있는 안쪽까지 칼을 미는 것입니다. 우리 팔의 구조가 이렇게 할 때 칼에 힘을 주기 쉬운 탓도 있습니다만 이렇게 비스듬하게 자르면 칼의 경사각을 줄이는 효과도 있습니다. 그림 1-7의 (다)에 보인 것처럼 아래로 누르기만 하여 $A \to B$로 자를 때 칼의 경사각은 $\angle BAB'$이고 밀면서 $A \to C$로 자를 때 칼의 경사각은 $\angle CAC'$입니다. 여기에서 B'과 C'는 칼의 반대쪽 면에서 B와 C에 해당하는 점입니다. B와 B' 사이의 거리와 C와 C' 사이의 거리는 같지만 선분 $\overline{AC}$의 길이가 $\overline{AB}$의 길이보다 길기 때문에 경사각이 작은 칼로 자른 효과를 낸다는 것을 알 수 있습니다.

부드러운 생선의 경우 위아래로 누르거나 밀면서 썰면 형태가 망가집니다. 생선의 경우, 칼 끝부분을 사용하여 당겨 자르기를 하는 것이 좋습니다. 이때도 칼날이 미끄러지도록 자르는 것이 경사각을 줄이는 효과가 있겠지요. 식재료를 얇게 저밀 때도 마찬가지입니다. 말랑말랑한 삶은 계란을 자를 때에도 칼을 누르기보다는 밀거나 당겨서 베는 것이 좋습니다.

우리가 쓰는 대부분의 식칼은 왜 삼각형 모양일까요?

나라마다 고유한 전통음식을 가지고 있습니다. 기후에 따라 구할 수 있는 식재료가 다르다는 것이 가장 중요한 이유일 것입니다. 이에 따라 칼의 모양도 나라마다 다릅니다. 그런데 대부분이 끝이 뾰족한 삼각형 모양이고, 날도 일직선이 아니라 밖으로 볼록 나온 곡선인 것이 많습니다. 물론 사각형 모양인 중국의 차이다오(菜刀, 채소를 써는 칼이라는 뜻)와 서양의 클리버(Cleaver, 뼈 있는 고기를 내려쳐서 자르는 칼)와 같은 예외도 있습니다. 과도나 생선의 배를 따는 칼은 안쪽으로 오목하게 들어간 곡선의 날을 가지고 있기도 합니다. 모두 용도에 맞게 최적화된 모양일 것입니다. 삼각형 모양의 칼은 어떤 점에서 유리할까요?

우선 칼끝이 뾰족한 것이 여러모로 편리하기 때문일 것입니다. 뾰족한 칼끝이 없다면 사과 꼭지를 파낼 수 있겠어요? 또 다른 과학적 이유도 있습니다. 앞에서 칼날의 경사각이 작을수록 식재료를 자를 때 적은 힘이 들어가고 똑같은 칼로 썰 때에도 칼을 밀거나 당겨 썰면 경사각을 줄이는 효과가 있다는 것을 이야기하였습니다. 이것은 우리가 잘 알고 있는 빗면의 원리에 해당합니다. 삼각형 모양의 칼도 이 빗면의 원리가 숨겨져 있습니다.

딱딱하게 언 고기나 단단한 늙은 호박을 자를 때 밀면서 자르는 것은 큰 도움이 되지 않습니다. 칼을 잡지 않은 손까지 동원해서 칼등을 눌러야 간신히 잘리지요. 삼각형 모양의 칼은 이 과정에서도 도움을 줍니다. 단순하게 위에서 아래로 눌러서 잘라도 그림 1-8의 (가)에 보인 것처럼 칼날이 진행하는 방향이 칼을 누르는 방향과 빗겨나가기 때문에 빗면 효과를 냅니다. 그림 1-5에 보인 여러 종류의 변형으로 모양이 비틀릴 때 같은 크기로 변형을 일으키는 데 필요한 힘이 변형되는 부분의 면적에 비례한다고 했습니다. 그림 1-8의 (나)에서 볼 수 있듯이 삼각형 모양의 칼날은 한꺼번에 자르는 것이 아니라 처음에는 변형이 일어나는 부분의 면적이 작기 때문에 자르는 작업의 시작을 쉽게 만들어 줍니다. 전체 덩어리를 한꺼번에 자르는 것이 아니라 작은 부분으로 나누어 자르는 효과가 생기는 것이지요. 나중에는 결국 전체 덩어리를 자르게 되는 것 아니냐고요? 그렇지 않습니다.

앞에서 칼로 자를 때 잘린 면이 칼날보다 앞서가는 금가기 효과가 있다고 했지요? 그렇습니다. 일단 어느 부분이라도 칼날이 들어가기 시작하면 쐐기 효과로 인해 약한 부분에 금이 가기 시작합니다.

날이 일직선인 단순한 삼각형 모양의 칼보다는 날이 곡선인 것이 이러한

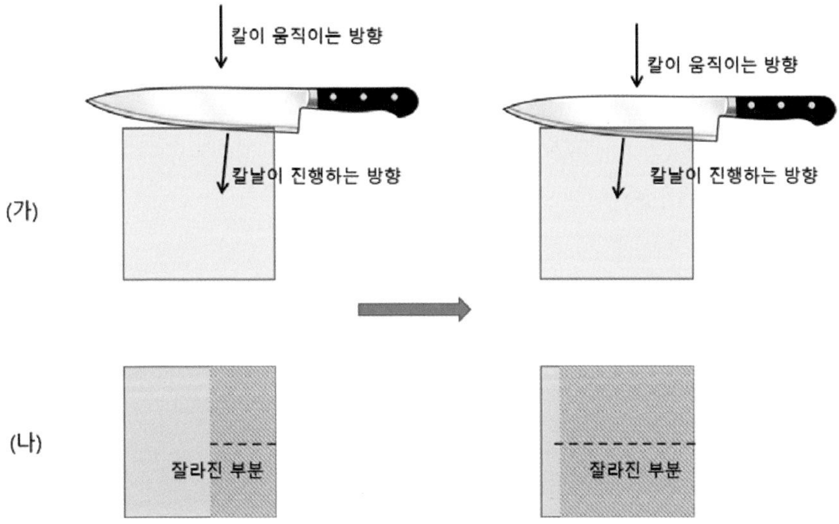

그림 1-8 삼각형 모양의 칼을 위에서 아래로 누르면서 자를 때 일어나는 일 (가) 옆에서 본 모양 (나) 위에서 내려다 본 모양

효과가 더 큽니다. 항상 날의 일부분이 먼저 재료를 자르기 시작하고, 칼을 어느 방향으로 움직이더라도 항상 비스듬하게 베는 효과가 일어납니다. 전투에서 사용하는 대부분의 칼은 날이 곡선으로 되어 있는데, 이것도 이런 이유 때문입니다. 특히 말을 달려 지나가며 사람을 베는 몽고병이나 아라비아 병사의 칼들은 대부분 칼이 반달 모양이었지요?

중국식칼이 더 안전하다는데 사실인가요?

이연복 요리사가 TV에 나와서 선을 보여 유명하게 된 차이다오는 네모난 모양도 특이하지만 무척 무겁다는 것이 가장 큰 특징입니다. 칼이 아니라 거의 도끼에 가깝지요. 칼날이 두꺼우니 칼이 부러질 염려 없이 그대로 내려쳐서 닭고기나 돼지갈비 정도는 뼈 채로 자르는 데 사용할 수 있을 것 같습니다. 이연복 요리사가 보여준 마늘 다지기는 압권이었지요. 이 무게 때문에 일반적인 요리에서는 사용하기 어려울 것 같은데 오히려 힘이 덜 들고 매우 섬세한 작업까지도 할 수 있다고 합니다. 그림 1-5에서 우리가 무시했던 중력이 중요한 역할을 하니 식재료를 자르기 위해 우리가 내리눌러야 하는 힘이 적게 들 것은 이해할 수 있습니다. 무거운 칼을 들어 올리는 데는 그만큼 더 힘이 들어가겠지만 자를 때의 힘이 줄어드는 것이 더 유리할 것입니다. 그런데 이 칼의 가장 큰 장점이 안전한 점이라고 하네요? 그래서 우리나라 군대에서 취사병에게 이 칼을 지급한다고 합니다.

우선 칼의 양쪽 면이 넓어서 칼을 들어 올려도 칼이 계속 가이드하는 손가락에 붙어 있어서 그 손가락을 벨 위험이 거의 없다는 기술적인 면이 있습니다. 그리고 칼의 무게가 식재료를 자르는 데 도움을 주기 때문에 손을 강하게 누를 일이 별로 없어서 오히려 다치지 않는다고 합니다. 중국식 칼을 사용해 보지 않아서 이해가 어렵다면, 과일칼과 같이 가벼운 칼날과 일반 식칼로 둥그런 당근을 써는 것을 비교해 볼까요? 가벼운 칼이 얼마나 위험하고 좁은 칼날이 얼마나 불편한지 직접 경험해 보세요.

칼로 식재료를 써는 것도 결국은 칼에 힘을 작용해서 운동하게 만드는 것입니다. 여기에 '**물체에 작용한 힘이 물체의 질량과 물체의 가속도를 곱한 값과 같다**'는 운동법칙을 적용해 봅시다. 질량이 큰 물체는 같은 힘이 작용하여도 운동의 변화가 적게 일어납니다. 그래서 손이 칼에 작용하는 힘에 대해 무거운 칼의 운동은 상당히 안정적입니다. 칼을 쥔 손이 어느 정도 힘의 조절을 잘못해도 무거운 칼은 움직임의 변화가 적게 일어나기 때문이지요. 그러면 우리의 반사신경이 작용할 시간이 충분하여 식재료를 잡은 다른 손이 충분히 피할 수 있는 것입니다. 가벼운 칼은 그것을 쥔 손이 작용한 힘에 따라 빠르게 속도가 변하니 미처 피할 시간이 없어서 다치기 쉽습니다.

한편 이렇게 무거운 칼을 다룰 때는 손목만 사용하면 안 됩니다. 팔 전체를 칼과 함께 움직여야 합니다. 그리고 칼을 너무 빨리 움직이려고 하지도 말아야 합니다. 물체에 작용한 힘이 물체의 질량과 물체의 가속도를 곱한 값과 같다는 것을 잊지 말아야지요. 무술영화에는 검(劍)과 도(刀)가 나옵니다. 상대적으로 가벼운 검은 날카로운 날로 상대방을 빠르게 베는 무술을 선보이고 무거운 도는 휙휙 휘둘러서 자르지요. 이때 검은 팔과 손목만 휘두르지만 도는 온몸을 칼과 함께 움직이는 것을 볼 수 있습니다. 삼국지의 관우가 82근이나 나가는 청룡언월도를 휘둘러 적장의 목을 한 번에 자르는 이야기가 나옵니다. 1근이 600 g이니까 82근이면 50 kg인데 이런 칼을 어떻게 휘둘렀을까요?

칼로 써는 데 대한 이야기를 마치기 전에 우리의 독특한 주방과 식탁 문화라고 할 수 있는 가위로 음식 자르기에 대해 간단히 한 이야기를 하고자 합니다. 이것을 처음 보는 외국인들은 대부분 이에 대해 놀라움을 표시합니다. 하지만 이것은 문화적 차이일 뿐 우리가 쑥스러워해야 할 일은 아닙니다. 이것이 편하니 모든 나라 사람들도 이렇게 해야 한다는 것도 물론 아니지요. 모든 문화와 관습이 그렇듯이 우리가 부엌에서 하는 모든 일도 우리의 기후와 풍토에 맞게 변화하고 정착되어 온 것입니다. 음식을 손으로 집어 먹거나 국수를 '후룩'하는 소리를 내며 먹는 것도 마찬가지입니다. 국수를 젓가락으로 먹는 가장 효율적인 방법은 국수 가락을 들이마시듯 빨아드리는 방법 아닐까요? 손으로 음식을 집어 먹는 것은 어떤가요? 우리는 영화관에서 팝콘은 아무렇지도 않게 손으로 집어 먹습니다. 손으로 집어 먹는 음식은 과자처럼 전혀 손에 달라붙지 않는 음식입니다.

과학적으로 보자면 고기를 자르는 가장 효율적인 방법은 약간 익었을 때 가위로 자르는 것입니다. 생고기는 너무 물러서 잘 드는 칼 아니면 알맞은 두께로 자르기가 어렵지요. 꽁꽁 언 고기를 대패로 밀어 얇게 자르는 방법도 있습니다만 이것을 외국인들이 보면 까무러치겠네요. 그런데 잘 구워지거나 삶아진 상태에서는 뜨거워서 고기를 붙잡고 썰기가 어렵습니다. 그런데 가위는 어떤가요? 집게로 고기를 집고 다른 손으로 '싹둑'! 이렇게 편리한 방법이 있을까요? 접시 위에 올려놓고 포크로 누른 다음 칼로 써는 것이 더 우아한가요?

가위가 좋은 또 하나의 이유는 도마를 사용하지 않아도 된다는 것입니다. 배추김치나 섞박지를 도마 위에 올려놓으면 묻어 있던 국물이 흘러 주위가

지저분해집니다. 고춧물이 든 도마를 씻는 일이 하나 더 늘어나지요. 그런데 가위를 사용하면 김치통에서 꺼내 알맞은 크기로 썰어 곧장 그릇에 담을 수 있습니다. 식탁에서 먹을 때도 마찬가지로 그릇에 둔 채 우아하게 잘라서 먹을 수 있지요.

가위는 힘에 대해서도 이득입니다. 재료를 도마 위에 놓고 썰 때도 칼과 도마가 (중력을 무시했을 때) 같은 크기의 힘을 서로 반대 방향으로 작용합니다. 그래야 재료가 움직이지 않으면서 썰어지지요. 하지만 이때는 칼이 있는 쪽만 썰어집니다. 가위로 자르거나 썰 때는 양쪽 날이 똑같은 크기의 힘을 반대 방향으로 작용하니 도마가 필요없는거지요. 그리고 양쪽 날 모두에 의해 썰어집니다. 식탁에서 가위를 사용하는 것 아주 창의적인 생각이 아닌가요? 그렇다고 우쭐할 필요도 없습니다. 우리만 가위를 사용하는 것이 아니니까요. '인생 후르츠'라는 일본 영화에도 음식을 가위로 자르는 장면이 나옵니다.

다음 질문에 여러분 스스로 물리학적인 답을 찾아보세요.

1. 식빵은 왜 톱니모양의 칼로 자르고, 피자는 왜 원형칼로 자를까요? 케이크는 낚싯줄로 자르면 좋다고 합니다.

CHAPTER

02

불(Fire)

가족들이 모여서 함께 식사하는 저녁 시간. 다 함께 식사 준비를 해 볼까요?

불린 쌀을 하룻밤 불린 검정콩과 함께 전기밥솥에 넣은 뒤 취사 버튼을 누르고, 쌀뜨물은 멸치, 다시마와 함께 냄비에 담고 가스레인지를 켭니다. 가스레인지 스위치를 돌리면 "틱, 틱, 틱." 하는 소리와 함께 파란 가스불이 구멍마다 올라옵니다. 부글부글 끓인 멸치 다시 국물에 감자, 양파, 된장, 버섯, 고춧가루를 풀어서 바글바글 끓인 뒤 두부와 파를 송송. 따끈따끈 막 지은 밥 한 그릇과 보글보글 끓인 된장찌개는 찬 바람이 부는 바깥세상에서 돌아온 가족들에게 따뜻한 위로와 함께 마음의 풍요로움을 안겨줍니다. 따끈따끈한 밥과 보글보글 된장찌개를 이렇게 간단하게 만들 수 있게 된 것은 인류 역사에서 언제부터였을까요? 가스레인지와 전기밥솥에는 어떤 물리적 원리가 숨어있을까요?

성냥이 없던 옛날에는 밥을 지으려면 군불로 불씨를 살려서 장작불을 피우고, 쌀을 끓인 뒤 뜸을 들이려면 다시 불을 약하게 줄이기 위해 장작을 빼내고 계속 밥이 타지 않는지 살펴봐야 했습니다. 이번 장의 주제는 '불'입니다.

불을 무서워하지 않는 동물이 오직 우리 사람뿐이라는 것은 조금 과장된 말입니다. 오래전부터 사람이 길들인 개도 그렇고 유전적으로 사람과 아주 가까운 침팬지도 불을 무서워하지 않는 것으로 보입니다. 그렇지만 불을 다룰 줄 알고 이것을 유용하게 사용할 줄 아는 것은 이 지구상에서 오직 인간뿐입니다. 호주의 원주민들은 불이 붙은 나뭇가지를 물어 날라서 불이 넓은 지역으로 퍼지게 하는 솔개가 있다고 이야기합니다.[1] 불을 피해 도망을 가는 동물을 쉽게 잡기 위해 솔개가 불씨를 날라서 불을 번지게 한다는 것이지요. 물론 솔개가 의도적으로 나뭇가지를 옮겨서 불을 확산시키는 것인지, 아니면 불붙은 나뭇가지가 먹이인 줄 알고 부리로 물고 가다가 나뭇가지가 뜨거워 그대로 놓아버리는 바람에 불이 번진 것을 그렇게 생각했는지는 알 수 없지요.

인류학자들은 약 200만 년 전부터 인류가 불을 사용했을 것으로 보고 있습니다.[2] 다윈은 불을 인류의 가장 위대한 발견이라고 했습니다. 불의 사용은 인류와 그 문명에 커다란 영향을 끼친, 어쩌면 인류 역사상 가장 중요한 사건이라 할 수 있습니다. 우선 불은 뜨거운 열을 방출해서 보금자리를 따뜻하게 해 주고, 불을 무서워하는 다른 짐승들로부터 인간을 안전하게 보호해 주었지요. 인류가 따뜻한 아프리카 지역을 벗어나 생활 터전을 적도에서 먼 곳까지 확장해 간 것도, 혹독한 빙하기를 이겨 낸 것도 불 덕분일 것입니다. 또한 불에서 나오는 환한 빛은 우리의 활동 시간을 늘려주는

---

1) M. Greshko, Why These birds Carry Flames In Their Beaks, National Geographic, 5 min. read, Jan. 9, 2008. 솔개를 영어로는 black kite라고 하는데 호주 원주민들은 불을 옮기는 매라는 뜻으로 firehawk라고 부른다고 합니다.

2) J. A. J. Gowlett, *The discovery of fire by humans: a long and convoluted process*. Phil. Trans. R. Soc. B 371: 20150164.

효과도 있었겠습니다. 앞서 제1장에서 칼에 대한 설명에서 이야기했듯이 돌을 쪼개어 도구를 만드는 데에도 불을 사용한 흔적이 발견되고 있습니다. 광석을 높은 열로 가열하여 금속을 제련한 청동기 문명과 철기 문명은 불이 없었다면 가능하지 않았겠지요. 인류학자인 Wiessener는 현대에 아직까지 원시적인 상태로 남아 있는 부시맨들의 사회를 관찰함으로써 인류의 원시 사회 생활을 예측하는 연구를 하였습니다. 관찰 중에 부시맨 구성원들은 밤에 모닥불 주위에 모여 앉아 있을 때 낮 시간에 비해 훨씬 더 발전적인 이야기를 나눈다는 것을 발견했습니다.[3] 이 전통은 지금도 계속된다고 말할 수 있습니다. 캠프파이어 주위에 몰려 앉으면 모두 하나가 되지요. 그러니 불이 인류 문화의 발전에 아주 중요한 기여를 했다는 게 과장이 아닙니다.

이와 더불어 식생활 측면에서는 불을 이용해 음식을 익혀 먹을 수 있게 된 것이 인류에 지대한 영향을 미쳤습니다. 우리 인류의 뇌가 커지고 지능이 발달하여 음식을 익혀 먹을 줄 알게 된 줄 알았는데, 자세히 연구해보니 익힌 음식을 먹게 된 식생활의 변화로 인해 뇌가 커져서 복잡한 생각을 할 줄 아는 인간으로 발전한 것이라고 합니다. 불의 사용이 인류 진화에까지 기여한 셈입니다.[4] 심지어 과학자들은 '우리를 인간으로 만들어 준 것이

---

3) P. W. Wiessener, Proceedings of the National Academy of Sciences. [Polly W. Wiessner, Embers of society: Firelight talk among the Ju/'hoansi Bushmen : C. Graber, Fire Cooked up Early Human Culture, Scientific American 60 second Science, Feb. 26, 2018, https://www.scientificamerican.com/podcast/episode/fire-cooked-up-early-human-culture/

4) A. Rosati, Food for Though : Was Cooking a Pivotal Step in Human Evolution?, Scientific American 60 second Science, Feb. 26, 2018, https://www.scientificamerican.com/article/food-for-thought-was-cooking-a-pivotal-step-in-human-evolution/

(불로 익힌) 요리다'라고까지 말합니다.[5] 그러니 "나는 살기 위해서 어쩔 수 없이 먹는다."라면서 고상한 척하는 사람들에게 "나는 먹으려고 산다." 라고 당당하게 말해야겠네요. 먹는 행동을 통해 더 많은 생각을 하는 보다 진화된 사람이 되고자 하는 것이니까요.

요즘 우리는 성냥이나 라이터를 이용해서 원할 때마다 원하는 장소에서 아주 쉽게 불씨를 만들어 낼 수 있지요. 현대 주방에서 음식을 익히려고 할 때 가스레인지의 손잡이만 돌리면 불이 켜지고, 아예 전기스토브를 이용하면 어떤 연료를 연소시키지 않고 전기코일에서 발생하는 열만으로도 음식을 익힐 수 있습니다. 그렇지만 예전에는 불을 피우기가 무척 어려웠습니다. 영화 「캐스트 어웨이」에서 주인공 척(톰 행크스 분)이 무인도에서 불을 얻기 위해 얼마나 애를 쓰던가요. 지금으로부터 별로 오래되지 않은 1~2백 년 전 조선 시대만 해도 불씨를 계속 아궁이에 살려 두었다가 다시 불을 지폈습니다. 이 불씨를 꺼뜨린 며느리는 어른들에게 호되게 야단을 맞았지요.

앞 장에서 요리에 대한 20개의 위대한 발명품 중에서 무인도에 가져갈 것 하나를 고를 때는 불을 만드는 도구가 포함되어 있지 않았습니다. 여기에 성냥이나 라이터가 들어 있었다면 무인도에 가져갈 우선순위가 어떻게 변할지 모르겠네요. 성냥개비를 충분히 많이 가져가거나 라이터 연료가 충분해서 무인도에서 구조될 때까지 사용할 수 있다면, 성냥이나 라이터가 무인도에 가져갈 물건으로 무조건 1순위일 것으로 보입니다.

---

5) N. Mott, *What Makes Us Human? Cooking*, National Geographic News, Oct. 27, 2012 ttps://www.nationalgeographic.com/animals/article/121026-human-cooking-evolution-raw-food-health-science

왜 불씨를 만들기 어려운가요?

인류가 불을 사용한 것은 불을 만드는 방법을 알아내기 훨씬 전부터일 것으로 추정됩니다. 처음부터 인류가 불을 '만들어서' 사용하지는 못했을 것입니다. 초기에는 번개나 나뭇가지들의 마찰로 자연 발화된 불을 이용했겠지요. 요즘 우리나라에서 일어나는 산불은 사람들의 부주의로 일어나는 것이 대부분이지만, 아프리카의 초원 지역에서는 아직도 자연 발화가 빈번히 일어납니다. 해마다 약 75%의 초원이 자연 발화로 불타버린다고 합니다. 자연 발화로부터 얻은 불이 우리에게 매우 유용하다는 것을 깨달은 우리 인류 조상들은 우연히 얻은 불씨를 고이고이 보관하여 지속적으로 사용하는 방법을 터득했습니다. 그리고 급기야는 자연 발화가 아닌, 인간의 힘으로 불씨를 만들어 낼 수 있게 되었습니다.

인류의 역사나 과학 기술을 다루는 인터넷 사이트와 서적에서는 불을 일으키는 가장 원시적인 방법으로 그림 2-1과 같이 나무를 서로 비비는 것을 이야기합니다. 이때 손으로 잡고 비비는 나무는 단단하고 가는 나뭇가지를 이용하며, 밑에 대는 판은 무른 나무를 사용합니다. 왜 나무들을 서로 비비면 불씨가 만들어질까요? 우리는 추운 겨울에 양 손바닥을 서로 비비면 손이 따뜻해진다는 것을 알고 있습니다. 모든 물체는 서로 비빌 때 마찰력이 작용하여 열이 납니다. 이를 물리학적으로는 '**물체 사이의 마찰력이 하는 일이 열로 전환된다**'고 합니다. 열은 물을 데우거나 얼음을 녹이는 것처럼 물체의 온도나 상태를 변하게 할 수 있습니다. 나뭇가지를 나무판에 열심히 비비면 나무의 온도가 올라가서 급기야는 불씨가 만들어집니다. 불씨가 만들어지는 과정을 좀 더 자세히 살펴볼까요?

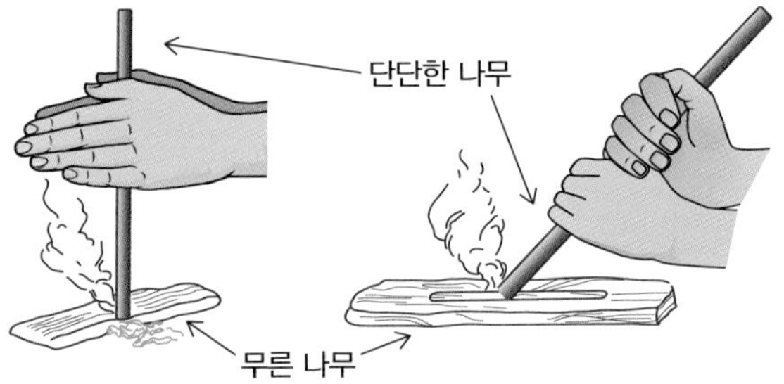

그림 2-1 불씨 만들기

나뭇가지를 나무판에 계속 비벼대면 접촉 부분의 온도가 올라가서 1단계로 나무에 남아 있던 모든 물 분자가 증발하고 그 다음에는 나무의 접촉면 주변의 대부분의 분자들도 날아가고 탄소만 남게 됩니다. 그래서 접촉 부분 주위가 검은색의 숯가루로 변합니다. 그리고 단단한 나뭇가지의 끝부분 또는 무른 나무에서 떨어져 나온 숯가루에 불씨가 만들어집니다. 이 불씨를 마른 풀에 옮겨 불이 붙게 하면 불이 만들어지는 것입니다. 이렇게 글로 적기는 쉽지만, 막상 실행해 보면 어떨까요? 영화 「캐스트 어웨이」에서 보듯이 이런 방법으로 불을 일으키기는 무척 어렵습니다. 불씨가 생길 정도로 온도를 올리기가 어려워, 대부분 실패하고 말지요. 언젠가 어느 TV 예능 프로그램에서도 출연자들이 땀을 흘리며 시도해 보았지만 결국 실패하는 것을 본 적이 있습니다. 나무를 비벼서 불을 만드는 게 왜 그렇게 힘든지, 간단히 물리적인 지식을 활용해서 계산해 볼까요?

나무가 탈 수 있다고는 하지만, 온도가 어느 정도 이상으로 올라가야지만 불이 붙어서 탈 수 있습니다. 아무런 불씨가 없는 상태에서 스스로 연소를 시작하는 온도를 발화점이라고 합니다. 잘 마른 나무의 발화점은 약 450℃라고 알려져 있습니다. 빵을 구울 때 오븐의 온도를 200℃ 내외까지 올려야 하고, 도자기를 굽는 오븐의 온도는 1100℃ 정도이니, 나무가 타기 시작하는 온도는 그 사이에 있네요. 나무로 불을 만들려면 나무를 비벼서 접촉면을 빵이 구워지는 온도보다 훨씬 높은 온도까지 올려야 하는 셈입니다.

온도를 높이려면 열을 가해주어야 합니다. 열을 많이 가할수록 온도가 높아집니다. 한편, 동일한 물질로 이루어진 두 물체의 온도를 올릴 때에는 질량이 큰 물체일수록 많은 열이 필요합니다. 같은 질량이라도 물질이 다르면 온도를 올리는 데 필요한 열의 양은 서로 다릅니다. 물질의 온도를 올리는 데에 얼마만큼의 열이 필요한가를 알려주는 것을 **비열**이라고 합니다. 비열은 온도의 변화를 일으키는 데 필요한 열의 양을 알려줍니다. 비열이 큰 물질은 비열이 작은 물질보다 온도를 올리는 데 더 많은 열이 필요합니다. 종류에 따라 차이는 나겠지만 마른 나무의 비열은 물의 2/5 정도입니다. 우리 주변에 있는 물질은 모두 물보다 비열이 낮습니다. 물은 온도를 높이기 가장 어려운 물질입니다. 그래서 물로 삶는 요리가 가장 많은 열이 필요합니다. 많은 양의 물을 끓이려면 그만큼 많은 양의 열이 필요하고 가스나 전기를 많이 사용해야 하니까 에너지를 절약하기 위해서, 지구를 지키기 위해서, 우리는 필요한 양의 물만 끓이는 습관을 들이는 것이 좋겠습니다.

열의 양은 cal(칼로리)라는 단위로 측정합니다. 물 1 g을 1℃ 높이는 데 필요한 열의 양을 1 cal라고 정했습니다. 그러니 물의 비열은 1 cal/g·℃이지요. 나무의 비열이 물의 0.4배이면 나무 1 g을 1℃ 높이려면 1 cal의 0.4배인 0.4 cal의 열이 필요하다는 것입니다. 실온 20℃인 상태에 있던 10 g의 나무를 상온에서 450℃로 높이려면

$$(450℃-20℃)(10\ g)(0.4\ cal/g℃) \sim 약\ 1700\ cal$$

가 필요합니다. 영국의 과학자 줄(James Prescott Joule)은 '**열이 에너지와 같다**'는 것을 밝혔습니다. 그래서 물체를 비비면 해준 일 중 얼마만큼의 에너지가 나무에 열로 전달되어 온도를 높이는 것입니다. 에너지의 양은 J(줄)이라는 단위를 사용하는데 열량 1 cal는 에너지양 4.2 J과 같습니다. 그러니 필요한 열의 양인 1,700 cal를 만들어내려면 약 7,000 J 이상의 일을 우리가 해야 합니다.

열과 에너지 그리고 일이라는 물리학 용어가 나왔으니 간단히 정리하고 넘어가겠습니다. 에너지는 **일을 할 수 있는 능력**을 양적으로 잴 수 있게 하는 물리량입니다. 여기에서 일은 우리가 일상생활에서 '열심히 일한다'라고 말할 때의 바로 그 '일'입니다. 우리는 일할 에너지를 우리가 먹은 음식으로부터 얻습니다. 그런데 우리말에는 이 '일'이라는 단어가 우연히 두 가지 뜻을 가집니다. 반가운 친구가 갑자기 찾아왔을 때 우리는 '웬일이냐?'라고 하지요? 그래서 우리 중고등학교 물리 수업에는 일상생활에서의 일과 물리학에서의 일이 다르니 주의하라고 가르칩니다.

하지만 '일'이라는 단어의 뜻이 겹치기 때문에 주의해야 하는 것은 아닙니다. 일상에서 사용하는 일과 물리학에서 사용하는 일은 같은 것입니다. 다른 학문과는 다르게 물리학에서는 일상생활의 경험으로부터 그 뜻을 알 수 있도록 하려고 되도록 일상적인 단어를 사용해서 용어를 정하려고 합니다. 이것은 영어 용어에서도 그렇습니다. 그냥 일상적인 영어 단어를 사용합니다. 영어로 된 물리학 교과서에서도 힘은 force이고 일은 work입니다. 일상생활에서 사용하는 용어와 물리학에서 사용하는 용어가 다르다고 말하는 것은 물리학의 본질 또는 기본 정신과 어긋나는 것입니다. 물리는 말 그대로 '세상 만물의 이치'를 다루는 것이고, 수많은 자연 현상을 보편적인 법칙으로 설명하려고 하니까요. 다른 자연과학에서는 그리스어나 라틴어로 전문용어를 정해서 일반인들은 어려운 용어에 일찌감치 주눅이 들게 됩니다만, 용어 측면에서 물리는 일반적인 단어를 그대로 사용합니다.

그러면 다른 뜻을 가진 일은 어떻게 구분하나요? 간단합니다. 그 '일'을 하는 데에 '힘'이 드는지 아닌지를 알아보면 됩니다. 또는 그 문장에 들어 있는 '일'이라는 단어를 영어로 번역했을 때 work라고 할 수 있는지 아닌지를 따져 보면 됩니다. 일상생활에서의 일 중에서 물리학적인 일에 해당하는 것은 대부분 힘을 써서 어떤 것을 옮기는 작업입니다. 20 kg의 쌀 포대를 등에 지고 아파트 계단으로 3 m를 올라갔을 때 우리는 육체적[6)]으로 일을 했다고 합니다. 두레박으로 우물물을 길어 올릴 때도 육체적으로 일을 합니다. 일은 이러한 상황을 물리학적으로 분석하기 위해 도입된 것입니다. 물리학에서의 일과 일상생활에서의 일의 유일한 차이점은 일을 정량적으로 정확하게 잴 수 있도록 정의했는지 그렇지 않은지 뿐입니다. '일'뿐만이 아니라 모든 물리 용어가 그렇습니다. '**정량적으로 정확하게 잴 수 있도록 정의했다는 것**'이 일상생활에서 사용하는 용어와 물리학에서 사용하는 용어의 유일한 차이점입니다. 이 점은 물리학을 할 때 항상 주의해야 합니다.

물리학에서 **일은 작용한 힘에 힘의 방향으로 움직인 거리를 곱한 양으로 정의합니다.** 이때 반드시 어떤 물체에 작용하는 어떤 힘이 한 일인지를 명시하여야 합니다. 그래서 항상 '공에 작용한 중력이 하는 일'과 같이 표현합니다. 두레박으로 우물물을 길어 올리는 상황에는 그림 2-2와 같이 여러 힘이 관여합니다. 지붕에 작용하는 힘, 기둥에 작용하는 힘, 줄과 도르래

6) 영어의 physical에는 '물리적인' 또는 '육체적인'이라고 번역됩니다.

사이의 마찰력은 아직 나타내지 않았는데도 무척 복잡하지요? 이 힘들은 모두 일을 할 수 있습니다. 각각의 일은 '(지구가) 작용하는 중력이 두레박에 하는 일' 또는 '줄의 장력이 두레박에 하는 일'과 같이 정확하게 표현해야 합니다.

그런데 이런 물음이 나올 수 있습니다. 열심히 공부하는 것을 영어로 'work hard'라고 하는데, 그러면 공부하는 것도 물리적인 일일까요? 멋진 질문입니다. 공부는 정신적인 것으로 확실히 육체적인 것은 아니니까요. 그런데 열심히 공부하고 나면 피곤하고 배도 고파지니 에너지를 쓰는 것은 틀림없습니다. 힘이 드는 일이라고는 생각되는데, 책상 앞에 가만히 앉아서 공부하는 게 무엇을 옮기는 작업은 아닌 것 같지요? 공부하는 것도 물리적인 일에 해당할까요? 그렇습니다. 공부할 때 우리 뇌에는 많은 신호가 이동

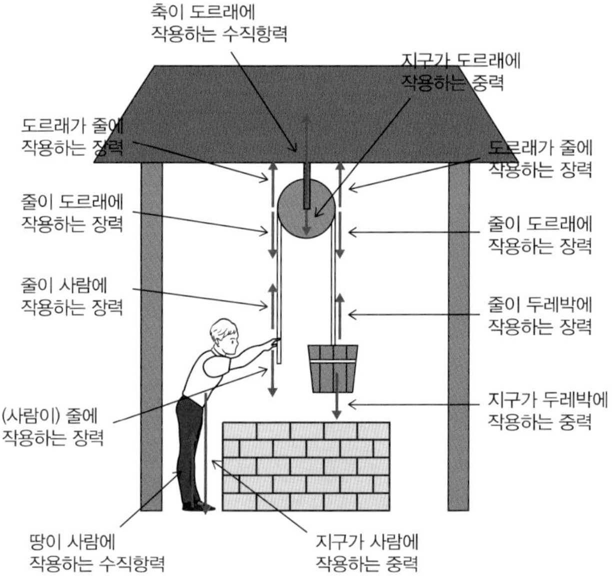

그림 2-2 두레박으로 우물물을 길어 올릴 때 작용하는 여러 힘

합니다. 신경전달물질도 분비되어 움직이니 무엇인가가 이동하는 것은 맞네요. 무거운 가방을 등에 메고 버스를 기다리며 길에 가만히 서 있는 것은요? 움직이지는 않았으니 일의 정의에 따르면 일의 양은 0이 됩니다. 그렇지만 이렇게 서 있는 때도 우리는 에너지를 사용합니다. 누구나 오래 서 있으면 피곤해지지요. 요즘 학교 수업에서는 볼 수 없겠지만 예전에는 복도에 가만히 서 있는 것이 벌을 받는 것이었습니다.

이런 혼동을 피하기 위해 물리학에서는 어떤 힘이 어떤 물체에 하는 일인지를 꼭 밝히는 것입니다. 가만히 서 있을 때 사람에게 작용하는 중력은 사람에 대해 일을 하지 못합니다. 땅바닥이 사람에게 작용한 수직항력도 사람에 대해 일을 하지 못합니다. 하지만 가만히 서 있는 사람의 몸 안에서는 어떤 운동이 일어나고 있습니다. 예를 들어, 혈액은 온몸을 순환해야 합니다. 그런데 서 있는 자세에서는 부드러운 소파에 앉아 있거나 침대에 누워 있을 때보다도 심장이 훨씬 더 강력하게 힘을 작용해서 혈액을 밀어내야 합니다. 그 과정에서 일을 더 많이 하게 되지요. 서 있을 때 우리 몸의 균형을 잡아주는 근육도 긴장상태를 유지하려면 끊임없이 에너지가 제공되어야 합니다.

일의 단위는 J(줄)입니다. 이것은 1 N의 힘이 계속 작용하여 1 m를 이동하는 동안 힘이 하는 일입니다. 일을 할 수 있는 능력인 에너지도 당연히 단위는 J이지요. 이제 에너지에 대해 알아볼까요?

망치로 나무에 못을 박는 것을 생각해 봅시다. 빠르게 움직이던 망치가 못에 힘을 작용해서 움직이게 합니다. 일을 하는 거지요. 그 결과 망치의 속도는 줄어듭니다. 수력 발전소에서는 높은 곳에서 빠르게 떨어지는 물이 수차를 돌리며 일을 할 수 있고, 화력발전소에서는 빠르게 움직이는 수증기가 터빈을 돌리며 일을 할 수 있지요. 이때 수차를 돌리거나 터빈을 돌리는 일(물리학에서의 일)을 한 결과로 물 또는 수증기의 속도는 줄어듭니다. 이처럼 운동하고 있는 물체는 에너지, 즉 일을 할 수 있는 능력을 가지고 있습니다. 이 에너지를 물리학에서는 **운동에너지**라고 부릅니다. 물체가 무거울수록 그리고 물체가 빠르게 움직일수록 물체의 운동에너지는 커집니다. 정확하게 **물체의 운동에너지는 물체의 질량에 속도의 제곱을 곱한 것을 반으로 나눈 값**입니다. 그러니까 속력이 2배가 되면 운동에너지는 4배가 되지요. 물체가 외부에 일을 할 때 물체의 운동에너지는 줄어듭니다. 반대로 운동에너지를 늘어나게 하려면 외부에서 힘이 작용해 물체가 빠르게 움직이도록 하면 됩니다. 힘이 하는 일이 에너지, 즉 일을 할 수 있는 능력을 늘어나게 하는 것입니다.

여기에서 주의해야 할 점이 있습니다. 두 물체 A와 B가 서로 힘을 작용하며 움직이는 경우를 생각해 봅시다. 이때 작용-반작용의 법칙에 따라 서로 상대에게 작용하는 힘의 크기는 같습니다. 그런데 각각의 힘이 상대방에게 하는 일은 크기가 다릅니다. 힘이 작용하는 동안 힘의 방향으로 움직인 거리가 다르기 때문입니다. 그래서 A가 B에 작용한 힘이 B에 하는 일은 A의 운동에너지 변화량과 다를 수 있습니다. 그런데 그 일은 B의 운동에너지 변화량과는 항상 똑같습니다. 그래서 한 물체가 잃거나 얻은 운동에너지가 이것과 힘을 서로 작용하는 물체의 운동에너지가 얻거나 잃은 운동에너지와 다를 수 있지요. 이 과정에서 없어지거나 생성된 것처럼 보이는 에너지는 다른 형태의 에너지로 전환되거나 아니면 다른 에너지가 전환된 것입니다. 또는 그 에너지 차이만큼 열이 발생하기도 합니다. 그래서 열도 에너지와 같은 것이지요. 'A가 B에 작용한 힘이 B에 하는 일'과 'B가 A에 작용한 힘이 A에 하는 일'이라고 말하니 정신이 없지요? 이것은 A와 B를 '가'와 '에게'라는 조사만 바꿔서 나열한 것으로 마치 '간장 공장 공장장은 강 공장장이고 된장 공장장은 공 공장장'이라는 말처럼 들리기까지 합니다. 하지만 물리학에서 이렇게 명확하게 따지는 것은 무척 중요합니다.

여하간 **외부에서 작용한 힘이 물체에 한 일은 항상 그 물체의 운동에너지 변화량과 같습니다.** 이것을 물리학에서는 '일-운동에너지 정리'라고 합니다. '법칙'이 아니라 '정리'라고 부르는 이유는 이것을 그 유명한 뉴턴의 운동 '법칙' $F=ma$로부터 유도할 수 있기 때문입니다. 그러면 운동에너지가 감소하는 경우는 일이 음수가 되겠네요? 일이 음수라는 것을 일상생활에서는 상상할 수 없습니다. 사실 '음수의 일'뿐 아니라 음수라는 것 자체가 무척 추상적인 개념입니다. 사과 −1개는 어떤 상황일까요? 정확한 비유는 아니지만 이 '음의 일'을 몇 날 동안 해 놓은 것을 망쳐서 다시 이전 상황으로 돌린 실수를 저지른 것으로 생각하면 어떨까요? 사과 −1개를 누군가에게 사과를 빌린 것으로 생각하듯이 말입니다. 물리학에서는 힘이 작용하는 방향과 반대 방향으로 물체가 움직일 때 그 힘은 물체에 음의 일을 합니다. 운동하는 방향과 반대 방향으로 힘이 작용하니 속도가 줄어들 것이고, 그에 따라 운동에너지가 감소하는 것이니 잘 맞아떨어지지요?

자, 이제 어느 정도의 물리학 지식을 가지게 되었으니 불씨를 만들어 봅시다. 나뭇가지를 밑에 받친 나무판에 대고 문지르는 것을 물리적으로 해석하기 위해서 그림 2-3처럼 몇 가지 힘이 작용하는 것으로 문제를 단순화할 수 있습니다. 먼저 그림 (가)처럼 나뭇가지와 받침을 따로 따로 하나의 물체로 다루어 보기로 하지요. 나뭇가지에는 손이 붙잡고 밀고 당기는 힘과 나무 받침과 부딪히는 마찰력이 작용합니다. 이렇게 두 물체가 서로 미끄러지면서 작용하는 마찰력을 운동마찰력이라고 합니다. 나무 받침에는 그 반작용으로 반대 방향의 운동마찰력이 작용합니다. 그리고 바닥도 이 받침에 마찰력을 작용합니다. 실제 상황에서는 그렇지 않겠지만 받침이 바닥에서 전혀 미끄러지지 않는다고 가정하면 이것은 정지마찰력입니다. 그리고 그 크기는 나뭇가지가 작용하는 운동마찰력과 같습니다. 작용-반작용의 관계라서가 아니라 받침이 움직이지 않기 때문에 그렇습니다. 왕복운동을 하는 나뭇가지는 엄밀하게는 속도가 바뀌는 운동입니다. 나뭇가지가 움직이는 방향이 바뀌면 그에 따라 작용하는 힘의 방향도 모두 바뀔 것입니다. 그렇지만 평균적으로 속력이 크게 달라지지 않는다면 손이 작용하는 힘과 받침과의 마찰력도 평균적으로는 그 크기가 같다고 생각할 수 있습니다.

손을 앞으로 밀면 나뭇가지도 앞으로 밀리고, 손을 당기면 나뭇가지도 당겨지므로, 손이 나뭇가지에 작용하는 힘은 나뭇가지의 운동 방향으로 작용하기 때문에 하는 일은 항상 양수입니다. 그런데 나뭇가지에

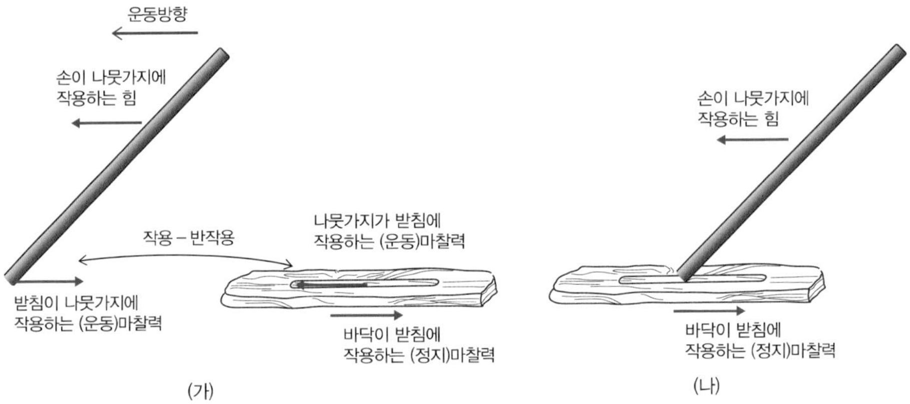

그림 2-3 불 피우기의 물리학 (가) 나뭇가지와 받침을 따로따로 다루기 (나) 나뭇가지와 받침을 하나의 물체로 다루기

받침이 작용하는 운동마찰력은 움직이는 방향과 반대이므로 하는 일은 음수입니다. 두 힘이 하는 일이 서로를 상쇄하기 때문에 나뭇가지의 운동에너지는 일정한 값을 가집니다. 약간의 변동은 있겠지만요. 이것은 일-운동에너지 정리에 딱 들어맞습니다. 나뭇가지에 작용한 두 외부 힘(손의 힘과 받침의 마찰력)이 한 일의 합이 0이니까 운동에너지의 변화량이 없는 것입니다. 그런데 나뭇가지가 받침에 작용하는 운동마찰력은 일을 하지 못합니다. 받침이 어느 방향으로도 움직이지 않기 때문입니다. 앞에서 이야기했던 것처럼 작용-반작용의 관계에 있는 받침과 나뭇가지 사이의 운동마찰력이 나뭇가지와 받침에 한 일의 크기가 다르지요? 그러면 그 차이만큼 다른 에너지로 전환되거나 열이 발생해야 한다고 했습니다. 마찰력의 경우에는 열이 발생하는데, 이 열을 **마찰열**이라고 합니다. 받침과 바닥과의 정지마찰력은 바닥에도 받침에도 모두 일을 하지 못합니다. 둘 다 움직이지 않으니까요. 두 물체가 서로 미끄러지지 않는 경우, 즉 정지마찰력이 작용하는 경우 두 물체 사이의 면에서는 마찰열이 발생하지 않습니다.

그림 2-3 (나)와 같이 나뭇가지와 받침을 하나의 물체로 생각해 봅시다. 이 경우 나뭇가지와 받침 사이에 작용하는 운동마찰력은 서로 상쇄되니까 전체의 운동에는 영향을 주지 못합니다. 나뭇가지와 받침에는 분명히 외부에서 손이 작용하는 힘이 양수의 일을 하지만 전체 운동에너지가 계속 증가하지 않습니다. 일-운동에너지 정리가 성립하지 않지요. 그 차이만큼 열이 발생하기 때문입니다.

운동마찰력이 하는 일, 즉 발생하는 열은 운동마찰력의 크기에 나뭇가지가 움직인 거리를 곱하면 됩니다. 나무를 문지를 때의 운동마찰력은 나무를 누르는 힘에 운동마찰계수를 곱한 값입니다. 나무와 나무를 비빌 때의 운동 마찰계수는 약 0.2입니다. 나무를 100 N의 힘으로 눌러서 비빈다고 합시다. 이것은 10 kg의 물체를 들어 올리는 것과 같은 힘이니 제법 큰 힘입니다. 그러면 마찰력은 20 N 정도니까 7,000 J의 일을 하려면 350 m를 비벼야 합니다. 약 5 cm 범위로 나뭇가지를 밀고 당기면서 움직인다고 했을 때 무려 3,500번을 비벼야 하는 것입니다. 10 kg의 물체를 들어 올리는(마트에서 판매하는 쌀 포대가 10 kg, 20 kg 단위라는 것을 생각하면 10 kg 물체를 들어 올리는 게 어느 정도의 힘일지 상상이 될까요.) 만큼의 센 힘으로 1초에 2번을 비빈다면, 그 속도로 계속 1,750초간 비벼야겠네요? 1,750초면 30분 정도? 이것은 실제 상황을 단순화해서 계산한 것입니다. 실제 상황에서는 비빌 때 열이 습기와 다른 분자를 날아가게 하는 데도 쓰이고, 열이 다른 부분으로 새어 나가기도 할 것이기 때문에 정확하게 3,500번을 비빈다고 불씨가 만들어진다는 것도 아닙니다. 다만 나무를 비벼서 불씨를 만드는 것이 얼마나 힘든 것인지 느낌을 알 수 있도록 간단한 계산을 해 보았습니다.

나무의 발화점이 높아 불씨 만들기가 어렵다고 불평하면 안 됩니다. 나무의 발화점이 높아 불씨를 만들기는 어렵지만, 그 덕분에 우리는 비교적 안전한 세상에서 살고 있습니다. 나무의 발화점이 30℃인 세상을 상상해 볼까요? 그런 세상에서는 우리 인간뿐 아니라 모든 생명체가 살아남지 못할 것입니다. 여름에 기온이 30℃ 이상으로 올라가면 모든 나무가 자연 발화를 할 테니까요. 불이 무척 잘 붙는 휘발유도 스스로 자연 발화하는 온도는 250℃ 정도입니다. 그래서 이것이 가득 담긴 자동차를 안심하고 탈 수 있는 것입니다. 영화에 가끔 절벽에서 떨어진 자동차가 바닥에 닿는 순간 또는 자동차끼리 충돌을 하는 순간 폭발하는 장면이 나오는데, 이것은 극적인 장면을 위한 연출입니다. 아무리 높은 절벽이라고 해도 높은 곳에서 떨어지면서 생긴 운동에너지가 휘발유를 발화점까지 높이기도 어렵고 그렇게 순간적으로 휘발유가 타서 폭발하지 못하기 때문입니다. 과학적으로 분석해 보면, 자동차 충돌 사고에서 마침 차에서 피우고 있던 담배가 불씨가 되어 새어 나온 휘발유에 불이 붙었을 때, 충격으로 정신을 잃은 주인공이 한참 동안 관객의 애를 태우다가 정신을 차리고 자동차를 벗어난 후에 자동차가 폭발하는 억지스러운 상황이 오히려 더 실제적이라고 할 수 있습니다.

이제 우리는 누군가가 '식용유는 잘 타던데 왜 선반에 올려둔 식용유는 불이 나지 않아요?'라던가 '불이 직접 닿지도 않았는데 왜 냄비 속의 찌개가 졸아붙으면 타다가 불이 나나요?'라고 물으면 '발화점'이라는 과학용어로 설명을 해 줄 수 있게 되었습니다. '모든 물체는 발화점 이상으로 온도를 높여야 스스로 불이 붙는다.'라고 말이지요. 좀 더 까다롭게 그리고 엄밀히 말하자면, '**모든 물체는 일정한 온도 이상으로 온도를 높여야 스스로 불이 붙는다.**'가 자연계의 규칙이고, '**이때의 온도를 발화점이라고 한다.**'가 발화점의 정의입니다. 이것은 자연 현상의 중요한 '규칙'입니다. 예외 없이 그렇게 되므로 매우 유용하게 사용할 수 있는 규칙이지요. 그런데도 우리는 다음과 같은 질문을 해 봅니다.

왜 물체는 일정 온도 이상으로 온도를 높여야 불이 붙지요?

아니, 바로 전에 발화점 이상으로 온도를 높여야 불이 붙는다더니, 이제는 왜 그러냐고 묻다니요? 그런데 이것이 물리학입니다. '일정 온도 이상이 되어야 불이 붙는다.'라는 것은 하나의 규칙일 뿐 법칙은 아닙니다. 물리학에서는 '법칙'이라고 부르는 것에 대해서는 왜냐고 묻지 않습니다. '왜 그런 법칙이 성립해야 하나요?'라고 물으면 답은 딱 하나니까요. '우리가 사는 세상이 그렇게 만들어져 있어서 그렇다.'가 물리학자가 할 수 있는 유일한 답입니다. 법칙은 예외 없이 적용할 수 있는 이 세상의 이치니까요. 물론 지금은 설명할 수 없지만 여러 법칙을 왜 그래야 하는지 설명할 수 있는 더 보편적인 법칙이 나타날 수도 있겠지요. 다른 법칙으로 설명할 수 있다면 그것은 더 이상 법칙으로 불리지 못합니다. 법칙으로 설명할 수 있는 수많은 규칙의 하나가 됩니다.

이것이 의미 있는 물리학적 질문이라는 것을 이해하려면 약간의 배경지식이 필요합니다. 물체의 온도가 올라가 불이 붙는다는 것은 물체가 타는 현상인데, 물체가 타는 현상은 분자 수준에서 두 가지로 나누어 생각할 수 있습니다. 물체를 이루고 있는 분자는 일정 온도 이상 온도가 올라가면 공기 중의 산소와 결합하여 다른 분자가 되는 화학반응이 일어나면서 열을 방출하게 됩니다. 열을 방출한다는 것은 화학반응 후의 상태가 전의 상태보다 에너지가 낮아졌다는 것입니다. 이때 방출된 열을 물리학으로 분석해봅시다.

이처럼 에너지가 낮아지는 경우를 일상에서 찾아볼까요? 손에 쥐고 있던 물체를 가만히 놓으면 물체는 항상 아래로 떨어집니다. 그리고는 아래로 내려갈수록 속도가 빨라지지요. 이 현상은 경험을 통해 아는 정도가 아니라 본능적으로 느끼기까지 합니다. 그래서 높은 건물 옥상에서 아래를 보면 떨어진 후의 상상만으로도 몸이 굳지요. 떨어져서 깨질 만한 물건은 되도록 높은 곳에 두지 않습니다. 그런데 가만히 둔 물체가 스스로 위로 올라가지는 않습니다. 위로 올라가게 하려면 위로 던져야 합니다. '모든 물체는 아래로 떨어진다'라는 것은 아마도 우리 인류 역사에 처음으로 문헌에 기록된 물리 규칙일 것입니다. 이렇게 물체가 아래로 떨어지는 현상도 에너지의 높고 낮음과 관계가 있습니다.

높은 곳에 있는 물체가 아래로 떨어질 때 작용하는 힘은 중력입니다. 공기의 저항은 무시하기로 하지요. 어느 높이에서 떨어지는 동안 중력이 물체에 한 일은 중력의 크기에 떨어진 높이를 곱해주면 구할 수 있습니다. 그리고 이 일만큼 물체의 운동에너지가 증가합니다. 즉, 물체의 속도가 빨라지는 것이고 일-운동에너지의 정리가 잘 들어맞습니다.

중력은 지구와 물체 사이에 작용하는 힘입니다. 물체 역시 지구에 똑같은 크기로 반대 방향의 중력을 작용하지요. 그런데 지구가 움직이지 않으니 물체가 지구에 작용하는 중력은 일을 하지 못합니다. 지구에 대해서도 역시 일-운동에너지 정리는 성립하는 셈입니다. 일도 0이고 운동에너지의 변화량도 없으니까요.

이 상황에서도 작용-반작용의 관계인 같은 크기의 중력이 물체와 지구에 각각 한 일이 다르네요? 중력이 물체의 운동에너지는 높여주었는데 그것이 지구의 운동에너지가 감소한 만큼이 아니지요. 지구와 물체를 하나로 보면 더 이상합니다. 외부에서는 전혀 힘이 작용하지 않았는데 이 운동에너지는 어디에서 생겼을까요? 앞에서 나뭇가지를 받침에 대고 문지르는 경우도 작용-반작용의 관계에 있는 운동마찰력이 하는 일이 서로 달랐지요? 그 결과 외부에서 손이 한 일이 나뭇가지와 받침의 운동에너지를 증가시키지 않고 열로 변환되었습니다. 그런데 물체가 아래로 떨어질 때는 열이 발생하지 않습니다. 더구나 운동에너지가 감소하지 않고 오히려 증가한 상황이니까 열로는 설명할 수조차 없어요.

이러한 상황을 설명하는 것이 퍼텐셜 에너지입니다. 물체가 높은 데 있을 때의 퍼텐셜 에너지가 낮은 곳에 있을 때의 퍼텐셜 에너지보다 높고[7] 그 차이만큼 아래에 있는 물체가 운동에너지를 더 가질 수 있다는 것입니다. 물체가 떨어질 때 증가한 물체의 운동에너지는 퍼텐셜 에너지가 전환된 것입니다.

퍼텐셜 에너지는 두 물체 사이에 작용하는 힘과 관련된 에너지입니다. 그래서 이 퍼텐셜 에너지는 서로 힘을 작용하는 두 물체 중 어느 하나가 '가지는' 에너지가 아닙니다. 운동에너지는 물체의 운동에너지라고 말할 수 있지만 **퍼텐셜 에너지는 서로 힘을 작용하는 두 물체가 어떤 상황에 있을 때의 에너지**입니다. 그래서 앞 문단에서 '물체가 높은 데 있을 때의 퍼텐셜 에너지'라고 표현한 것입니다. 우리나라 고등학교 물리교과서에는 지표면으로부터 어떤 높이에 있는 물체가 퍼텐셜 에너지를 가지고 있다고

7) 우리말에서 양은 '많다'와 '적다'로 나타내는 것이 원칙입니다. 그런데 키는 '크다'와 '작다'로 표현하고 같은 길이이지만 거리는 '멀다'와 '가깝다'라고 관습적으로 나타냅니다. 에너지의 경우는 왠지 모르지만 '높다' 또는 '낮다'고 하는데 아마도 물체가 높은 곳에 있을 때와 낮은 곳에 있을 때의 퍼텐셜 에너지에서 시작된 것이 아닐까 생각합니다. 에너지를 숫자와 단위로 나타내기 때문에 '크다'와 '작다'로 나타내기도 합니다. 속도는 빠르기를 알려주는 양인데 '높다'와 '낮다'로 보통 나타냅니다. 가속페달을 밟아서 자동차를 빠르게 하는 것을 '속도를 높인다'라고 말하지요. '속도가 빠르다' 또는 '속도가 느리다'라고도 하지만 그 뜻을 풀었을 때 '빠르기가 빠르다'까지는 괜찮지만 '빠르기가 느리다'라는 것은 약간 어색하지요. 속도가 '크다'와 '작다'라고 하기도 합니다. 온도도 '높다'와 '낮다'고 하는데, 온도가 높아지면 눈금이 높아지도록 온도계를 세워 놓기 때문으로 보입니다. 수은이 팽창해서 높은 곳에 있는 눈금을 가리킬 때 온도가 '높은' 거니까요. 수은이 팽창하면 수은주(기둥)가 길어지는 데 뉴스에서 날이 더워지는 것을 '수은주가 올라간다.'라고 하지요. 수은 체온계는 이렇게 세워 놓지도 않고 적외선 체온계는 그냥 숫자만 보여주는데도 관습적으로 온도가 높다라고 하는 거지요.

기술하고 있는데, 이것은 잘못된 것입니다. 지구의 질량이 워낙 커서 물체가 떨어질 때 지구의 운동에너지 변화는 무시해도 되니까 이렇게 해도 수학능력고사 문제 푸는 데는 아무런 관계도 없겠지만 말입니다. 물체의 퍼텐셜 에너지라고 말하면 안 되는 대표적인 예가 용수철 끝에 물체를 매단 상황입니다. 용수철을 원래 길이보다 늘어나게 하면 그에 따라 퍼텐셜 에너지가 높아지는데, 이 경우 확실하게 물체가 가진 퍼텐셜 에너지는 아니지요. 물체와는 관계없이 용수철에 의한 것이니까요.

자, 이제 퍼텐셜 에너지와 운동에너지라는 용어를 사용할 수 있게 되었습니다. 물체가 높은 곳에 움직이지 않고 있을 때와 낮은 곳에서 움직이지 않고 있을 때 에너지를 비교하면 높은 곳에 있을 때의 에너지가 높습니다. 그러니 '높은 데서 가만히 놓은 물체는 항상 아래로 떨어진다'라는 규칙을 '에너지가 높은 상태에서 에너지가 낮은 상태로 자연스럽게 변한다'라고 말해도 될까요? 그리고 두 상태의 에너지 차이만큼 운동에너지가 생기는 것입니다.

원자가 결합한 분자는 물론이고 원자조차 하나의 단일 입자가 아닙니다. 원자핵과 전자로 이루어져 있기 때문입니다. 그리고 원자핵은 다시 양성자와 중성자가 결합한 것이고 양성자와 중성자도 쿼크로 이루어져 있습니다. 단일 입자가 아닌 여러 입자를 하나의 물체로 생각하는 경우, 일-운동에너지 정리는 외부에서 이 물체에 작용하는 힘만 고려하면 안 됩니다. 앞에서 불을 피울 때 나뭇가지와 받침, 또 물체가 떨어질 때 물체-지구를 하나의 덩어리로 보더라도 이들 사이에 작용하는 운동마찰력과 중력이 하는 일을 고려해야 했습니다. 원자의 에너지를 다룰 때 원자가 움직이는 속도로 구해지는 운동에너지 외에 원자핵과 전자가 어떤 상태에 있는가에 따라 달라지는 에너지도 고려해야 합니다. 분자도 마찬가지입니다. 원자를 단일 입자로 여긴다고 해도 원자들이 서로 힘을 작용해서 어떤 상태에 있는가에 따라 에너지가 달라집니다. 가만히 정지해 있어서 운동에너지를 가지지 않는 분자도 그렇다는 것입니다.

휘발유가 온도가 올라서 연소하는 경우를 예로 들어보겠습니다. 휘발유의 주성분인 옥테인 분자(C_8H_{18})가 산소와 결합하여 이산화탄소와 물로 연소하는 것을 생각해 봅시다. 이 연소의 화학 반응식은 $2C_8H_{18} + 2O_2 \rightarrow 16CO_2 + 18H_2O$ 입니다. 이때 발생하는 열은, 예를 들어, 옥테인 분자 2개와 산소 분자 2개가 전혀 움직이지 않고 있는 상태가 이산화탄소 분자 16개와 물 분자 18개가 움직이지 않고 있는 상태에 비해 에너지가 높기 때문에 발생합니다. 그 에너지 차이만큼 반응 전 옥테인 분자와 산소 분자가 가지고 있던 운동에너지의 총합보다 반응 후 이산화탄소 분자와 물 분자의 총 운동에너지가 높아지는 것입니다. 그런데 어떤 물체의 온도는 그 물체를 이루고 있는 분자가 얼마나 활발하게 움직이는지를 재는 척도입니다. 현재 여러분이 앉아서 이 책을 읽고 있는 장소의 기온도 공기를 이루는 분자들이 얼마나 활발하게 운동하는가에 따라 결정됩니다. 보다 엄밀하게 말하자면 **절대온도는 분자들의 운동에너지의 평균값에 비례하도록 정의한 것**입니다. 이것이 열의 본성입니다. 열이 발생해서, 또는 열이 어디에선가 이동해 와서 온도가 높아진다는 것은 분자들의 운동에너지가 늘어나는 것이 거시적으로 그렇게 나타나는 것입니다. 그러고 보니 온도가 높아져서 물체가 타는 연소 작용과 물체가 아래로 떨어지는 것이 에너지 측면에서는 차이가 없어 보입니다. 둘 다 보다 낮은 에너지 상태로 변화하는 것이고 그 에너지 차이만큼 운동에너지가 증가하는 것이니까요. 이렇게 생각하니 '물체가 타는 것도 에너지가 낮아지는 것인데 왜 자연스럽게 일어나지 않고 꼭 발화점까지 높여야 불이 붙을까?'라는 질문이 억지스러운 것이 아니지요?

낮은 온도에서 연소가 저절로 일어나지 않는 것은 원자들이 분자로 결합할 때 원자들이 따로 떨어져 있는 상태에 비해 에너지가 낮은 상태가 되었기 때문입니다. 지금 상태가 가장 에너지가 낮은 상태는 아니지만 적어도 최선의 상태는 되는 것입니다. 이것은 그림 2-4의 (가)와 같이 턱이 있는 선반에 소금 통이 놓여 있는 것에 비유할 수 있습니다. 이것은 (다)와 같이 소금 통이 부엌 바닥에 떨어진 상태에 비해 에너지가 높지만 (나)처럼 턱에 걸쳐 있는 것보다는 낮지요. 그래서 가만두면 턱을 넘어 바닥으로 떨어지지 않습니다. 선반이 약간 기울어져 있다고 해도 말이지요. 그런데 지진이 일어나거나 쥐가 건드려서 (나)처럼 소금 통이 턱을 넘어서는 상황이 되어야 아래로

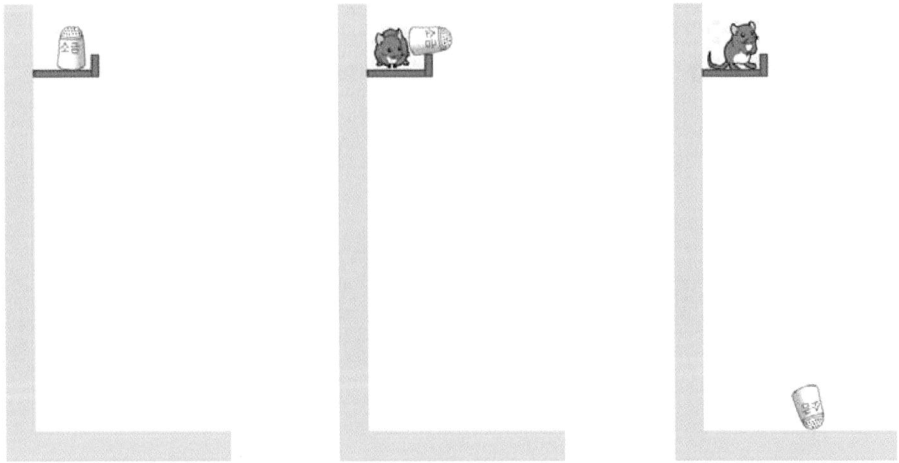

(가) (나) (다)

그림 2-4 (가) 선반에 놓여 있는 소금 통 (나) 선반턱에 걸쳐 있는 소금 통 (다) 바닥에 떨어진 소금 통

떨어집니다. 그것도 매번 바닥으로 떨어지는 것이 아니라 다시 선반에 놓이기도 하지요.

화학반응이 일어나는 것도 이러한 상황과 마찬가지입니다. 턱을 넘어설 수 있도록 에너지가 공급되어야 합니다. 물론 분자가 원자들로 완전히 분리된 다음 새로운 분자로 재조합되는 것은 아닙니다. 화학반응은 분자들이 충돌하면서 원자들이 재조합되는 것이고 그러기 위해서는 분자 또는 재조합에 참여하는 원자가 높은 운동에너지를 가지고 있어야 합니다. 화학반응의 결과 에너지가 낮은 상태로 반응이 일어나면 그 에너지 차이만큼 분자들의 운동에너지가 높아집니다. 그것이 온도가 올라가는 것처럼 나타나고 열이 발생했다고 생각하는 것입니다. 반대로 에너지가 더 높은 상태로 반응이 일어나면 운동에너지들이 감소합니다. 쥐가 건드려 턱에 올라간 소금

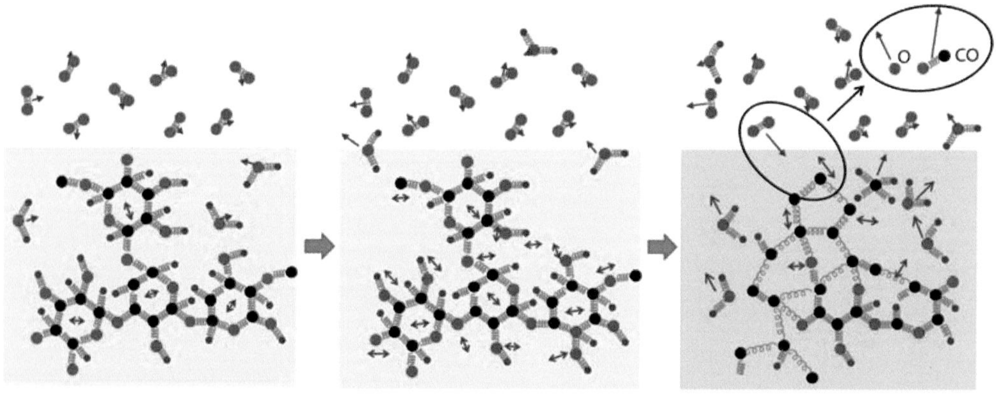

그림 2-5 나무끼리 비빌 때 일어나는 현상 (가) 상온의 나무 상태: 분자들이 작은 진폭으로 진동하고 있다. (나) 수분 증발: 나무가 포함하고 있던 수분이 공기 중으로 날아간다. (다) 탄화, 분자의 재조합: 거대 분자가 더 작은 단위의 분자로 분리된다. 수소와 산소 원자가 물 분자를 이루며 빠져나가고 탄소가 남아 나무가 검은색으로 보인다. 이 탄소와 공기 중의 산소가 충돌하면 화학반응이 일어나서 일산화탄소 분자와 불안정한 산소 원자가 만들어진다.

통이 항상 바닥으로 떨어지지는 않는 것처럼 분자들끼리 충돌을 할 때마다 화학반응이 일어나지는 않습니다.

그림 2-5는 나무끼리 비빌 때 일어나는 현상을 단순화해서 그린 것입니다. 나무를 이루는 많은 분자 중 셀룰로스 분자와 물 분자를 생각해 봅시다. 그림 (가)는 상온일 때 분자들이 작은 진폭으로 진동하고 있다는 것을 나타낸 것입니다. 이때 분자들의 평균 운동에너지가 절대온도에 비례하지요. 다른 나무와의 마찰로 인해 온도가 올라가면 분자들의 운동이 더 활발해지고 그림 (나)와 같이 물 분자들이 다른 분자와의 인력을 이기고 나무에서 빠져나갑니다. 마치 물이 액체 표면에서 증발하는 것과 같습니다. 그래서 나무는 바짝 마릅니다. 온도가 더 올라가면 그림 (다)에 나타낸 것처럼 셀룰로스 분자는 해체되어 메테인이나 물 분자와 같이 가벼운 분자로 재조합되고 이들이 나무를 빠져나갑니다. 그 결과 탄소의 농도가 점점 높아지면 나무는 점점 더 검은색으로 변합니다. 이때 탄소 원자들은 주위의 다른 원자들과의 결합이 많이 약해진 상태에서 큰 폭으로 진동을 합니다. 이렇게 에너지가 높아진 탄소 원자와 공기 중에 있던 산소 분자가 충돌하면 그중 하나의 산소와 결합하여 일산화탄소 분자가 됩니다. 그리고 다른 산소 원자는 떨어져 나가지요.

왜 탄소 원자가 산소 분자와 충돌해서 한 번에 이산화탄소 분자가 되지 못하느냐고요? 우리가 너무나 익숙하게 알고 있는 탄소의 연소에 대한 화학식은 $C + O_2 \rightarrow CO_2$인데 말입니다. 그런데 이 반응은 한 번의 충돌로는 가능하지 않습니다. 그림 2-6은 이것을 설명하기 위한 것입니다. 그림에서 파란색 화살표는 각 입자의 속도를 나타냅니다. 대략적이기는 하지만 이 화살표의 길이와 방향은 **충돌 전과 충돌 후 또는 충돌 과정에서 운동량의**

합은 변하지 않는다는 것을 나타내고 있습니다. **운동량**은 운동하는 입자 또는 물체의 질량에 속도를 곱한 것입니다. (가)와 (나)와 같이 산소 분자와 탄소 원자가 충돌하면 어느 순간 산소 분자와 탄소 원자가 함께 움직이는 상황이 될 것입니다. 이 상황으로부터 어떠한 화학반응이 일어나지 못하고 다시 산소 분자와 탄소 원자로 나뉘기도 할 것이고 앞에서 말한 일산화탄소와 산소 원자로 나뉘는 화학반응이 일어날 수도 있습니다. 파란색 화살표의 길이가 충돌 전에 비해 길어졌지요? 에너지가 더 낮은 상태로 변한 화학반응의 결과 그 에너지 차이만큼 각 입자들의 운동에너지가 증가하기 때문입니다. 그렇지만 운동량의 합은 여전히 충돌 전과 같습니다.

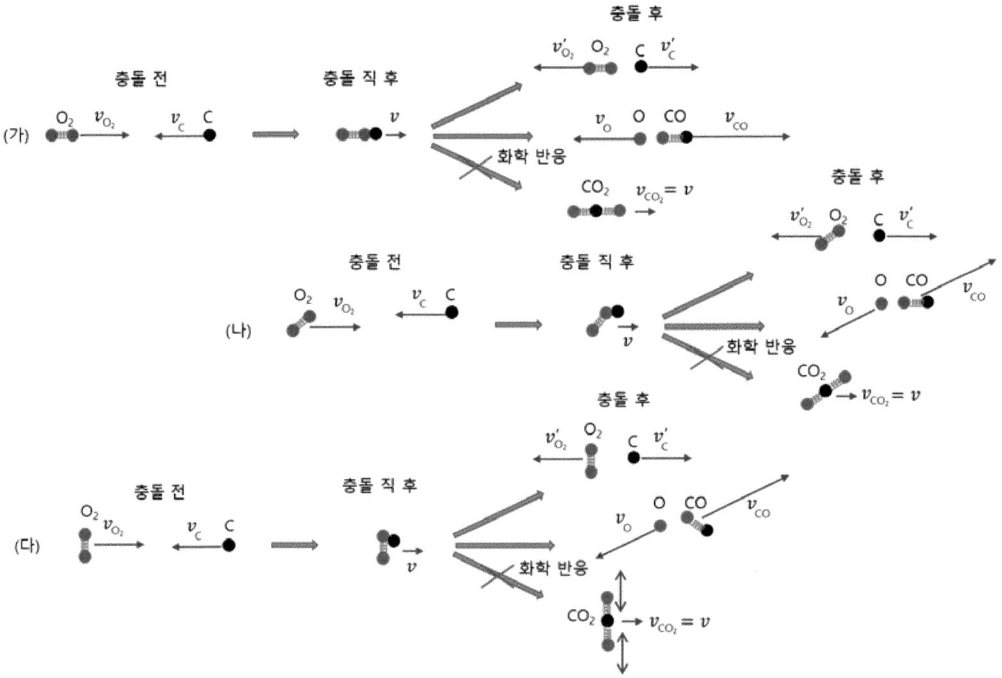

그림 2-6 산소 분자와 탄소 원자가 충돌하는 여러 가지 경우

그림 2-6 (가)와 (나)는 왜 한 번의 충돌로 이산화탄소 분자가 만들어지지 못하는지 잘 보여줍니다. 그러려면 탄소 원자와 산소 원자의 위치가 바뀌어야 하기 때문이지요. 그렇다면 (다)와 같은 충돌은 어떨까요? 일단 이것은 (가)와 (나)뿐 아니라 다른 모든 가능한 충돌 상황 중의 하나이기 때문에 일어날 확률이 무척 낮을 겁니다. 여하간 이 경우라면 원자의 위치가 바뀌지 않아도 되기 때문에 이산화탄소 분자가 만들어질 수 있을까요? 그렇지 않습니다. 두 입자, 즉 산소 분자와 탄소 원자가 합쳐져서 하나의 입자인 이산화탄소 분자가 만들어지면 운동량이 같다는 사실로부터 이산화탄소 분자의 속도가 결정됩니다. 그러니 이산화탄소의 운동에너지도 결정되지요. 이런 충돌에서는 충돌 후에 하나의 입자가 가지는 운동에너지가 더 작습니다. 그런데 이산화탄소 분자는 탄소와 산소 분자가 따로 있는 것보다 에너지가 낮기 때문에 이런 일은 불가능합니다. 가능하다 해도 그 이산화탄소 분자에서 탄소 원자와 산소 원자는 아주 큰 진폭으로 진동을 해야 하고 그것이 분자를 불안정하게 하여 분자로 존재하지 못합니다.

자, 이제 다시 원래 이야기로 되돌아갑시다. 나무에 있던 탄소와 공기 중의 산소가 충돌하여 화학반응을 일으켜 일산화탄소가 되는 과정에서 방출되는 에너지는 일산화탄소와 산소 원자를 빠른 속도로 움직이게 합니다. 그래서 이 분자들과 충돌한 다른 분자들의 속력을 높이고 그 결과 더 많은 반응이 연쇄적으로 일어나도록 해 줍니다.

한편, 반응 결과 떨어져 나온 다른 산소 원자는 매우 불안정하여 공기 중의 다른 분자와 충돌하여 다른 분자를 만들게 됩니다. 이 불안정한 산소 원자가 일산화탄소와 충돌하여 안정한 이산화탄소 분자를 만들 수도 있지만 다른 산소 분자 또는 질소 분자와 충돌하면 불안정한 상태의 분자를 만듭니다. 이 불안정한 분자들은 다른 충돌을 통해 안정된 분자가 됩니다. 이러한 불안정성이 반응을 더 잘 일어나게 하지요. 이러한 중간 단계의 반응은 수 백-수 천 경우의 수를 가지고 있으며 매우 복잡합니다. 그림 2-6은 이런 상황을 아주 단순화한 것으로 화학적인 연소 과정이 원자나 분자 수준에서는 입자들의 충돌이라는 것과 왜 비벼서 에너지를 높여주어야 이런 일이 가능해지는지를 설명하기 위한 것일 뿐입니다. 여기에서는 탄소가 일산화탄소로 연소하는 것만 다루었는데 나무가 분해되어 만들어지는 수소나 다른 가벼운 분자들의 연소도 일어날 것입니다. 자, 이제 '왜 일정 온도에 도달해야 불이 붙는가?'라는 질문이 왜 근사한 물리학적 문제가 되는지 이해가 되나요?

현대 물리학이나 현대 화학에서도 아직 이러한 연소 과정의 미시적인 과정은 완벽하게 설명하지 못하고 있습니다. 더구나 원자나 분자를 다룰 때는 양자역학을 적용해야 합니다. 슈퍼컴퓨터까지 동원해야 하는 어려운 문제지요. 최근에 와서야 메테인의 연소 과정을 분자동역학을 적용하여 분석한 논문[8)]이 발표되었습니다. 여기를 보면 고등학교에서 배우는 메테인의 연소($CH_4 + 2O_2 \rightarrow CO_2 + 2H_2O$)조차 얼마나 복잡한 과정을 거쳐 일어나는지 알 수 있습니다. 그러니 아직도 우리가 모르는 것이 많이 있는 것입니다.

꼭 무인도에 표류하는 것과 같은 특별한 상황이 아니더라도 불을 피우려는 데 성냥이나 라이터가 없어서 곤란할 때가 있습니다. 예를 들어 캠핑장에

---

8) J. Zeng et al, *Complex reaction processes in combustion unraveled by neural network-based molecular dynamics simulation*, Nature Communications https://doi.org/10.1038/s41467-020-19497-z

바비큐 준비를 다 해서 갔는데 성냥이 없는 거지요. 물론 주위에 사람들이 있으면 빌리면 됩니다. 이럴 때는 담배 피우는 사람이 가장 반갑지요. 이렇게 할 수 없으면 어떻게 해야 할까요? 자동차가 근처에 있다면 자동차의 시가렛 라이터를 눌러 니크롬선을 달군 후 불씨로 사용할 수 있습니다. 9V 정도의 건전지가 있다면 알루미늄 포일을 가느다란 띠 모양으로 잘라서 양극과 음극에 연결하면 선이 달궈져서 불씨를 얻을 수 있습니다. 알루미늄 포일 띠 대신 연필심을 연결해도 됩니다. 집 근처라면 가스레인지 불꽃에 모기향을 피워서 불씨를 만들어도 되겠네요. 전동드릴이 있다면 드릴 날 대신 마른 나무젓가락을 끼워 나무판에 대고 돌리면 숯이 된 나무판에 불씨가 만들어집니다. 이 불씨를 마른 나뭇잎이나 부드러운 화장지에 대고 입으로 바람을 불면 불이 붙습니다. 전기를 사용하는 전동드릴을 이용해서 원시적으로 불씨를 만드는 것이 우스꽝스럽지만 어떻게 하겠어요? 전기가 있다고 해도 성냥이 없으면 이렇게라도 해야지요.

전자레인지에 종잇조각과 알루미늄 포일 작은 조각을 하나 넣고 돌리면 불이 붙기는 합니다. 하지만 이것은 전자레인지에까지 불이 붙거나 폭발할 위험이 있으니 절대로 해서는 안 됩니다. 영화에 나오는 특별한 상황처럼 일부러 집에 불을 내려고 하는 것이 아니라면 말이지요. 볼록렌즈를 사용하는 돋보기를 가지고 있다면 햇빛을 모아서 불을 붙일 수 있습니다. 비닐봉지에 물을 채워 투명한 볼록렌즈 형태를 만들고 햇빛을 모아도 된다고 하네요.

그런데 성냥이나 라이터가 있어도 그 불씨를 살려서 불을 피우기가 쉽지 않습니다. 캠핑에 가서 모닥불을 피우거나 야외에서 바비큐를 하려고 장작이나 숯에 불을 붙여본 사람은 잘 알 것입니다. 바비큐 숯에 불을 붙이기 위해 가스버너까지 동원되기도 합니다.

그런데 왜 성냥이 있어도 모닥불을 피우기 어려운가요?

불씨가 있어도 물체에 불이 붙으려면 그 부분의 온도가 어느 이상으로 올라가야 하기 때문입니다. 불씨를 나무에 가까이 대면 그 열로 나무로부터 분해되어 나온 일산화탄소, 메테인 가스, 수소와 같은 가연성 가스가 타기 시작합니다. 이때의 온도를 인화점이라고 합니다. 그런데 지속적으로 가연성가스가 만들어져서 불이 유지되려면 이보다 더 높은 온도에 이르러야 합니다. 이것을 착화점이라고 합니다. 나무의 경우 240℃ 근처가 인화점이고 이보다 약간 높은 260℃ 정도가 착화점입니다. 휘발유는 인화점이 -40℃ 정도입니다. 그러니 휘발유 근처에는 절대로 담배를 피우거나 전기불꽃이 튀게 해서는 안 됩니다. 디젤 자동차에서 사용하는 경유는 인화점이 약 60℃이고 난방에 사용하는 등유는 40℃ 정도라서 휘발유보다는 안전합니다. 식용유는 대부분 식물성 기름으로 인화점이 300℃가 넘기 때문에 우리가 맛있는 튀김 요리를 먹을 수 있습니다. 하지만 식용유도 너무 높은 온도로 가열하면 불이 붙어 매우 위험한 상황이 되니 주의해야 합니다.

앞에서 이야기한 **물체의 온도를 높이려면 열을 가해야 한다**는 사실과 **불씨가 있다해도 모든 물체를 인화점과 착화점까지 높여야 불이 붙는다**는 것, 두 가지만 이해하면 불을 붙이기 쉽습니다. 성냥은 이 두 가지를 잘 활용한 좋은 예입니다. 성냥은 가느다란 나무 또는 종이 띠 끝의 성냥머리[9]에 황가루와 왁스, 그리고 염소산포타슘($KClO_3$)을 섞은 것이 뭉쳐져 있습니다. 그리고 성냥갑 표면에는 붉은인과 유리 가루를 섞은 것이 발라

9) 일반적으로 성냥 대가리라고 부르지만, 성냥 머리라고 순화된 용어를 쓰기로 하지요.

져 있습니다. 붉은인으로 인해 검붉은색으로 보이며 유리 가루는 표면을 거칠게 해서 마찰이 잘 일어나도록 하기 위한 것입니다. 여기에 성냥 머리를 긁으면 마찰열로 성냥 머리 부분의 온도가 올라가고 이로 인해 여러 일이 일어납니다. 온도가 높으면 붉은인이 흰인이 됩니다. 흰인은 발화점이 50℃ 정도로 낮아서 자연 발화하여 불씨를 만듭니다. 또 염소산포타슘이 가열되어 산소가 나옵니다. 불씨에 산소까지, 불이 붙을 모든 조건이 갖추어졌습니다. 그 불씨가 황가루와 왁스에 옮겨 붙고 그것들이 타면서 내는 열에 의해 가는 막대에 불이 붙지요. 다시 그 막대가 타는 열이 계속 그 다음 부분을 착화점 이상으로 유지해서 타는 것이 지속되는 것입니다. 이 원리를 이해한다면 성냥불을 켤 때 불이 붙은 후 성냥 머리가 아래쪽이 되게 해야 더 잘 타는 이유를 알 수 있을 것입니다. 성냥이 타며 내는 열에 의해 뜨거워진 공기는 위로 올라갈 테니 타지 않은 부분의 온도를 높이는 데 도움이 되지요. 물론 불꽃에 손을 데지 않게 조심하기는 해야겠습니다.

물체가 지속적으로 타려면 이렇게 온도가 인화점 또는 착화점 이상으로 유지되어야 합니다. 자신 또는 다른 물체가 타면서 발생하는 열이 이것을 가능하게 만들어 주면 됩니다. 그래서 성냥 하나로는 커다란 장작에 불을 붙일 수 없지요. 성냥이 타며 내는 열이 장작 덩어리를 인화점 또는 착화점 이상으로 높일 수 없기 때문입니다. 성냥불이 닿은 부분만 온도가 올라가는 것이 아니라 물체를 통해 열이 온도가 낮은 다른 부분으로 퍼져버리기 때문입니다. 그래서 성냥개비보다 약간 굵은 잘 마른 나무 또는 종이를 구긴 불쏘시개에 불이 옮겨붙도록 하고 이것이 잘 탈 때 조금 더 굵은 나뭇가지를 넣는 식으로 불을 키워 가야 합니다. 여하간 불을 잘 피우는 비법은 지금

타고 있는 나무에서 발생하는 열이 새로 넣은 나무를 착화점 이상으로 높일 수 있게 하는 것입니다. 갑자기 큰 장작을 넣거나 젖은 나무를 넣을 때 불이 꺼져버리는 것은 작은 크기의 불이 만들어내는 열이 그 정도로 큰 물체의 온도를 높이기에 충분하지 못하기 때문입니다.

특히 물을 포함하고 있는 젖은 나무는 불을 붙이기가 어렵습니다. 물이 있으면 물이 기화하는 온도 이상으로는 올라가지 못하기 때문입니다. 젖은 나무도 겉 부분부터 마르기 시작하고, 그러면 온도가 올라가서 불이 붙기는 합니다. 여하간 나무가 타면서 발생하는 열이 그 나무에 들어 있는 모든 물을 증기로 바꾸는 데 사용되기 때문에 젖은 나무는 효율이 떨어지지요. 100℃의 물을 같은 온도의 수증기로 만드는 데에는 1 g당 540 cal가 필요합니다. 그러니 젖은 나무는 말린 다음에 장작으로 사용하는 것이 효율적입니다. 나무가 탈 때 내는 에너지는 나무가 자랄 때 광합성으로 만든 것이니까 결국은 태양에너지를 이용하는 것인데, 장작을 말리는 것도 태양이니 태양에너지를 더 많이 이용하는 셈이 되네요.

젖은 나무의 굵기에 따라서도 불이 붙는 데 걸리는 시간이 다릅니다. 길이가 같은 굵은 통나무와 가는 통나무가 있다고 합시다. 굵은 통나무의 지름이 가는 통나무 지름의 2배라면 굵은 통나무 한 개와 가는 통나무 4개는 부피가 같고 포함하고 있는 수분의 양도 같겠지요. 그런데 통나무 4개가 마르는 데 걸리는 시간은 굵은 통나무 1개가 마르는 시간의 1/4밖에 되지 않습니다. 이것도 앞에서 이야기했던 확산의 법칙이 적용되는 예일 테니까요. 열이 통나무 중심에 전달되고, 그로 인해 만들어진 수증기가 밖으로 빠져나오는 시간 모두 지름의 제곱에 비례하기 때문입니다.

그런데 이렇게 젖은 나무는 불이 붙기 어려운데, 산불이 나면 왜 살아 있는 나무들에 계속해서 불이 옮겨붙는 것일까요? 그것은 다른 나무들이 타면서 내는 어마어마한 열이 이 나무들을 마르게 하고 다시 그 나무들이 타면서 열을 내는 연쇄반응이 일어나기 때문입니다. 특히 나무에 붙어 있는 얇은 나뭇잎들은 순식간에 마릅니다. 그리고 이것들이 타면 많은 열을 순식간에 방출하지요. 열은 복사의 형태로도 전달됩니다. 언젠가 강원도의 산불로 낙산사가 불에 탄 적이 있습니다. 절 주위는 잘 정리되어 나무들로부터 멀리 떨어져 있었는데도 불이 옮겨붙은 것입니다. 그것은 절 밖의 나무가 타면서 내는 열이 복사의 형태로 전달되어 비교적 멀리 떨어져 있는 건물의 나무를 발화점 이상으로 높인 것입니다. 산불은 강을 넘어 퍼져나가기도 합니다.

우리나라에서는 이제 특별한 경우가 아니고서는 그렇게 하지 않지만 세계의 많은 나라에서는 아직도 나무를 태워 그 열로 요리를 합니다. 나무를 태울 때는 연기가 많이 납니다. 모닥불에서 피어오르는 흰 연기는 나무에 있던 물이 수증기로 변했거나 나무에 있던 수소가 타서 만들어진 물 분자가 찬 공기와 만나 다시 응축해서 우리 눈에 하얗게 보이는 것입니다. 추운 날 자동차에서 배출되는 흰색의 배기가스도 수증기가 응축한 물방울입니다. 그런데 흰 연기가 아닌, 검은색이나 푸른색의 연기는 대부분 연료에서 나온 가연성 기체들이 다 타지 못하고 남은 것입니다. 그 외에도 눈에 보이지 않는 일산화탄소, 벤젠, 포름알데히드와 같은 해로운 기체뿐 아니라 미세먼지가 발생하기 때문에 건강을 해칠 수 있습니다. 해로운 기체나 미세먼지는 연기가 직접적으로 닿는 기관지나 허파에 질병을 일으키거나 면역기능을 약화시킬 뿐 아니라 심장에도 좋지 않은 영향을 끼치는 것으로 알려져 있습니다.

장기적으로 나타나는 건강에 대한 이러한 악영향도 중요하지만, 나무로 불을 피울 때 나는 연기는 당장 우리를 무척 힘들게 합니다. 눈에 연기가 들어가 눈물이 나고 앞을 보기 어려울 뿐 아니라, 숨을 쉬기가 어렵습니다. 심할 경우 생명을 잃기까지 하지요. 가끔 뉴스에 나오는 화재진압을 하던 소방관의 안타까운 순직은 대부분 연기로 인한 질식사가 원인입니다.

물체를 태울 때 나오는 연기 얘기를 좀 더 해 볼까요? 야외에서 모닥불을 피워본 사람이 모두 경험하는 일이 있습니다. 연기가 꼭 내가 있는 쪽으로만 온다는 것이지요. 그럴 때 사람들은 '연기가 예쁜 사람을 알아보네?'라고 농담을 합니다.

왜 모닥불을 피우면 연기가 내가 있는 쪽으로 올까요?

나무가 탈 때 나오는 열은 주위의 공기를 뜨겁게 만듭니다. 공기가 뜨거워지면, 분자들의 운동이 활발해져서 부피가 팽창하고, 그러면 찬 공기에 비해 밀도가 작아집니다. 밀도가 작다는 것은 같은 부피일 때 더 가볍다는 것입니다. 즉, 찬 공기보다 뜨거운 공기가 더 가볍습니다. 기체나 액체처럼 유동적인 물질 안에 물체를 밀어 넣으면, 그것이 밀어낸 기체나 액체의 무게와 같은 크기의 부력이 작용하게 되는데, 그때 부력의 방향은 중력이 작용하는 방향과 반대쪽으로 작용합니다.

찬 공기 안에 뜨거운 공기가 들어가 있다고 하면, 뜨거운 공기는 중력의 반대 방향인 위쪽으로 부력을 받게 됩니다. 부력의 크기는 뜨거운 공기 부피만큼의 찬 공기 무게입니다. 찬 공기가 뜨거운 공기보다 같은 부피에서 더 무거우니까, 뜨거운 공기는 자신의 무게보다 더 큰 부력을 위쪽으로 받게 되는 것입니다. 그래서 찬 공기 안에 있는 뜨거운 공기는 위로 올라갑니다. 이 원리를 이용한 것이 풍등이지요. 프랑스의 몽골피에 형제는 이 현상을 이용하여 세계 최초로 열기구를 설계하여 사람을 태우고 비행하였습니다.[10] 몽골피에 형제는 제지공장을 운영했는데 소각장에서 어떤 것을 태울 때 종잇조각이 하늘로 날아가는 것을 보고 열기구의 아이디어를 떠올렸다고 합니다.

몽골피에 형제는 뜨거운 공기가 위로 올라가려는 성질이 있다는 것만 알고 이것을 이용한 것이지만 과학자들은 뜨거운 공기가 위로 올라가는 이유인 부력의 원리를 이해했기 때문에 공기보다 가벼운 모든 기체가 이렇게 위로 올라간다는 것도 알아냈습니다. 그래서 캐번디시(Henry Cavendish)가 수소를 발견했을 때부터 이것을 이용해서 물체를 하늘로 띄울 수 있겠다는 생각을 하였습니다. 1936년 독일에서 만든 힌덴부르크 비행선은 이 아이디어로 승객을 대서양을 넘어 실어나르려고 하였습니다. 불운한 폭발 사고를 당해 제작이 중단되었지만 당시로는 가장 빠른 교통수단이었습니다. 비행기가 나는 세상이라 이제 비행선은 볼 수 없지만 수소 대신 헬륨을 채운 애드벌룬은 가끔 볼 수 있습니다.

열로 데워진 뜨거운 공기가 위로 올라가면 그만큼 아래쪽에 다른 공기가 들어와야 합니다. 들판과 같이 개방된 장소에서 바람이 불지 않을 때 모닥불을 피우면 그림 2-7에 보인 것처럼 연기를 포함한 뜨거운 공기는 곧바로 위로 올라갑니다. 그러면 위로 올라간 공기만큼 새로운 공기가 그 자리를

10) 그래서 프랑스 말로 열기구를 montgolfière(몽골피에르)라고 부릅니다.

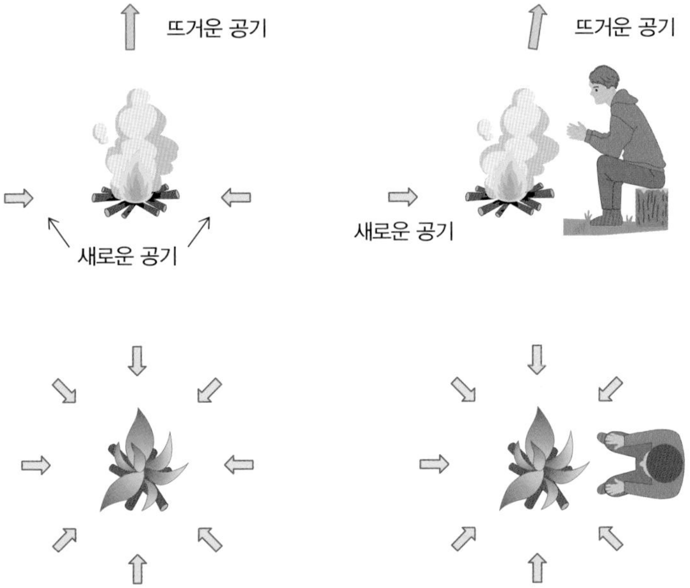

그림 2-7 내가 앉아 있는 쪽에서 모닥불로 들어갈 공기를 막고 있기 때문에 연기가 내 쪽으로 오는 것입니다.

채워야 합니다. 바람이 불지 않는다면 새로운 공기는 모든 방향에서 골고루 들어오겠지요. 모닥불의 모양에 따라 약간의 차이는 나겠지만요. 이렇게 공기가 들어오는 현상도 바람의 일종입니다. 즉 모닥불을 피우면 모닥불 쪽으로 바람이 불어옵니다. 실제로 모기향이나 타고 있는 작은 나뭇가지를 바닥에 놓으면 이렇게 바람이 부는 것을 확인할 수 있습니다. 모든 방향에서 같은 세기로 바람이 부니까 결과적으로 모닥불은 어느 쪽으로도 치우치지 않아서 뜨거운 공기와 연기는 곧바로 위로 올라갑니다.

그런데 모닥불 가까이 앉으면 상황이 달라집니다. 내가 앉아 있는 쪽에서는 모닥불이 있는 쪽으로 들어갈 공기를 내가 가린 만큼 차단하게 됩니다. 그렇지만 다른 곳에서는 그대로 공기가 유입되므로 내 쪽으로 바람이 부는

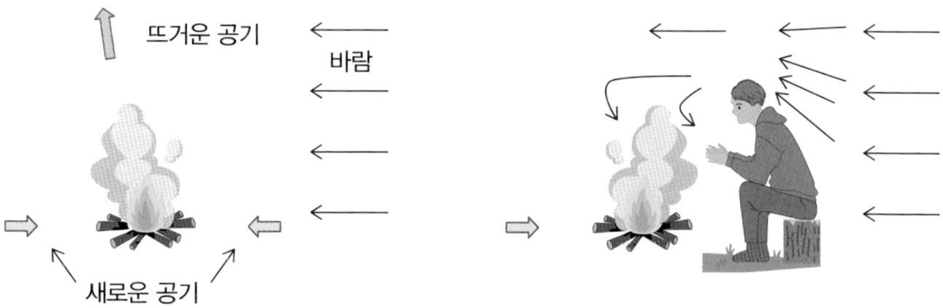

그림 2-8 바람을 등지고 있어도 내 쪽으로 연기가 오는 것은 난류 때문입니다.

셈이 되지요. 그 바람이 내가 앉아 있는 쪽으로 연기를 보내는 것입니다.

바람이 불면 더 신기한 일을 경험할 수 있습니다. 모닥불만 있다면 연기는 그림 2-8처럼 바람이 불어가는 쪽으로 날아갑니다. 그래서 대부분 바람을 등지고 모닥불을 쬐면 연기가 날아오지 않을 것이라고 생각합니다. 그런데 그렇지 않습니다. 신기하게도 이번에도 내 쪽으로 연기가 옵니다. 이것은 난류 현상 때문입니다. 바람이 불고 있는 곳에 장애물을 놓으면 장애물 뒤에 난류가 나타납니다. 이 난류는 배를 타고 갈 때 잘 관찰할 수 있습니다. 배의 앞에서 보면 모든 부분의 물이 배의 속력으로 다가옵니다. 그런데 배 뒤쪽의 물은 소용돌이치는 모양이 되지요. 물 위에 뜬 물체가 있다면 더 확실하게 이것을 확인할 수 있습니다. 앞에서 있을 때 배에서 보면 물체는 정확하게 배와 반대 속도로 움직입니다. 그런데 배가 지나간 뒤 배 뒷전으로 흘러간 물체는 아주 불규칙하게 움직입니다. 배 뒤에서 빙빙 맴돌기도 하지요. 이러한 물의 난류 현상과 마찬가지로 공기의 난류 현상 때문에 모닥불의 경우 등 뒤에서 불어오는 바람이 나에 의해 막혀 헝클어져서 그림 2-8과 같이 연기를 내가 있는 쪽으로 보내는 것입니다.

확인해 볼까요?

tea light의 불꽃 옆에 손가락을 가까이 대 봅시다. 촛불의 불꽃이 어느 쪽으로 휘나요? 이때 손가락을 촛불에 너무 가까이 또는 너무 오랜 시간 동안 대고 있으면 데일 위험이 있으니 조심해야 합니다. 절대로 불꽃의 위에 손가락을 대면 안 됩니다. 안전한 실험을 위해 그림 2-9 (가)와 같이 촛불의 한쪽을 가릴 수 있는 도구를 만들어 가까이 가져가 봅시다. 가리는 것을 종이로 만드는 경우 종이를 물에 적신 다음 실험을 하면 안전합니다. 투명한 플라스틱 물병을 오려서 가림막을 만들면 불꽃이 휘는 모양을 잘 관찰할 수 있습니다. 공기는 촛불의 아래쪽으로 들어가므로 아래쪽을 가려야 합니다.

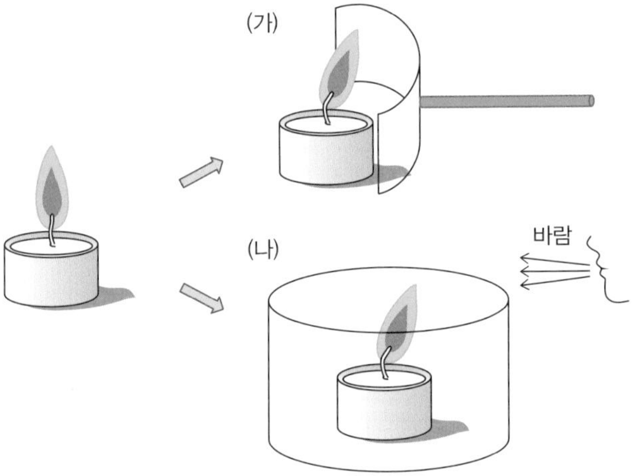

그림 2-9 촛불의 불꽃이 어느 쪽으로 휘나요?

확인해 볼까요?

그림 2-9 (나)와 같이 tea light의 주변을 둘러싸고 그 위쪽으로 바람이 지나도록 약간 떨어진 곳에서 입으로 살짝 불어 봅시다.

실내에서 사용하는 화목 난로나 야외 캠프에서 조리용으로 인기가 높은 로켓스토브는 뜨거운 공기와 연기를 굴뚝으로 내보내고 오직 장작을 넣는 한 곳에만 공기가 유입되도록 해 놓은 것입니다. 장작을 넣는 곳의 위치가 굴뚝의 끝부분보다 아래에 있으니 뜨거운 공기와 연기가 장작 쪽으로 나오지는 않지요. 물론 굴뚝이 막히면 이곳으로 연기가 역류합니다. 굴뚝이 막히면, 새로운 공기가 들어가야 할 구멍으로 뜨거운 공기가 나오게 되니 당연히 불도 잘 피지 않지요.

그러고 보니 우리말에서는 '불을 피운다'라고 하네요. 꽃을 피운다고 하는 것처럼 말이지요. 그래서 불꽃이라고 부르는 걸까요?

우리가 보는 불꽃은 무엇인가요?

나무를 비롯한 모든 가연성 물체가 탈 때에는 물체에 포함되어 있던 기체, 액체, 고체 물질들이 열 분해되어 나오는데, 기체 중에는 인화성 물질들도 함께 나옵니다. 이 인화성 물질들이 뭉쳐 있는 곳이 불꽃으로 보이는 것입니다. 인화성 물질은 산소와 만나 화학적 반응을 일으킵니다. 이것이 연소인데 이때 열이 방출됩니다. 산소가 물체의 내부로 확산해 들어가기는 하지만 깊숙이 들어가지는 못하기 때문에, 연소는 불꽃의 경계에서 일어납니다. 연소가 일어나는 경계부분은 눈에 잘 보이지 않습니다. 물체의 경계에서 연소가 일어나는 동안, 내부에는 아직 타지 않은 인화성 물질이 있습니다. 불꽃 안에 들어 있는 미세한 고체 입자는 숯검정[11]이라고 부르는 탄소

11) 이것을 영어로 soot이라고 하는 것이 신기하지요?

알갱이입니다. 불꽃에 차가운 유리판이나 금속판을 가져다 대 보면 새까만 그을음이 묻어나는 것을 볼 수 있지요. 연소 중에 발생한 열로 이 탄소 알갱이들이 뜨겁게 달구어지면 복사파를 방출하고 우리가 보는 불꽃은 바로 이 복사파입니다. 까만 숯검정이 빛을 낸다는 것이 의외지요? 신기하게도 빛을 잘 흡수하는 물체가 달구어지면 빛을 더 잘 냅니다.

나무가 탈 때 불꽃 부분의 온도는 600℃~1000℃ 정도까지 올라가는데 그림 2-10 (가)에 보인 것처럼 각 부분의 온도에 따라 색이 다릅니다. 그림 2-10(나)의 촛불 사진에서 800℃ 정도인 부분은 주황색이고 1200℃ 정도인 부분은 노란색으로 보입니다. 1500℃ 정도에서는 거의 흰색으로 보이지요. 그래서 그 온도 이상으로 달구어진 것을 **백열**(白熱, 하얗게 달구어졌다는 뜻, **incandescence**)'이라고 부릅니다. 예전에는 전구에서 빛을 내는 텅스텐 필라멘트의 온도를 그 정도로 높여서 흰색의 빛을 방출하는 백열전구라는 것을 주로 사용했었습니다. 그런데 백열전구는 전기에너지를 많이 소모하기

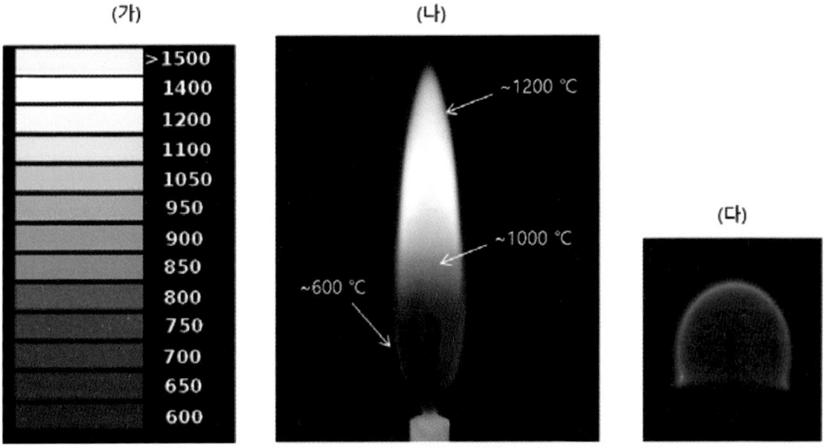

그림 2-10 (가) 불꽃의 색과 온도, (나) 일반적인 촛불, (다) 무중력 공간에서의 촛불

때문에 우리나라에서는 법으로 백열전구의 더 이상의 생산을 금지했습니다.

불꽃에서는 온도에 따라 그에 맞는 단 한 가지 색의 빛만 나오는 것이 아닙니다. 여러 색의 빛이 모두 나오지만 우리 눈에 이렇게 보이는 것입니다. 600℃-1000℃ 정도의 온도에서는 눈에 보이지 않는 적외선도 많이 방출합니다. 이 적외선이 우리가 모닥불을 쬘 때 몸을 따뜻하게 해주지요. 에디슨이 처음으로 발명한 백열전구는 대나무 숯으로 만든 필라멘트에 전류가 흐를 때 발생하는 열이 필라멘트를 달구어서 빛을 방출하도록 한 것이었습니다. 나무가 탈 때의 불꽃과 공통점이 있다고 말하면 좀 억지스러운가요? 그렇지만 불타고 있는 장작이 붉게 보이는 것과 백열전구의 필라멘트가 흰색으로 보이는 것은 확실히 같은 원리입니다.

불꽃의 색을 이해하기 위해 물리 이야기를 조금만 더 해 볼까요? 빛은 전자기파입니다.[12] 호수에 돌을 던지면 물 표면의 높이가 위아래로 바뀌는 물결파가 퍼져나가는 것처럼 전자기파는 전기장과 자기장의 세기가 바뀌면서 진행하는 파동입니다. 우리 눈에 보이는 여러 가지 색의 빛은 그림 2-11 (가)에 보인 것과 같이 파장이 다른 전자기파입니다. 눈에 보이는 가시광선 빛 중에 빨간색 빛이 가장 파장이 길고, 보라색이 가장 파장이 짧습니다. 적외선은 눈에 보이지 않는데, 적색, 즉 빨간색의 빛 바깥쪽에 있는 빛이라는 뜻으로 빨간색 빛보다 파장이 깁니다. 자외선 역시 눈에 보이지 않으며 자색, 즉 보라색 빛 바깥쪽에 있는 빛으로 보라색 빛보다 파장이 짧습니다. 자외선보다 파장이 짧은 X-선, 감마선과 같은 빛도 있습니다. 전자레인지에 사용하는 마이크로파, 휴대전화 통신과 라디오 TV 방송에 사용하는 전파도

12) 빛이 미시세계에서 전자와 같은 입자와 상호작용할 때에는 입자의 성질을 보이기도 합니다. 빛 입자를 광자(光子 - 빛 입자라는 뜻, 영어로는 photon이라고 함)라고 부릅니다.

모두 같은 전자기파입니다. 이것들은 모두 적외선보다도 파장이 깁니다.

앞에서 빛을 잘 흡수하는 물체가 달구어졌을 때 빛을 더 잘 방출한다고 했지요? 빛을 완벽하게 흡수할 수 있어서 공급되는 에너지를 100% 모두 표면에서 빛으로 방출할 수 있는 물체를 **흑체**(黑體, 검은색 물체라는 뜻, **black body**)라고 합니다. 열을 가해 달구지 않으면 모든 빛을 흡수하니 까맣게 보이기 때문에 그런 이름이 붙은 것입니다. 그림 2-11 (나)는 이러한

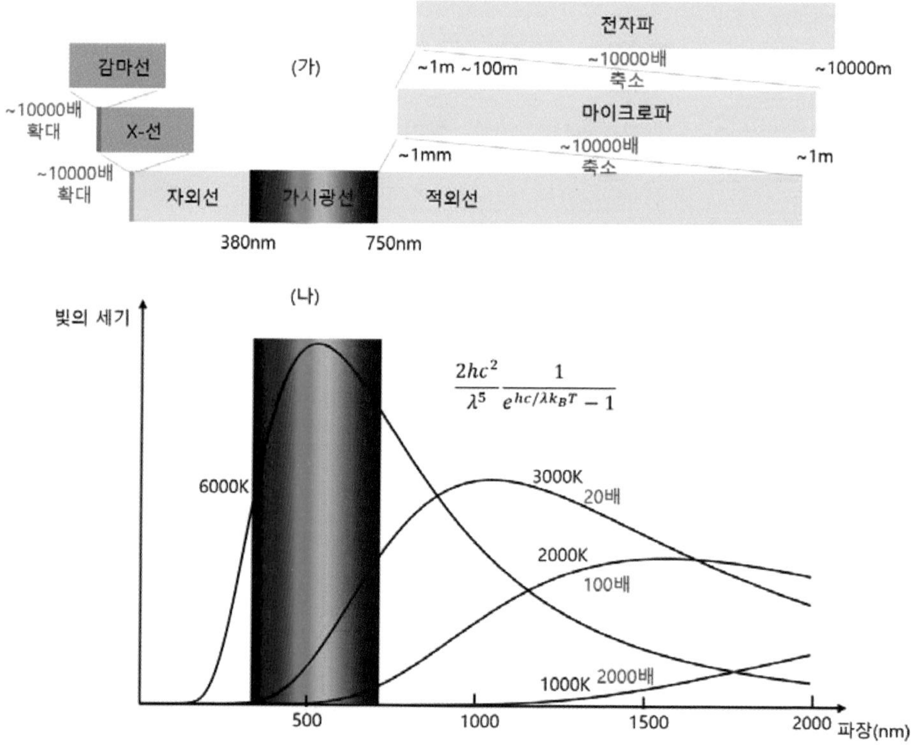

그림 2-11 (가) 파장이 다른 여러 전자기파 (나) 흑체에서 나오는 빛의 파장에 따른 세기. K(켈빈)은 절대온도의 단위로 절대온도는 섭씨온도에 273을 더한 뺀 값입니다. nm(나노미터)는 길이의 단위로 1 m의 10억분의 1에 해당합니다. 곡선이 잘 보이도록 하기 위해 적절한 비율로 세기를 키워서 그렸습니다.

흑체를 달구었을 때 표면에서 나오는 빛을 분석해서 어떤 파장의 빛이 얼마나 세게 나오는지를 보여주는 그래프입니다. 이 그래프의 곡선은 완벽하게 하나의 수학적인 식으로 나타낼 수 있습니다. 이것을 **플랑크 법칙**이라고 합니다.

그림에서 볼 수 있듯이 온도에 따라 흑체가 어떤 빛을 더 많이 방출하는지가 달라집니다. 그래서 흑체로부터 나온 빛을 분석해서 이 곡선을 얻으면 우리는 그 흑체의 표면 온도가 얼마인지를 알 수 있습니다. 태양 표면의 온도가 약 6000℃라는 것도 이렇게 알아냈습니다. 태양에서 참으로 여러 가지 색의 빛이 나오지요? 그래서 우리는 파란 하늘과 붉은 노을도 볼 수 있고 아름다운 여러 색의 꽃도 감상할 수 있는 것입니다. 같은 원리로 별의 표면 온도와 쇳물이나 용암의 온도도 잽니다. 심지어 귀에 꽂아 체온을 재는 체온계도 이 원리를 이용한 것입니다.

그런데 그림 2-10과 2-11은 서로 맞지 않아 보입니다. 그림 2-11 (나)에서 보면 표면 온도가 6,000℃ 정도가 되어야 노란색이 가장 많이 나오는데 그림 2-10 (가)에는 1,000℃ 정도에서 이미 노란색으로 보인다고 합니다. 왜 이런 차이가 나는 것일까요? 이것은 우리 눈이 요술을 부리기 때문입니다.

우리 눈은 이 많은 전자기파 중에 빨-주-노-초-파-남-보와 같은 무지개색의 빛만 볼 수 있습니다. 눈으로 볼 수 있는 빛이라고 하여 **가시광선**(可視光線-볼 수 있는 빛이라는 뜻)이라고 하지요. 우연인지 필연인지 모르겠지만 태양에서 나오는 빛 중 가장 많이 나오는 빛이 가시광선이라는 것도 참으로 신기합니다. 필연이라는 것은 우리가 그 빛을 잘 볼 수 있게 진화했을 수도 있다는 것입니다. 왜 우리는 가시광선만 볼 수 있는 걸까요? 이 질문에 '가시광선이니까요.'라고 대답하면 말장난이 되겠지요? 가시광선이어서 볼 수 있는 것이 아니라 볼 수 있어서 가시광선이라 부르는 것이니까요. 첫 번째 이유는 우리 눈에서 빛이 통과하는 수정체와 유리체의 주성분이 물이기 때문입니다. 정확하게 말하자면 수정체의 2/3와 유리체의 99%는 물입니다. 그림 2-11 (가)에 보인 여러 전자기파 중 물을 통과할 수 있는 것이 바로 가시광선입니다. 그 외 특정 파장을 가진 전자기파들이 물을 통과하기는 하지만 그 파장의 폭이 아주 좁습니다. 이것을 확인해 보려면 휴대전화기를 물이 들어가지 않게 랩으로 단단히 싸서 물속에 넣은 후 전화를 해 보세요. '통화지역 이탈'이라는 안내 방송이 나올 겁니다.

물질에 따라 그것을 통과하지 못하는 전자기파가 다릅니다. 유리는 적외선과 가시광선은 통과시키지만 자외선은 차단합니다. 그래서 맑은 날 온실 안에 들어가면 밝고 따뜻하지요. 그런데 눈으로 보기에는 따뜻하고 밝은 온실이지만 자외선이 부족하기 때문에 식물이 완벽하게 잘 자랄 수는 없습니다. 유복하게 보호받으며 자란 사람을 '온실 안의 화초'라고 비유하는데, 그 대가로 인생에 다른 중요한 것을 얻지 못할 수도 있다는 것을 알아야겠습니다. 식물뿐 아니라 우리 사람도 적정량의 자외선을 피부에 쬐어 주어야 건강을 유지할 수 있습니다. 그러니 겨울철에 춥다고 유리로 둘러싸인 아파트에서만 머물러서는 안 되겠습니다.

유리와 달리 이산화탄소는 적외선을 통과시키지 않습니다. 이러한 이산화탄소의 특성이 온실가스를 만듭니다. 지구는 표면의 평균 온도가 15℃여서 주로 적외선 영역의 전자기파를 방출합니다. 지구에 도달한 태양의 복사에너지만큼 지구도 복사에너지를 우주로 방출해야 온도를 계속 유지할 수 있습니다. 지구로 들어오는 태양에너지는 주로 가시광선 영역의 빛에 의한 것이므로, 이산화탄소의 적외선을 차단하는 기능은 크게 영향을 미치지 못합니다. 그런데 지구로부터 나가는 복사에너지는 주로 적외선 영역으로 이산화탄소에 의해 차단됩니다. 이산화탄소가 들어오는 태양에너지는 막지 않으면서 지구로부터 나가는 복사에너지는 막으니까 결국은 지구의 온도가 올라가는 효과를 만듭니다. 그래서 이산화탄소를 온실가스라고 부르는 것입니다.[13)]

우리가 가시광선만 볼 수 있는 두 번째 이유는 우리 눈은 딱 세 종류의 빛만 감지할 수 있기 때문입니다. 우리 눈의 망막에서는 세 종류의 원뿔 모양을 가진 시세포가 빨간색(R), 녹색(G), 파란색(B)만 감지합니다. 그러면 바나나가 노란색이라는 것과 무지개에 보이는 노란색은 어떻게 해서 볼 수 있을까요? 바나나에서 반사된 빛이 빨간색과 녹색 원뿔 세포를 자극해서 신호를 받으면 우리 뇌가 이것을 노란색으로 감지하는 것입니다. 우리 눈은 무지개의 진짜 노란색 빛과 빨간색과 녹색 빛이 섞인 노란색 빛을 구분할 수 없습니다. TV 화면, 스마트폰 화면, 컴퓨터 모니터, 전광판, 프로젝터는 모두 이 원리를 이용하여 우리 눈을 속이는 것이지요. TV 화면을 확대경으로 확대해 보면 세 가지 색의 점이 보일 겁니다.

자, 이제 그림 2-11 (나)를 이용하여 왜 불꽃의 색이 그림 2-10 (가)와 같이 주황색과 노란색으로 보이는지 이야기해 볼까요? 그림 2-11 (나)에서 볼 수 있듯이 1000K(약 700℃)로 달구어진 물체의 표면에서 나오는 빛은 대부분 적외선입니다. 가시광선은 아주 약한 세기로 나오는 데 빨간색의 빛만 원뿔 세포에 감지할 정도가 되어 빨갛게 보입니다. 가스레인지의 불을

---

13) 이와 반대로 이산화탄소가 온난화의 원인이 아니라 지구가 따뜻해져서 이산화탄소의 양이 늘어났다고 주장하는 과학자들도 많이 있습니다. 지구가 따뜻해진 것이 원인이고 이산화탄소가 늘어난 것이 결과라는 것이지요.

끄는 것을 잊어버려서 그 위에 올려 둔 프라이팬이 빨갛게 달구어졌다면 700℃가 된 것입니다. 온도가 더 낮아서 빨간색 빛조차도 원뿔 세포에서 감지하지 못하면 우리 눈에는 빛이 보이지 않습니다. 그렇지만 이때에도 적외선이 방출되고 있다는 것은 우리 피부의 감각기관을 통해 알아챌 수 있습니다. 프라이팬이 달구어졌는지 손을 가까이 가져가거나 (더 위험하지만) 더 민감한 얼굴을 가까이 대 보면 알 수 있지요. 온도가 더 올라가면 녹색 빛도 어느 정도의 세기로 나오기 때문에 원뿔 세포가 빨간빛과 녹색 빛을 감지하여 노란색으로 보입니다. 그러다가 파란색 빛까지 모두 감지하면 이제 뇌가 흰색으로 판단합니다. 더 뜨거워져서 파란색 빛의 세기가 강해지면 불꽃이 푸르스름한 색으로 보일 수도 있겠지만 우리 주위에서 물체를 이렇게 높은 온도로 올릴 수 있는 방법은 없습니다. 겨울철 밤하늘에서 찾을 수 있는 오리온자리의 초거성 리겔(Rigel, 영어로는 라이즐)은 표면 온도가 높아 파란색으로 보입니다.

그림 2-10 (나)의 촛불을 보면 아래쪽은 푸르스름한 색으로 보이는데, 이것은 온도가 높아서는 아닙니다. 이 부분은 산소가 충분하여 완전연소가 일어나는 위치이므로, 연소되지 않고 남아 있다가 달구어져서 빛을 내는 탄소 알갱이가 많지 않습니다. 이 푸르스름한 빛의 정체는 연소 과정에서 나오는 기체들이 들뜬 상태에 있다가 기저상태로 되돌아가는 과정에서 나오는 것입니다. 빛의 세기는 강하지 않지요. 위쪽에 있는 불꽃의 경계에서도 이렇게 약한 푸르스름한 빛이 나오지만 다른 강한 빛에 묻혀서 잘 보이지 않습니다.

뜨거운 공기가 위로 올라가며 일어나는 대류는 나무가 잘 타도록 하는데 큰 도움이 됩니다. 연소의 부산물인 이산화탄소나 수증기를 모두 내보내고 산소를 새롭게 공급해주니까요. 대류로 인하여 대부분의 불꽃은 위로 길게 뻗어서 깃발처럼 펄럭입니다. 문학작품에서 '불꽃이 뱀처럼 혀를 날름거린다.'라고 기술하는데, 이는 아주 적절한 표현으로 보입니다.

그런데 이와 같은 대류는 중력이 작용하는 곳에서만 일어납니다. 앞에서 물체에 작용하는 부력의 크기가 밀어낸 기체나 액체의 무게와 같다고 했지요? 지구를 돌고 있는 우주정거장처럼 무중력 상태인 곳에서는 부력도 중력도 작용하지 않아서 대류가 일어나지 않습니다. 그래서 여기에서는 인화성 기체에 의한 연소가 잘 일어나지 않습니다. 인화성 기체가 타려면 산소가 공급되어야 하는데 산소가 불꽃의 안으로 들어가는 것이 오직 확산에 의해서만 가능하기 때문입니다. 그림 2-10 (다)는 우주정거장에서 촛불을 켰을 때 불꽃의 모양입니다. 여기서는 중력과 부력의 방향인 위아래가 따로 없으니 모든 방향이 똑같아서 불꽃이 길게 늘어지지 않고 공 모양이 됩니다. 당연히 펄럭거리지도 않지요. 그리고 대류에 의해 다 타지 않은 인화성 물질이 강제로 퍼지지 않으니 불꽃의 크기가 작고, 이들이 달구어져서 내는 주황색이나 노란색 부분도 없게 됩니다. 이처럼 꽃 모양이 아니니 불꽃이라고 부르기 어렵겠네요.

사실 우주정거장과 그 안에 있는 물체에도 중력은 작용합니다. 그런데 우주정거장과 그 안에 있는 모든 물체가 중력이 작용하는 대로 운동을 하니까 이 우주정거장 안에서는 중력이 작용하지 않는 것처럼 보이는 것입니다. 이 원리를 이용하면 우리 부엌에서도 이러한 무중력 상태를 만들어 낼 수 있습니다. 통 안에 초를 넣고 아래로 떨어뜨리면 떨어지는 동안 통과 함께 움직이는 모든 것들은 무중력 상태를 경험할 수 있습니다. 통과 초, 그리고 촛불이 모두 중력이 작용하는 대로 움직이니까요.

확인해 볼까요?

그림 2-12와 같이 충분히 큰 투명한 플라스틱 통의 바닥에 불을 붙인 tea light를 놓고 뚜껑을 닫은 후 아래로 떨어뜨리고 촛불의 모양이 어떻게 변하는지 알아봅시다. 맨눈으로 보는 것보다 동영상을 찍는 것이 확실하게 촛불의 모양 변화를 관찰할 수 있습니다. 이 실험에서 플라스틱 통은 손이 들어갈 정도로 충분히 커야 불이 켜진 초를 바닥에 놓는 작업을 하기 쉽습니다. 그리고 촛불이 플라스틱 통으로부터 멀리 떨어져서 이것을 녹일 위험도 줄어들지요. 뚜껑에는 공기가 통하도록 작은 구멍을 뚫어 놓아야 합니다. 떨어지는 데 걸리는 시간이 짧아서 그 시간 동안은 초가 통에 들어 있는 산소만으로도 탈 수 있습니다. 그렇지만 촛불 모양의 변화가 공기가 부족해서 일어난 것이라고 보일 수 있으니 구멍이 있는 것이 좋지요. 플라스틱 통을 사용하는 이유는 바닥에 떨어져도 깨지지 않게 하기 위한 것입니다. 통이 떨어질 위치에 두꺼운 방석을 깔아두면 더 좋겠습니다.

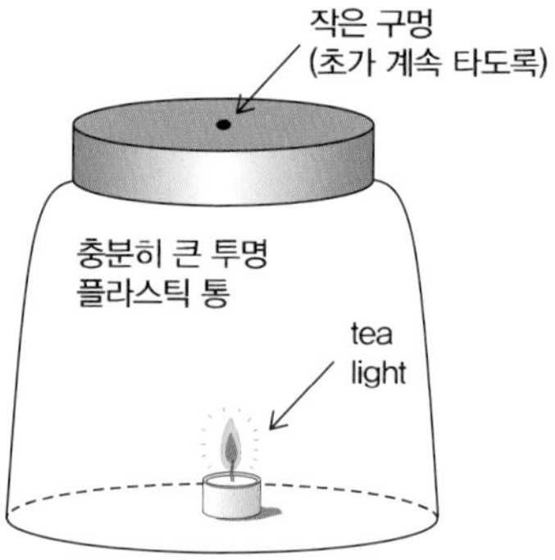

그림 2-12 부엌에서 해 볼 수 있는 무중력 상태의 촛불 모양 관찰하기

불꽃 안에는 아직 연소하지 않은 인화성 기체와 연소 후 만들어진 기체들이 들어 있는데 이 기체의 일부분은 플라즈마 상태가 됩니다. 화학반응에서

만들어진 분자에서 전자가 안정한 상태에 있지 않은 이유도 있고 발생하는 에너지에 의해 분자들이 활발하게 충돌하기 때문이기도 합니다. 그렇지만 나무나 초가 탈 때처럼 우리 주변에서 볼 수 있는 불꽃의 경우에는 온도가 낮아 모든 분자가 이온이 된 100% 플라즈마 상태는 아닙니다. 플라즈마는 기체 분자에서 떨어져 나온 전자와 전자를 잃은 원자 또는 분자의 이온이 함께 섞여 있는 상태입니다. 불이 켜진 형광등 전구의 안쪽은 플라즈마 상태입니다. 형광등도 요즘은 보기 힘들지요? 플라즈마 상태에서는 빛이 발생합니다. 원자나 분자로부터 떨어져 나온 전자가 이온과 재결합할 때 특유의 빛이 발생합니다. 불꽃의 경우 연소 결과 발생한 열에너지에 의해 다시 전자가 떨어져 나오는 과정을 되풀이하는 것입니다. 플라즈마 상태의 재미있는 점은 자신은 빛을 낼 수 있지만 다른 빛에 대해서는 불투명하다는 것입니다.[14] 그런데 대부분의 불꽃에 레이저 포인터로 레이저를 쏘면 빛이 통과합니다. 이것이 불꽃이 100% 플라즈마 상태가 아니라는 것의 증명해줍니다.

불꽃에 들어 있는 약간의 플라즈마로 인해 재미있는 현상을 관찰할 수 있습니다. 그림 2-13처럼 촛불을 켜 놓고 두 원판에 높은 전위차를 걸면 원판 사이에 강한 전기장이 만들어져서 불꽃의 모양이 변합니다.[15]

불꽃 근처에 강한 자기장을 걸어도 재미있는 현상이 관찰됩니다. 패러데이의 1847년 논문[16]에 촛불의 불꽃이 처음으로 발표되었습니다.

---

14) 우주가 처음 만들어졌을 때 약 3분 만에 현재 우주에 있는 모든 물질을 이루는 재료가 다 만들어졌는데, 이때는 아직 온도가 높아 전자와 핵이 떨어진 플라즈마 상태였습니다. 그래서 빛이 통과하지 못하고 갇혀있었지요. 그러다가 우주가 식어 이들이 원자를 이루게 되자 우주가 투명하게 되고 빛들이 돌아다닐 수 있게 되었습니다.

15) Candle Flame in an Electric Field; https://www.youtube.com/watch?v=L51kg_n2PYo

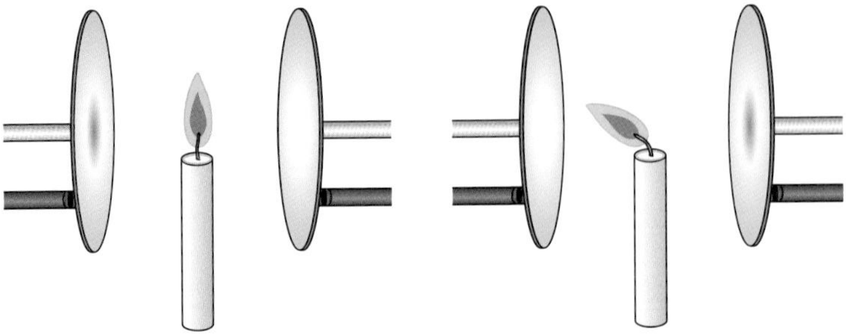

그림 2-13 전기장에서 모양이 변하는 촛불의 불꽃

이 현상은 불꽃에 들어 있는 플라즈마와는 관계가 없고 물질의 반자성이나 상자성 같은 물질의 자기적 성질에 기인하는 것입니다. 우리 주변에 있는 물질 또는 물체는 일반 막대자석을 가져다 대면 자석에 달라붙거나 아무런 반응을 보이지 않습니다. 일반 자석에는 아무런 반응을 보이지 않는 물질도 아주 센 네오디뮴 자석이나 물리 실험실에서 사용하는 강한 전자석을 가까이하면 자석 쪽으로 끌려오거나 자석으로부터 밀려나 멀어집니다. 맥주병 뚜껑이나 냉장고 문짝을 만드는 데 사용하는 쇠처럼 일반 자석에 달라붙는 물질은 **강자성체(ferromagnetic substance)**[17]라고 합니다. 일반 자석에는 반응을 보이지 않지만 강한 자석에는 끌리는 물질은 **상자성체(paramagnetic substance)**, 밀려나는 물질은 **반자성체(diamagnetic substance)**라고 합니다.

알루미늄과 산소가 대표적인 상자성체입니다. 그러니 맥주 캔은 네오디

---

16) M. Faraday, "On the Diamagnetic Conditions of Flame and Gases", The London, Edinburgh and Dublin Philosophical Magazine and Journal of Science, Series 3, Vol. 31, No. 210, December 1847, ppAOI421.

17) 물체의 성질이 아니라 물질의 성질이니까 강자성 물질이라고 부르는 것이 옳을 것 같은데 이렇게 용어가 정해졌네요. ferromagnetic에서 ferro는 쇠(철)라는 뜻입니다.

뮴 자석에 살짝 끌립니다. 그 힘이 워낙 약하니 실험하기 전에 그 안에 들어 있는 맥주를 모두 마셔야겠지요. 지금은 무척 귀해서 1,000원 정도를 주어야 살 수 있는 1원짜리 주화(동전이라고 부르면 안 됩니다)도 네오디뮴 자석에 끌리겠네요. 이런 실험을 할 때는 자석을 아주 천천히 움직여야 합니다. 갑자기 자석을 가까이하면 전자기 유도현상이 더 강력해서 물체들이 오히려 밀려납니다. 패러데이 법칙에 따라 맴돌이전류가 흐르게 되고 그 전류가 만드는 자기장이 자석이 가까이 오는 것을 방해하기 때문입니다. 탄소, 특히 그을음은 반자성 물질입니다. 그래서 불꽃이 자석에 의해 밀려나지요. 이것은 자석의 극성과는 관계가 없습니다. N극을 가까이하거나 S극을 가까이해도 불꽃이 항상 밀려납니다. 그런데 이 현상은 자기장이 불균일해야 일어나기 때문에 원기둥이나 원판 모양의 네오디뮴 자석으로는 불꽃이 밀려나는 것을 관찰하지 못합니다. 공 모양의 네오디뮴 자석을 사용하는 것이 좋습니다.[18] 최근 돌아다니는 유튜브에는 촛불에 원통형 네오디뮴 자석을 가져다 대었을 때 불꽃이 당겨지는 것을 보여주는 동영상이 있습니다.[19] 그런데 이 현상은 불꽃의 자기적 성질 때문이 아니라 그림 2-9에서처럼 자석이 불에 유입되는 공기를 차단하기 때문으로 보입니다.

---

18) https://www.youtube.com/watch?v=JV4Fk3VNZqs&t=152s에서는 강한 전자석을 사용하여 불꽃이 많이 찌그러지는 것을 볼 수 있습니다.
https://www.youtube.com/watch?v=dX2R4hRAYMc&t=334s에서는 공 모양의 네오디뮴 자석을 사용합니다.

19) https://www.youtube.com/watch?v=Ek8jbJGnZh0에서는 불꽃이 자석에 끌립니다.

왜 숯이 탈 때는 불꽃이 보이지 않나요?

숯은 거의 순수한 탄소 덩어리입니다. 나무를 산소 공급이 되지 않는 상황에서 높은 온도로 가열하면 수분과 인화성 기체가 모두 빠져나가 숯이 됩니다. 탄소들이 나무의 원래 셀룰로스 구조를 유지한 채 배열하고 나무가 탈 때와는 달리 표면에서부터 천천히 타들어가서 미세 조각들이 많이 만들어지지 않기 때문에 불꽃이 보이지 않습니다. 숯을 처음 피울 때 보이는 불꽃은 아직 나무의 성분이 남아 있기 때문이고 바비큐용 숯은 숯가루를 뭉쳐서 일정한 크기의 덩어리로 만들 때 전분 가루와 같은 이물질을 섞기 때문입니다. 숯을 태울 때 탄소가 불완전 연소하여 만들어지는 일산화탄소가 발생하는데, 이것이 공기 중에서 산소와 만나 이산화탄소가 되며, 연소하면 푸른색 불꽃이 보이기도 합니다. 앞에서 이야기한 것처럼 일산화탄소가 연소할 때 들뜬 상태의 이산화탄소가 만들어지기도 하고 분자들이 활발히 움직이며 충돌하여 들뜬 상태가 되기도 하기 때문입니다.

숯은 탈 때 연기가 거의 발생하지 않습니다. 하지만 숯이 탈 때도 불완전 연소로 인하여 치명적인 일산화탄소가 발생할 수 있고 숯이 완전히 연소한다고 해도 이 과정에서 산소를 많이 소모하고 산소 대신 이산화탄소로 바꿀 것이니 밀폐된 공간에서는 절대로 숯불을 이용해서 요리해서는 안 됩니다. 그리고 우리 몸에 해로운 연기가 나지 않는다고 해서 친환경 물질이라고 불러서는 안 됩니다. 숯을 만드는 과정에서 빠져 나간 유해 물질이 우리 지구 어딘가로 배출된 것은 틀림없으니까요. 그리고 이때 빠져나간 인화성 물질들은 우리에게 유용하게 사용되지 못한 채 버려진 것입니다. 무엇보다도 숯을 만들려면 숲에 있는 나무를 베어야 합니다. 우리 역사 기록을 보면

그림 2-14 김홍도 작, '대장간'(단원 풍속도첩), 보물 527호, 국립중앙박물관 소장

통일 신라 시대에 법으로 숯 사용을 금했다고도 합니다. 사람들이 사치스러워져 숯불로 요리하는 것이 유행이었던 모양입니다. 숲의 나무가 너무 많이 베어지자 그런 령을 내렸다고 하네요. 오래전에도 환경 보호 운동을 했었나 봅니다.

일반적인 상황에서 숯불의 온도는 약 1,000℃입니다. 그래서 숯불이 주황색으로 보이는 것입니다. 숯불을 부채로 부치거나 풀무로 공기를 주입하면 1,100℃ 이상 온도가 올라갑니다. 이때는 노란색에 더 가까운 주황색으로 바뀌지요. 이렇게 높은 온도를 이용하여 대장간에서 쇠를 달구어 두드려서 도구를 만들거나 철광석으로부터 철을 녹여내는 데 숯을 사용했습니다.

그림 2-14는 조선 후기 화가 김홍도가 대장간을 그린 것인데 풀무질을 하는 소년의 모습이 보이지요? 그림의 가운데 부분에 달구어진 쇠를 때려서 유용한 물건을 만드는 두 어른도 큰일을 하지만 풀무질하는 소년도 중요한 일을 하는 것입니다. 사실은 숯이 만드는 열이 쇠를 달구어서 부드럽게 했기에 이 대장간 작업이 가능한 것이니까요.

숯은 중국의 3대 발명품에 들어가는 화약을 제조할 때 중요한 재료입니다. 숯, 유황, 초석 가루를 각각 15%, 10%, 75%의 비율로 섞은 것이 현대의 화약입니다. 숯은 탄소가 주성분이니 주로 이산화탄소 기체를 만들어내고, 황은 발화점이 낮은 물질이어서 불이 붙기 쉽게 해 주며 주로 이산화황 기체를 발생하는 역할을 합니다. 초석(硝石)[20]은 질산칼륨(KNO_3)의 광물로, 잘 부서지는 돌입니다. 결정은 투명하고 갈면 백색 가루가 됩니다. 물에 잘 녹기 때문에 칠레의 아타카 사막과 같은 건조한 지역에서 발견됩니다. 질산칼륨은 온도가 높으면 아질산칼륨(KNO_2)으로 바뀌며 산소를 방출합니다. 이렇게 발생한 산소가 모든 화약이 급격하게 연소하도록 해 줍니다. 연소의 결과로 고체로 있던 것이 기체가 되면 부피가 엄청나게 늘어납니다. 어떤 기체인가에 관계없이 1몰의 기체 분자는 표준 상태 (1기압, 15℃)에서 22.4 L의 부피를 차지합니다. 그러니까 탄소 12 g이 연소하여 이산화탄소가 되면 1기압에서 22.4 L를 차지하게 되는 것입니다. 일반적인 연소에서는 공기 중에 있던 산소 1몰을 사용할 테니 부피의 변화가 일어나지 않지만,

---

20) 우리나라에서는 HNO_3 수용액을 질산이라고 부릅니다. 그런데 중국과 일본에서는 초산(硝酸)이라고 합니다. 역사적으로 질산을 초석(硝石)으로부터 만들어내었기 때문인가 봅니다. 이것은 식초인 아세트산을 부르는 초산(醋酸)과 혼동되지만 이 두 나라는 한자를 사용하니 문제는 없어 보입니다. 발음도 다를 거고요. 여하간 세 나라 모두 N은 질소라는 같은 한자용어를 사용합니다.

화약에서는 질산칼륨에 있던 산소를 사용하는 것이기 때문에 급격한 부피 변화가 일어나는 것입니다. 연소 과정에서 발생한 열도 중요한 역할을 합니다. 온도가 1℃ 올라가면 0℃ 부피의 1/273씩 부피가 늘어납니다. 그러니 273℃가 되면 1몰의 기체는 1기압이라면 44.8 L를 차지해야 하고, 546℃라면 1기압에서 67.2 L를 차지해야 합니다. 그러니 밀폐된 공간에서 화약이 연소하면 기체가 높은 압력을 벽에 작용합니다. 이것이 총알과 포탄을 밀어서 높은 속력을 가지게 하는 것입니다. 고기를 굽는 데 사용하는 숯이 이렇게 화약을 만드는 데 사용되었다니 놀랍지요?

50여 년 전까지도 우리나라 농촌에서는 나무나 짚을 태워서 그 열로 난방과 요리를 하였습니다. 도시 지역에서는 장작보다는 간편한 연탄을 사용하였습니다. 그러다가 등유를 사용하는 석유풍로[21]가 요리를 하는 데 사용되었고, 이것은 1990년대까지도 거의 모든 가정의 필수용품이었습니다

그림 2-15 가스레인지의 점화플러그와 열전대

21) 일본 용어인 '석유 곤로'로 더 많이 불렀습니다.

다. 이것은 상당히 무겁기는 해도 옮길 수 있고 화력을 조절할 수 있는 무척 간편한 조리기구였습니다. 불을 난방과 요리에 따로 사용하게 만드는 역할도 했지요. 현재는 거의 모든 지역에 도시가스가 보급되어 대부분이 가스레인지를 사용하거나 아예 전기를 주 에너지원으로 사용하기까지 합니다. 이제 아궁이와 부뚜막, 굴뚝에서 나는 연기, 석유풍로에서 나던 등유 냄새는 이제 나이가 든 사람들에게조차 아련한 추억이 되어 버린 지 오랩니다. 연탄아궁이나 석유풍로는 '응답하라 1988'과 같은 드라마에서나 볼 수 있지요. 그래서 석유풍로에도 모세관 현상과 같은 중요한 물리 원리가 적용되지만 다루지는 않겠습니다. 곧바로 가스레인지[22]를 사용할 때 머리에 떠오르는 질문으로 넘어가겠습니다. 초기에 나온 가스레인지는 성냥으로 불을 붙여야 했습니다. 갑자기 불이 붙어 손을 데지 않도록 특별히 고안된 가스 점화기도 발명되었지요. 하지만 요즘은 가스 조절 손잡이를 돌리기만 하면 '틱-틱-틱' 하며 불이 켜집니다.

가스레인지 불을 켤 때 나는 소리는 무엇인가요?

가스레인지의 화구를 잘 살펴보면 자기로 된 흰색의 원기둥 또는 사각기둥에 뾰족한 쇠가 튀어나와 있는 점화플러그가 보입니다. 불을 켤 때 이 뾰족한 곳과 버너 헤드 사이에 스파크가 튀는 것을 볼 수 있는데 '틱-틱-틱'

---

22) 가스레인지는 가스 불에 냄비나 프라이팬 등의 조리도구를 올려놓고 요리를 하는 가스스토브와 가스 불로 밀폐된 공간을 뜨겁게 달구어서 요리를 하는 오븐이 함께 붙은 주방용 가구를 일컫는 용어입니다. 여기서는 주로 가스스토브와 관련된 이야기를 할 텐데 우리나라에서는 특별히 구분하지 않으니 그대로 가스레인지라고 하겠습니다.

하는 소리가 납니다. 이 스파크는 구름과 땅 사이에 번개가 치는 것처럼 서로 떨어진 두 전극 사이에 전류가 흐르는 것입니다. 전선이 끊겨 있으면 전류가 흐르지 않는 것이 우리의 상식입니다. 그런데 끊어진 두 지점의 전위차가 크면 공기 중을 통해서도 전류가 흐를 수 있습니다. 건조한 공기의 경우 1 cm 사이에 스파크가 튀게 하려면 약 25,000 V의 전위차가 있어야 합니다. 이때 전류가 흐르는 길에는 빠른 속도로 가속된 전자들이 공기 분자와 충돌합니다. 그 결과 분자들의 운동이 활발해집니다. 그것이 거시적으로는 온도가 높은 것으로 나타난다고 했지요? 그래서 그 부분이 갑자기 팽창하며 소리를 내는 것입니다.[23] 번개가 친 후 들리는 고막을 찢는 천둥소리도 마찬가지 원리로 발생합니다.

가느다란 빛줄기는 무엇일까요? 전자들과 부딪힌 분자는 이온과 전자로 분리되어 스파크가 지나가는 길은 플라즈마 상태가 됩니다. 떨어져 나간 전자가 이온과 다시 결합할 때 방출하는 빛이 우리 눈에 보이는 거지요. 규모가 훨씬 더 클 뿐 번개의 섬광도 같은 원리로 발생합니다.

그런데 우리가 가정에서 사용하는 가스레인지는 220 V의 가정용 전기를 사용합니다. 그런데 가스레인지의 점화플러그 뾰족한 끝부분과 버너 헤드 사이는 약 0.5 cm 정도 떨어져 있습니다. 이 간격에 스파크가 튀려면 최소한 15,000 V가 걸려야 합니다. 어떻게 220 V를 이렇게 높이 올릴 수 있을까요? 1차 코일과 2차 코일에 감은 수가 1 : 70 정도인 변압기를 사용하면 됩니다. 그렇지만 계속해서 이렇게 높은 전위차가 걸리게 하면 가스레인지의 작동이 상당히 위험한 일이 되겠지요? 그래서 아주 짧은 시간

---

23) 총이나 대포를 쏠 때 나는 소리도 공기가 갑자기 팽창하며 내는 소리입니다. 화약이 폭발한 기체가 총알이나 포탄을 밀어낸 후 열린 공간으로 나오면서 팽창하면서 내는 소리지요.

동안만 스파크만 튀게 하고 다시 쉬었다가 스파크를 다시 튀게 조절합니다. 그래서 '틱-틱-틱' 하는 소리가 나는 것입니다. '틱-틱-틱' 할 때마다 15,000 V가 방전한다고 생각하니 무섭지요? 하지만 이때 흐르는 전류는 무척 작은 양이어서 혹시 실수로 감전이 되더라도 약간 따끔할 정도니까 걱정하지 않아도 됩니다. 물론 인공심장박동기를 달고 있는 사람이라면 위험할 수도 있습니다.

1.5 V 건전지로 작동하는 점화장치를 사용하는 가스레인지도 있습니다. 직류는 변압기를 사용하여 전위차를 높이지 못하기 때문에 AC 컨버터를 이용하여 직류를 교류로 바꾼 후 변압기를 사용합니다. 이 장치도 당연히 안전을 위해 짧은 시간 동안만 전류를 흐르게 하지요. 이 장치에서도 손잡이를 점화 위치에 놓으면 계속해서 '틱-틱-틱'하고 스파크가 튑니다.

휴대용 가스레인지처럼 교류전원이나 건전지와 같은 외부전원이 필요 없는 것도 있습니다. 이 가스레인지는 가스 불 조절 손잡이를 끝까지 돌리면 '딱' 하는 소리와 함께 점화플러그에 스파크가 튀며 불이 붙습니다. 이 '딱' 하는 소리가 더 커서 '틱' 하는 스파크 소리는 거의 들리지 않지요. 여기에서는 압전효과를 이용하여 높은 전위차를 만듭니다. 수정이나 타이탄산바륨($BaTiO_3$)의 결정에 압력을 가하면 압력이 작용하는 방향으로 떨어진 두 지점 사이에 전위차가 발생하는데 이것을 압전효과[24]라고 합니다. 점화플러그에 불꽃을 튀게 할 수 있을 정도로 높은 전위차가 만들어질까요? 한 변이 1 cm인 정육면체 모양의 수정이라면 2,000 N의 힘을 가해 누르면 12,500 V 정도의 전위차를 얻을 수 있습니다. 현재는 훨씬 더 강한 압전효과

24) 영어로는 piezoelectricity라고 합니다. 여기에서 piezo는 누른다는 뜻의 그리스어입니다.

를 보이는 인공적인 세라믹 물질이 만들어져 있습니다.

그런데 2,000 N이라면 200 kg에 작용하는 중력입니다. 손잡이만 돌렸을 뿐인데 이렇게 큰 힘이 어떻게 얻어질까요? 앞 장에서 우리가 밥을 먹다가 돌을 씹으면 치아가 깨지는 것과 같은 원리를 적용하면 됩니다. 어떤 물체를 갑자기 멈추게 하려면 큰 힘이 서로 작용해야 합니다. 압전효과가 있는 물체를 다른 물체로 갑자기 때리면 큰 힘이 짧은 시간 동안 나타납니다. 짧지만 스파크를 일으키는 데는 충분하지요. 불 조절 손잡이를 빠르게 돌리면 용수철에 연결된 공이를 들어 올렸다가 어느 순간 공이를 놓으면 용수철의 복원력으로 공이가 압전소자를 때립니다. 그러면 소자에 큰 전위차가 발생하는 것이지요. '딱' 하는 소리는 공이가 압전소자를 때리는 순간 나는 것입니다. 불이 잘 켜지게 하려고 손잡이를 빠르게 돌리는 사람들이 많은데 이것은 큰 도움이 되지 않습니다. 용수철의 복원력이 어느 한계를 넘어서면 공이가 풀리게 되어 있기 때문이지요. 버튼을 누르면 '딱' 하는 소리와 함께 불이 켜지는 1회용 라이터도 똑같은 원리로 작동합니다. 이때도 마찬가지입니다. 버튼을 세게 그리고 빠르게 누르거나 천천히 눌러도 라이터는 모두 불이 잘 켜집니다.

자, 이제 불이 붙었습니다. 가스레인지는 편리하기는 하지만 아주 위험한 장치임에는 틀림없습니다. 아주 위험한 인화물질인 가스를 사용하니까요. 액션 영화에 방안에 가스를 가득 채우고 폭발시키는 장면이 자주 나오지요? 실제로 이런 사고가 일어났다는 뉴스도 종종 보도됩니다. 그렇다고 계속 국을 끓이고 있는 가스레인지만 지키고 있을 수도 없습니다. 하지만 항상 걱정이지요. 국물이 넘치거나 열린 창으로 불어온 바람이 불을 꺼트릴 수 있으니까요. 불이 꺼지면 가스가 새어 나와 영화에서 나오는 폭발 사고가 일어나는 것은 아닐까요? 다행히 현재 우리가 사용하고 있는 가스레인지에는 이것을 막는 장치가 달려 있습니다.

가스레인지에서 불이 꺼진 채 밸브가 열려 있어도 안전한가요?

가스레인지를 다시 관찰해 봅시다. 흰색의 점화플러그 외에 뾰족하게 깎은 연필 모양의 금속 막대가 튀어나와 있는 것을 찾을 수 있을 것입니다. 이것이 불이 꺼지면 가스를 잠그는 안전장치의 한 부분입니다. 이 안전장치는 그림 2-16처럼 다른 재질의 두 금속 선 양끝을 연결하여 폐회로를 만들고 두 접합부의 온도를 다르게 하면 전류가 흐르는 제베크(Seebeck) 효과를 이용한 것입니다. 열에 의해 기전력이 만들어진다는 것을 나타내기 위해 열전(thermoelectricity) 현상이라고도 합니다. 그리고 이렇게 두 다른 금속 선을 결합한 것을 열전대(熱電對[25]), thermocouple)라고 합니다.

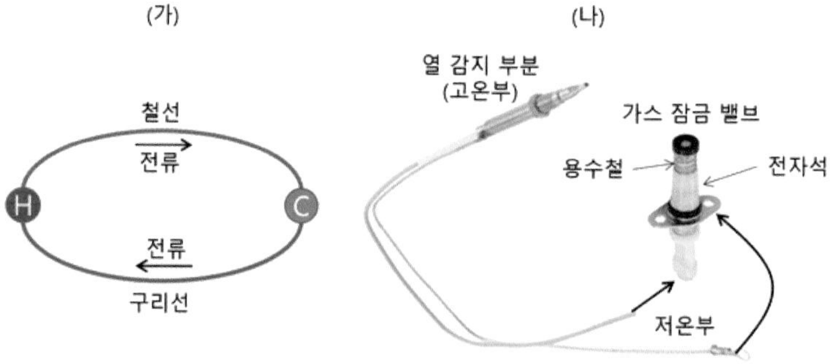

그림 2-16 (가) 열전대와 열전효과 (나) 가스 누출 안전장치

25) 이 용어에 사용된 대(對)는 쌍이라는 뜻의 한자입니다. 그 의미를 명확하게 전달하기 위해 열전쌍으로 부르기도 합니다.

많은 인터넷 사이트에서 연필 모양의 금속 막대를 열전대라고 설명하고 있는데 이것은 잘못된 것입니다. 이것은 열전대에서 두 금속이 접합된 고온부입니다. 이 부분이 가스 불에 의해 뜨거워지면 여기에 연결된 다른 재질의 두 금속선에 전류가 흐르는 것이지요. 그림 2-16 (나)에 보인 것처럼 이 전류가 전자석을 작동시켜 밸브를 열린 상태로 유지합니다. 그러다가 불이 꺼지면 열전효과가 사라지고 전자석에 의해 붙잡혀 있던 밸브가 용수철에 의해 닫힌 상태로 되돌아가서 가스의 누출을 막습니다.

열전대에서 만들어지는 전기는 수십 mV 정도입니다. 이렇게 약한 전기로 작동하는 전자석이 밸브를 붙잡고 있다는 것이 놀랍지요? 이 전자석은 끌어당기는 힘이 약해서 멀리 떨어져 있는 밸브를 당겨서 열지는 못합니다. 하지만 한번 붙여 놓으면 거리가 가까워서 잘 떨어지지 않는 것입니다. 멀리 있는 클립을 잡아당기지 못하는 막대자석도 거기에 달라붙어 있는 클립을 떼어내려면 힘이 듭니다.

그러니까 가스레인지의 불을 처음 켜기 위해 불 조절 손잡이를 돌리면 상당히 복잡한 여러 일이 벌어지는 것입니다. 우선 점화장치를 작동시켜 스파크를 튀게 하고 가스 잠금 밸브를 수동으로 열어 가스에 불이 붙게 합니다. 이 상태로 약간의 시간이 지나면 고온부가 달구어져서 전자석이 작동하고 이제 손잡이를 놓아도 밸브를 열린 상태로 붙잡고 있게 되지요.

가스 불이 켜지기는 하는데 조절 손잡이만 놓으면 불이 꺼진다면 이 열전대 장치가 제대로 작동하지 않는 것입니다. 이 장치에서 가장 중요한 역할을 하는 것은 두 종류의 재질로 만들어진 선입니다. 그러니 이 선이 망가졌을 때 일반적인 전선으로 대체하면 안 됩니다. 열전효과가 사라져서 안전장치가 제대로 작동하지 않겠지요.

가스레인지에 대해 한 가지 걱정은 덜었네요. 이 연필 모양의 장치가 붙어 있는 가스레인지라면 불이 꺼진 채 가스가 새는 일은 일어나지 않을 테니까요. 그런데 또 하나의 걱정이 있습니다. 먹고 남은 음식을 한 번 더 끓이기 위해 불에 올려놓은 것을 잊고 외출하면 어떻게 될까요? 사골 국물을 만들기 위해서는 오랜 시간 끓여야 해서 더더욱 잊어버리기 쉽지요? 물이 다 없어지면 시커멓게 타다가 발화점에 이르면 결국 불이 붙게 될 것입니다. 생각만 해도 끔찍하지요? 최신형 가스레인지에는 이런 실수로 냄비가 과열되는 것을 막는 안전장치[26]도 붙어 있습니다. 화구의 가운데 부분에 툭 튀어나온 과열방지장치가 그것입니다.

화구에 냄비를 올려 이 장치를 눌러야만 가스 불이 켜집니다. 요리를 하는 동안 냄비 바닥에 접촉된 센서가 냄비의 온도를 측정하다가 어느 온도 이상이 되면 경보를 울리며 가스를 차단합니다. 앞에 설명한 열전대를 이용해서 온도를 측정하는 방식, 바이메탈을 이용하여 스위치를 작동하는 방식 등 여러 기술이 적용됩니다.

그런데 인터넷 사이트에는 요리 중에 가스 불이 꺼진다거나, 밑이 둥근 모양의 압력솥을 쓸 수 없어서 이 안전장치가 매우 불편하다는 의견이 많이 돌아다닙니다. 심지어는 이 장치를 무력화하는 방법도 소개하고 있고 특수한 뚜껑까지 판매되고 있습니다. 하지만 어떤 안전장치를 이렇게 무력화하는 것은 위험하니 주의하여야 합니다.

또 다른 걱정 하나 해 볼까요? 영화 「다이하드 2」의 끝 무렵에 맥클레인 형사(브루스 윌리스 분)가 테러리스트들이 타고 도망가는 비행기를 날려

26) 2014년 1월부터는 가스레인지에 이러한 과열 방지 센서를 반드시 부착하도록 법률로 제정하였습니다.

버리는 장면이 나옵니다. 흩뿌려진 비행기 연료에 라이터로 불을 붙이자 불이 비행기를 따라가지요. 이런 장면을 보면 악당도 사람이라는 생각을 잠시 잊고 통쾌하기만 합니다. 그런데 이 장면과 함께 다음과 같은 질문이 떠오르네요.

왜 가스레인지에서 불이 가스관으로 타고 들어가지 않나요?

물론 비행기 연료는 인화점이 높아 불이 잘 붙지 않는다고 합니다. 그런데 휘발유를 한 줄로 뿌려 놓고 한쪽에 불을 붙이면 죽 따라가며 불이 퍼집니다. 늘어뜨린 실에도 실을 따라 불이 퍼지는 것을 볼 수 있습니다. 산불도 탈 나무가 있으면 계속해서 퍼지지요. 가스는 항상 불이 붙을 준비가 되어 있는 기체 상태이고 관에도 모두 가스가 채워져 있을 텐데 왜 관을 따라 불이 퍼지지 않을까요?

만일 그런 일이 벌어진다면 가스통이 터지거나 도시 가스 라인을 따라 연쇄적으로 화재가 발생할 테니 생각만 해도 끔찍하지요? 그런데 걱정할 필요가 없습니다.

일단 가스레인지에 공급되는 가스는 압력이 대기압보다 높습니다. 그래야 가스가 계속 밀고 나와 불을 계속 타게 할 수 있지요. 불꽃은 온도가 높지만 이미 팽창하여 평형에 다다른 상태여서 내부 압력은 대기압과 같습니다. 그러니 안쪽으로 불꽃이 밀고 들어가지 못하지요. 만일 불꽃이 가스관 내부에 들어갔다고 해도 산소가 없으니 계속해서 연소가 일어나지 못합니다. 확산으로 공급될 수 있는 산소는 관을 타고 불이 전파할 정도는 아닙니다. 앞에서 무중력 상태의 불꽃이 어떻게 되는지 이야기했었지요? 그러니 가스관 안으로 불이 퍼져 불이 날까 걱정하는 것은 하늘이 무너질까 봐 걱정했다던 옛날 중국의 기(杞)나라 사람 수준의 걱정이었습니다. 게다가 버너의 구조를 이해하면 더욱더 안심이 될 것입니다.

가스레인지의 버너에서 가스가 어떻게 계속 연소하는지도 알아봅시다. 가스레인지를 청소하다 보면 구조가 무척 간단하다는 것을 알 수 있습니다. 불이 붙는 곳에 어떤 특별한 장치가 되어 있는 것이 아니라, 그냥 규칙적으로 뚫린 구멍만 있지요. 어떻게 이렇게 쇠에 난 구멍에서 불꽃이 나올까요? 초와 알코올램프는 심지에서 모세관 현상으로 연료를 빨아올리고 불꽃의 열기로 잘게 분해된 인화물질이 공기 중의 산소와 결합하여 연소가 일어납니다. 나무가 탈 때도 마찬가지로 인화물질이 열로 분해되어 나오고 그것이 타는 것입니다. 그러니 초, 알코올, 나무는 인화물질을 만드는 재료입니다. 이때의 연소는 불꽃의 표면에서 주로 일어납니다. 불꽃의 안쪽은 아직 연소하지 않은 인화물질들이 있고 열로 달구어져서 빛을 방출하지요. 이 불꽃에서는 대류가 계속 산소를 공급하는 데 중요한 역할을 합니다.

그런데 가스레인지의 버너에는 그 자체가 이미 인화물질인 가스가 연소하는 것입니다. 그리고 가스와 공기를 섞어서 연소시키기 때문에 불꽃의 표면뿐 아니라 내부에서도 연소가 일어납니다. 거의 완전연소를 해서 버너의 불꽃은 파란색입니다. 촛불에서는 가장자리만 파란색이지요. 다시 한번 말하지만 온도가 높아서 파란색으로 보이는 것은 아닙니다. 가끔 노란색 불꽃이 나타나는데, 이것은 가스에 산소가 충분히 섞이지 않아서 불완전연소가 일어나서 그런 것입니다. 그래서 이 노란색 불꽃에 요리를 하면 냄비나 프라이팬 밑이 새까맣게 그을리지요.

가스와 산소는 어떻게 섞일까요? 여기에도 물리학의 중요한 원리가 숨겨져 있습니다. 액체인 물이나 기체인 공기처럼 흐를 수 있는 것을 유체(流體, fluid)라고 합니다. **유체가 흐를 때 유속이 빠른 곳은 유속이 느린 곳에 비해 압력이 낮습니다.** 이것을 **베르누이 원리**라고 합니다. 이에 따라 비행기에 양력이 생기고 멋진 바나나킥이 가능하다는 것은 잘 알려진 사실입니다. 날개의 위쪽을 지나는 공기는 속력이 빠르고 아래쪽을 지나는 공기는 느려서 압력의 차이가 생기는 것입니다. 바나나킥도 마찬가지입니다. 공기에 대해 속력이 빠른 쪽이 압력이 낮아 그쪽으로 공이 휘는 거지요. 가스레인지에서도 이 현상을 이용해서 가스와 공기를 섞습니다.

그림 2-17은 가스레인지에서 가스와 공기를 섞는 부분을 간단히 그린 것입니다. 이 부분을 벤투리라고 부릅니다. 가스관을 타고 온 가스가 갑자기 작은 구멍(노즐)을 통해 분사되면 속력이 높아집니다. 그러면 압력이 내려가서 공기가 공기구멍을 통해 빨려 들어와 가스와 섞입니다. 그리고 이 혼합 가스는 점점 더 굵어지는 관을 통해 흘러가면서 압력이 다시 대기압보다 약간 높아집니다. 그리고는 버너의 구멍으로 나가서 연소하지요. 여기에

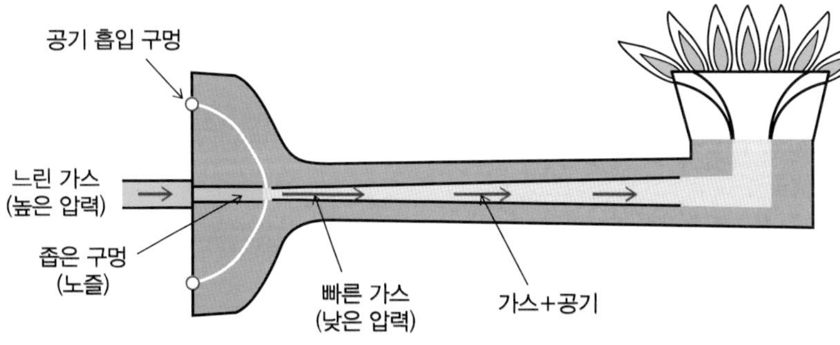

그림 2-17 가스레인지의 벤투리

서 다시 의문이 생깁니다. 왜 가스가 공기 흡입구멍으로는 빠져나가지 않고 버너의 구멍으로만 나갈까요? 그것은 노즐에 의해 이미 가스가 흐르는 방향이 정해진데다가 버너 쪽 구멍이 충분히 크기 때문입니다. 이것이 믿어지지 않는다면 다음과 같은 실험을 해봅시다.

확인해 볼까요?

그림 2-18과 같이 수도꼭지에 작은 구멍이 뚫린 50 cm 정도의 호스를 끼우고 물을 틀어 봅시다. 작은 구멍을 통해 물이 나오나요? 물이 나오는 호스의 끝부분을 물속에 담그면 공기 방울이 뽀글뽀글 올라오는 것을 볼 수 있습니다. 구멍을 막으면 공기 방울이 생기지 않습니다. 그러니까 구멍을 통해 물이 나오지 않을뿐더러 공기가 빨려 들어가는 것입니다. 구멍의 크기를 점점 키우면 어느 때부터는 물이 새어 나옵니다.

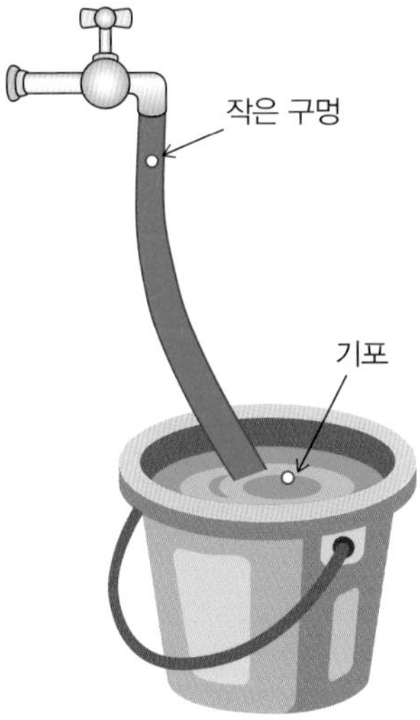

그림 2-18 구멍 뚫린 호스로 물 받기

도시가스는 기체 상태의 천연가스(Natural Gas)나 석유가스(Petroleum Gas)를 관을 통해 각 가정에 공급합니다. 이런 시설이 되어 있지 않은 지역에서는 액체 상태의 석유가스[27]가 담긴 통을 배달받아 기화되어 나오는 가스를 사용합니다. 이 가스들은 압력이 다릅니다. 일반적으로 액체 상태에서 기화된 가스는 도시가스보다 압력이 높습니다. 이 압력에 따라 벤투리의 노즐 구멍 크기를 다르게 해야 합니다. 그래서 새로운 지역으로 이사를 가는 경우 기존에 사용하던 가스레인지를 곧바로 사용하지 못할 수도 있습니다. 우리나라에서는 이사하면 반드시 한국가스공사의 점검을 받는 것이 법률로 정해져 있습니다.

27) LPG는 Liquefied Petroleum Gas의 첫 글자를 딴 것으로 P를 프로판(propane, 공식적인 화학 명명법을 따르면 프로페인)가스로 오해하지만 부탄(Butane, 뷰테인)도 섞여 있는 혼합물입니다.

CHAPTER

03

물(Water)

이 책에서 다루는 모든 주제에 대해 우리는 '이렇게 근사한 것을 우리 인류가 어떻게 알아냈으며, 또 언제부터 사용했을까?'라는 질문을 던질 수 있습니다. 그러나 물에 대해서는 이런 질문을 할 필요가 없습니다. 말할 필요도 없이 맨 처음의 인류부터 물을 이용하고 섭취했을 테니까요. 그래야 생명을 유지할 수 있었겠지요. 음식과 요리에 대한 물리학을 이야기할 때 물은 아주 기본적인 소재가 되겠습니다.

인간은 물 없이는 일주일을 버티기 어렵다고 합니다. 아무것도 먹지 않아도 물만 먹을 수 있으면 한 달 이상 살 수 있다고 하고요. 이처럼 생명을 유지하는 데에 물은 필수적입니다. 그래서 지구상에서 발견되는 선사유적지는 모두가 하천과 가까운 곳에 위치해 있습니다. 세계 4대 문명의 발상지도 모두 큰 강을 끼고 있지요. 역사를 거슬러 더 올라가면 생명의 시작은 바다였습니다.

물은 우리 사람뿐 아니라 지구의 모든 생명체의 필수 구성 요소입니다. 이렇게 된 데에는 물이 매우 특별한 성질을 가진 분자이기 때문으로 추측됩니다. 우주를 구성하는 모든 물질이 지금 우리가 알고 있는 원자들로 이루어져 있다면 우주에 존재하는 생명체도 물의 특성에 크게 의존하여 진화했을 것입니다. 그래서 과학자들은 달과 화성에 물이 있는지를 궁금해하고 있고, 우주 탐사선들은 물의 존재를 밝힐 증거가 있는지 찾고 있습니다. 물은 생물 세포에 필수적인 성분으로, 생명체가 존재할 수 있도록 해주니까요. 공상과학 영화에서나 볼 수 있는 아직 먼 훗날의 이야기이지만 인간이 살 수 있는 우주 식민지를 개척하는 데에도 물의 존재는 필수적입니다.

우리 몸의 2/3는 물입니다. 생명체를 구성하는 세포는 세포막으로 둘러싸인 물로 채워진 공간에 세포질과 세포 소기관들이 들어 있는 구조를 가집니다. 여기에서 물은 세포 소기관들이 각각의 임무를 수행하게 하는 데 중요한 역할을 합니다. 또한 먹은 음식을 작은 영양소로 분해하여 온몸에 나르는 혈액의 주성분도 물이며, 세포들이 혈액에서 전해 받은 영양소로부터 에너지를 얻는 가수분해 과정에도 물이 필요합니다. 신진대사 과정에서 나온 노폐물은 오줌의 형태로 배출됩니다. 물의 높은 비열은 외부의 온도 변화에 대해 체온을 유지시키는 데 중요한 역할을 합니다. 여름에 기온이 높아지거나, 운동을 해서 체온이 올라가면 우리 몸은 땀을 흘려 체온을 조절하지요.[1] 그래서 성인의 경우 2~3 L의 수분을 매일 섭취하여야 합니다. 물론 매일 이만큼 물을 마셔야 한다는 것은 아닙니다. 우리가 먹는 요리에 사용하는 고기, 야채, 곡물, 과일에는 이미 상당한 양의 수분이 포함되어 있습니다. 이 음식의 재료들 모두 한때는 살아 있는 생명체의 일부였고 그 2/3가 물일 테니까요.

---

1) 개는 발바닥의 작은 부분만 땀을 배출할 수 있어서 땀으로 체온을 조절하기가 어렵습니다. 그래서 주로 입을 벌리고 혀를 늘어뜨려 체온을 낮추지요. 헐떡거리는 것은 호흡수를 높여 몸 안의 더운 공기와 밖의 시원한 공기를 교환하기 위한 것입니다.

그뿐만이 아닙니다. 지구에서 생명체가 살 수 있고 더 나아가 생명체가 탄생할 수 있었던 것은 지구에 물이 많이 있기 때문입니다. 지표면의 2/3를 물이 덮고 있어서 밤과 낮, 또는 계절이 바뀌어도 지구 표면의 온도는 그리 심하게 변하지 않습니다. 우리나라의 경우 밤낮의 기온 차이가 가장 큰 환절기라 해도 일교차는 최대 20℃ 정도입니다. 달은 태양으로부터 떨어진 거리가 지구와 거의 같지만 물이 없어서 기온 차이가 무척 큽니다. 해가 비치는 곳은 120℃이고 해가 비치지 않은 곳은 영하 80℃입니다. 이런 상황에서는 생명체가 살아갈 수 없지요. 게다가 지구에서 해류의 순환은 위치에 따른 온도의 차이를 줄여줍니다. 그래서 지구의 넓은 지역에 생명체가 살 수 있습니다.

단지 물이 있어야 한다는 것뿐 아니라 그것이 액체 상태여야 한다는 것도 매우 중요합니다. 고체 상태의 얼음은 이동이 거의 불가능하니 생명현상을 유지하기 위한 신진대사에 참여할 수 없습니다. 반대로 기체 상태의 물은 응집이 되지 않아서 생명체를 만들지 못하겠지요. 태양계에서 우리 지구가 있는 위치에서만 우연히도 물이 액체로 있을 수 있습니다.[2)] 지구가 현재보다 태양에 1%만 더 가깝거나 0.4% 더 멀었다면 생명이 살 수 있는 행성이 되지 못했을 것이라고 합니다.

액체 상태의 물은 다른 물질처럼 온도가 내려가면 밀도가 커지지만 4℃에서 밀도가 최대가 된 후 그 이하의 온도에서는 다시 밀도가 작아집니다.

---

2) 생명체가 살아가려면 태양으로부터 가까이 위치해 너무 뜨겁거나 멀리 떨어져 있어 너무 차가워도 안 되기 때문에 생명이 살아갈 수 있는 영역을 골디락스 존(Goldilock's zone)이라는 별명으로 부릅니다. 골디락스는 동화에서 곰이 사는 오두막에서 먹기에 딱 알맞은 죽을 골라 먹고 나오는 소녀의 이름입니다.

부피로 말하자면 4℃에서 부피가 가장 작았다가 온도가 내려가면서 부피가 커지고, 0℃에 도달하면 얼어서 고체가 됩니다. 즉, 액체 상태보다 고체 상태에서 오히려 부피가 커지는 유일한 천연 물질입니다. 이러한 물의 특성 덕분에 물에서 사는 생명체들이 살아남을 수 있었습니다. 아무리 추워져도 호수나 바다에서 밀도가 높아 맨 밑바닥에 가라앉아 있는 물은 4℃의 액체 상태이기 때문입니다. 그래서 물은 항상 맨 위부터 얼기 시작합니다. 다른 물질처럼 단순하게 온도가 내려가면 계속 밀도가 커지다가 고체가 될 때 밀도가 더 증가한다면 어떻게 되었을까요? 겨울이 되어 추워지면 얼음이 물 밑에 가라앉을 것입니다. 그리고 여름이 되어 기온이 올라도 윗부분의 물만 따뜻해질 겁니다. 대류가 일어나지 못하니까요. 열의 전도만으로는 그 아래에 있는 얼음은 녹기 어렵습니다. 그것이 되풀이되면 결국 대부분의 물이 얼음 상태가 되어 바닥에 쌓여 버리지요. 특히 빙하기가 지속되면 거의 모든 물이 얼어서 생명체가 살 수 없게 됩니다. 물에 사는 생명체들은 물이 고체 상태에서 부피가 커진다는 특성으로 인해 살아남을 수 있었습니다. 사실 지금 뭍에서 사는 생명체들도 진화 이전인 처음에는 바다에서 시작되었으니까 결국 모든 생명체들은 물의 이런 특성에 감사해야 합니다.

물은 요리에서도 중요한 역할을 합니다. 물은 비교적 높은 온도인 100℃까지 액체 상태를 유지할 수 있기 때문에 대부분의 식재료를 삶아서 익힐 수 있습니다. 이때 대류는 열을 음식물의 여러 부분에 골고루 전달해줍니다. 고기를 삶아서 수육을 만들 때는 물이 넘치지 않는지, 물이 부족하지는 않은지 신경 쓰면 되지만 구울 때는 계속 지켜보면서 자주 뒤집어 주어야 합니다. 열의 전달이 열기가 있는 쪽에서만 전도로 일어나기 때문이지요. 대류가 우리를 얼마나 편하게 해 주는지 알 수 있지요? 찌는 요리에서는 뜨거워진 물이 기체 상태가 되어 식재료를 만나 열을 전해 주고 물은 다시 액체로 변합니다. 그리고 기체 상태의 물로부터 받은 열로 식재료는 익어갑니다. 물의 기화열은 g당 540 cal로 상당히 큽니다.

물이 소금이나 설탕 등 거의 모든 물질을 녹일 수 있다는 특성도 요리에서 무시할 수 없습니다. 그 덕분에 요리의 다양한 맛이 나오는 것이니까요. 한편, 액체 상태인 물의 유동성 덕분에 우리는 음식을 몸 안으로 쉽게 보낼 수 있습니다. 물 없이 밤고구마를 먹는 것이 얼마나 힘든지 생각해 보세요. 물 없이 가루약을 먹는 것을 상상이나 할 수 있을까요?

우리나라 대부분의 가정에서는 수도꼭지만 돌리면 물이 나옵니다. 강물이 수도꼭지에서 나오기까지에는 여러 과정을 거치게 됩니다. 정수장에서 강이나 저수지로부터 끌어들인 물을 먹을 수 있는 깨끗한 물로 정화한 뒤, 거대한 관을 통해 도시로 보내고, 복잡한 배관을 통해 각 가정에 공급되는 것입니다. 생각해 보면 엄청난 일이지만 전기나 열기관을 사용하는 펌프 덕분에 이 모든 것이 가능해졌으니, 물리학자들이 수돗물을 쓰는 온 국민들에게 '그것이 우리 덕분'이라고 생색을 좀 내도 되겠네요. 펌프가 없는 로마 시대에는 오직 높은 곳에 있는 물이 낮은 곳으로 흐른다는 것만 이용해서 이런 시설을 구축했습니다. 그래서 높은 산을 수원지로 해서 도시까지 수로를 놓았습니다. 지금도 남아 있는 그 시대의 수로를 보면 인류의 위대함을 새삼 느낄 수 있습니다.

사용할 수 있는 물이 정수장에서 걸러져 지속적으로 공급된다는 것도 생각해 보면 참으로 고마운 일입니다. 그 물은 빗물을 모은 것이고, 이것은 태양에너지에 의해 증발한 물이 구름으로 응결되었다가 다시 땅으로 내려온 것입니다. 이러한 과정에서 짜서 먹지 못하는 바닷물도 자연스럽게 민

물이 됩니다. 비가 내리지 않는 건조한 지역에서는 자연적으로 민물이 만들어지는 이러한 순환과정의 혜택을 누리지 못합니다. 그래서 사막에서는 오아시스가 있는 아주 제한된 지역에서만 사람들이 살 수 있었지요. 요즘은 인공적인 담수화 프로젝트로 사막에도 도시가 세워지게 되었습니다. 사막보다는 훨씬 나은 상황이고 연간 강수량도 제법 많지만 우리나라는 잠재적인 물 부족 국가로 분류됩니다. 모아서 사용할 수 있는 빗물의 양이 필요한 양보다 적기 때문입니다.

자, 이제 언제나 사용할 수 있는 물이 어떻게 해서 우리 집에 오게 되었는지 우리는 알게 되었습니다. 그런데 다음과 같은 생각을 해 본 적 있나요?

어떻게 해서 지구에 물이 있을까요?

아니, 지구에 모래가 있고 돌멩이가 있는 것처럼 물이 있는 것도 너무도 당연한 것 아닌가요? 그렇지 않습니다. 지구가 만들어질 때 처음부터 지구에 존재할 수 있었던 것이 있고 그렇지 않은 것이 있습니다. 예를 들어 처음에 만들어졌던 지구에는 산소 분자도 거의 없었습니다.

태양계의 역사를 살펴볼까요? 약 45억 년 전, 우주에 흩어져 있던 입자들이 뭉치면서 태양을 만들기 시작했습니다. 입자들이 우주에 흩어져 있다가 뭉치면 온도가 올라갑니다. 즉, 입자들이 빠르게 움직이는 것입니다. 이것은 높은 곳에 있던 돌이 떨어지면 속도가 빨라지는 것과 같은 원리입니다. 두 입자가 서로 떨어져 있는 것보다는 가까이 있을 때 중력 퍼텐셜 에너지가 낮아지기 때문에 운동에너지가 커지지요. 온도가 점점 올라 중심부가 천만 도에 이르면 수소 핵융합이 시작되고 빛을 우주로 내보내기 시작합니다.

이것이 태양과 같은 별이 탄생하는 원리입니다.

입자들의 일부는 중심부에 다다르기 전에 뭉쳐져 여러 행성을 만들었지요. 지구도 입자들이 뭉치면서 만들어진 것이니 처음에는 온도가 무척 높았습니다. 온도는 높지만 중력으로 서로 단단히 묶인 액체 상태의 덩어리가 되었지요. 그것이 식은 것이 현재의 지구입니다. 아직 완전히 식은 것도 아니니 '아직도 식어가는 중'이라고 해야겠네요. 액체 상태에서는 물질들의 이동이 가능해서 무거운 것은 아래로 가라앉고 가벼운 것은 위에 떠 있게 됩니다. 여기에서 아래라는 것은 지구 중심부이고 위는 지구 표면 쪽이지요. 그래서 지구 내부에는 아주 무거운 철, 니켈과 같은 원소가 많고 지표면 근처에는 가벼운 분자인 산화규소가 많은 것입니다. 이러한 원소들은 별의 내부에서만 만들어질 수 있습니다. 하지만 태양이라는 별은 45억 년이 지난 지금까지도 이러한 무거운 원소들을 만들 수 없습니다. 그러니까 지금 태양계가 있는 자리에는 오래 전에 이미 어떤 별이 생성되었다가 소멸했다는 것을 알 수 있습니다. 우리 몸에 있는 수소를 제외한 원소는 모두 어느 별의 내부에서 만들어진 것입니다. 도민준(「별에서 온 그대」의 주인공, 김수현 분)만이 아니라 우리 모두 '별에서 온 그대'지요.

무거운 원소일수록 만들어지기 어렵습니다. 그러니 현재 지구를 이루는 무거운 원소보다 더 많은 수의 가벼운 원소들이 지구를 만들고 있어야 합니다. 그런데 초창기의 태양은 매우 불안정하여 강력한 태양풍이 발생하였고 태양 가까운 곳에 있던 가벼운 원소로 만들어진 입자들을 거의 모두 멀리 날려 버렸습니다. 그래서 태양과 가까운 수성, 금성, 지구, 화성은 무거운 원소로 만들어진 단단한 행성이 된 것입니다. 태양과 비교적 멀리 떨어진 목성부터는 가벼운 원소들이 무거운 원소보다 많이 존재합니다.

태양풍에 날려가지 않고 남은 물 분자도 지구가 만들어지는 과정에서 쫓겨나게 됩니다. 지구가 무척 뜨거웠을 때 물 분자, 산소 분자, 질소 분자와 같이 가벼운 분자들은 기체 상태였고 속력이 무척 빨랐습니다. 그래서 지구가 이 분자들을 붙잡고 있을 수 없었습니다. 왜 그러느냐고요? 분자들이 탈출속도에 도달했기 때문입니다. 지표면 근처에서 물체를 던지면 언젠가는 땅에 떨어집니다. 그런데 현재의 지구에서 물체를 약 8 km/s의 속력으로 수평 방향으로 던지면 지표면을 따라 지구 주위를 원운동할 수 있습니다. 이보다 빠르게 던지면 지구 중심을 초점으로 하는 타원 궤도를 따라 운동합니다. 그런데 11.2 km/s의 속도로 던지면 이 물체는 다시는 지구로 돌아오지 않습니다. 이 속도를 **탈출속도**라고 합니다. 어떤 천체의 탈출속도는 그 표면에서의 중력가속도의 제곱근에 비례합니다. 달 표면에서의 중력가속도는 지구의 1/6이니까 탈출속도는 지구의 $1/\sqrt{6} \sim 0.4$배입니다. 지구도 처음에 만들어졌을 때는 질량도 작고 중력가속도가 지금보다 낮았으며, 따라서 탈출속도도 작았습니다. 즉, 분자들이 지금보다 쉽게 지구를 떠날 수 있었습니다.

반드시 평균 속력이 지구 탈출속도보다 클 필요도 없습니다. 분자들의 속력은 모두 같지 않습니다. 전국규모의 수학능력시험에서 학생들의 성적이 다양한 것처럼 분자들은 다양한 속력으로 움직입니다. 평균값보다 훨씬 낮은 속력으로 움직이는 분자도 있고 훨씬 높은 속력으로 움직이는 분자도 있습니다. 이것이 추운 겨울에도 물이 증발해서 빨래가 마르는 이유입니다. 꼭 물이 끓는 100℃가 되어야 증발하는 것은 아니지요. 이처럼 온도가 어느 이상이 되면 탈출속도를 가지게 된 분자들이 계속 지구에서 우주로 증발합니다. 바닷물이 증발해서 구름이 되었다가 다시 땅으로 내려오는 것과는 달리 아예 지구에서 탈출해 버리는 것입니다. 현재 지구는 많이 식은 상태인데도 대기권에 헬륨이나 수소가스와 같은 아주 가벼운 원소는 붙잡고 있을 수 없습니다.

기체 분자의 평균 속력은 절대 온도의 제곱근에 비례하고 분자량의 제곱근에 반비례합니다. 15℃일 때도 공기 중의 산소와 질소 분자는 평균 속력이 약 300 m/s 정도이니까 지구가 액체 상태일 정도로 온도가 높을 때는 기체 분자들의 속력이 얼마나 컸겠어요? 더구나 물 분자의 질량은 산소 분자 질량의 1/2 정도이니 속력이 $\sqrt{2} \sim 1.4$배 더 컸을 것입니다. 물 분자와 공기 분자가 모두 기체 상태로 대기 중에 있었다면 물 분자는 많은 양이 지구를 떠나 날아갔고 지금 지구에 남아 있는 개수는 질소나 산소, 그리고 이산화탄소와 같이 물 분자보다 질량이 큰 분자들의 양보다 훨씬 적어야 하지요. 지구가 식으면서 지구에 남은 물 분자들의 일부는 액체 상태의 물로 변했습니다. 그런데 지금 지구에 액체 상태로 응결한 물의 양을 분자 수로 따져보면 대기 중의 산소와 질소의 양보다 훨씬 많음을 알 수 있습니다.

그러니까 지구가 만들어지는 과정을 고려하면, 현재 지구에 물이 이만큼 있다는 것을 과학적으로 설명하기는 어렵습니다. 과학자들은 현재 지구에 있는 대부분의 물이 원래부터 지구에 있었던 것이 아니라 지구가 만들어진 다음에 외부로부터 공급된 것이라고 믿고 있습니다. 어떤 과정으로 물 분자가 외부로부터 공급되었을까요? 물론 외계인이 UFO에 물을 싣고 와서 지구에 퍼부어 준 것은 아닙니다. 물을 많이 가진 혜성이 지구와 충돌했다거나 물을 많이 포함하고 있는 탄소 수화물 덩어리가 우주를 떠돌다가 지구에 끌려왔을 것이라는 등의 가설만 제안된 상태입니다. 여하간 생명이 탄생했던

38억 년 전, 또는 가장 오래된 퇴적암이 생성된 시기인 40여 억 년 전부터 지구상에는 물이 존재했습니다. 이것은 기적이 아닐까요? 아주 우연히 태양과의 거리가 적절하게 가깝고 또 적절하게 먼 곳에 지구가 만들어졌고, 만들어지는 과정에서 없어진 물이 외부로부터 조달되었다는 것이 말입니다.

지구에 외부로부터 어떤 과정으로든 물이 조달되었다고 합시다. 그래도 결국은 우주 어딘가에 물이 있어야지만 지구로 물이 들어오겠지요? **빅뱅이론**에 따르면 맨 처음 우주가 생겨났을 때는 아무것도 없었는데 어떻게 물이 만들어졌을까요?

우주에는 어떻게 물이 존재하게 되었을까요?

우리가 사는 우주는 지금으로부터 약 138억 년 전에 작은 점으로부터 탄생했습니다. 이 사건을 빅뱅이라고 합니다. 빅뱅이 일어난 후 3분 동안 우주에 있는 질량을 가진 모든 물질의 기본 재료인 양성자가 만들어지고, 이 양성자의 25% 정도는 헬륨 원자핵이 되었습니다. 리튬과 같은 가벼운 원소도 만들어졌지만 아주 적은 양이었습니다. 그리고는 우주가 팽창하면서 밀도와 온도가 내려가서 더 이상의 핵융합이 일어나지 않았습니다. 이것은 우리에게 참으로 다행스러운 일입니다. 그렇지 않고 모두 헬륨으로 융합했다면 우리 우주는 별이 전혀 없는 깜깜한 우주가 되었을 테니까요. 수소가 없다면, 그 별을 보고 좋아할 생명체도 없으니 별이 있거나 없거나 차이도 없겠습니다만… 지금의 우주에는 그때 남은 수소가 융합하여 빛과 에너지를 방출하는 별들이 있습니다. 양성자는 수소의 원자핵이지요. 양성자의 25% 정도는 헬륨으로, 나머지 75%는 수소로 남아 있으므로, 현재 우주에 있는 수소와 헬륨의 총 질량의 비는 약 3 : 1입니다. 양성자 4개가 헬륨 원자핵이 되니 개수로 따지면 12 : 1입니다.

산소 원소는 그 뒤에 별의 내부에서 만들어집니다. 우주에 흩어져 있던 양성자가 다시 뭉치면서 중심부의 온도와 밀도가 높아져서 핵융합이 일어나는 것이 별입니다. 양성자들이 융합하여 헬륨이 되고, 그 헬륨의 밀도가 충분히 높아지면 헬륨으로부터 탄소가 만들어지고, 드디어 산소도 만들어집니다. 그림 3-1은 별 내부에서 수소가 헬륨으로 융합되는 여러 과정 중 대표적인 2개의 예입니다. C-N-O 순환반응에서는 탄소 원자핵이 촉매처럼 작용하여 양성자-양성자 연쇄반응보다 훨씬 활발하게 수소 4개를 헬륨 원자핵으로 융합합니다. 그리고 그 과정에서 많은 질소 원자핵과 산소 원자핵도 만들어내지요. 모든 원자핵이 C-N-O 순환반응에만 참여하는 것은 아니니까요. 예를 들어 C-N-O 순환과정의 마지막 단계인 질소-15와 양성자가 충돌하여 헬륨-4를 내놓지 않고 그대로 안정된 상태가 되면 산소-16이 되는 것입니다.

C-N-O 순환반응은 양성자-양성자 연쇄반응보다 더 높은 온도에서 일어나는데 우리 태양은 아직 이 단계에 이르지 못했습니다. 이것은 우리에게 무척 다행인 일입니다. 약 50억 년 이후에는 중심부에 헬륨이 충분히 만들어지고 온도도 올라가서 C-N-O 순환반응이 가능해질 텐데 그렇게 되면 태양은 갑자기 뜨거워질 것입니다. 찌그러진 공을 따뜻하게 하면 부풀어 오르듯이 태양도 뜨거워지면 팽창합니다. 그리고는 거의 지구 궤도만큼의 크기로 팽창할 것이라고 합니다. 지구가 태양에 흡수되는 거지요. 인간은 고작 백 년 정도 밖에 살지 못하고 인류의 역사 전체로 따져도 백만 년 전에 지구에 나타난 인류가 태양의 팽창을 걱정할 일은 아니겠습니다. 어쨌든 태양이

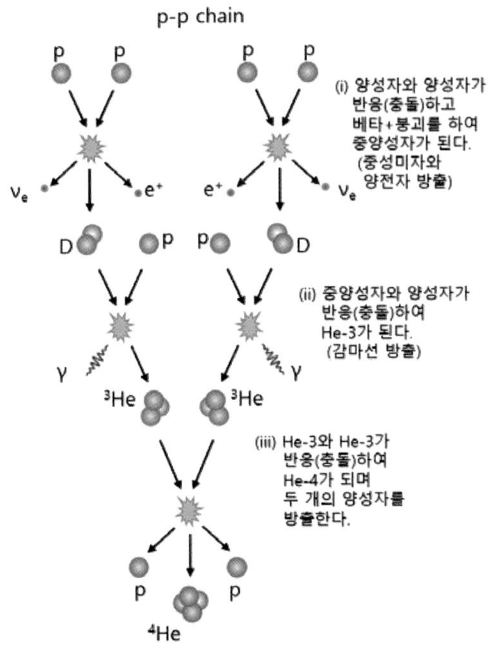

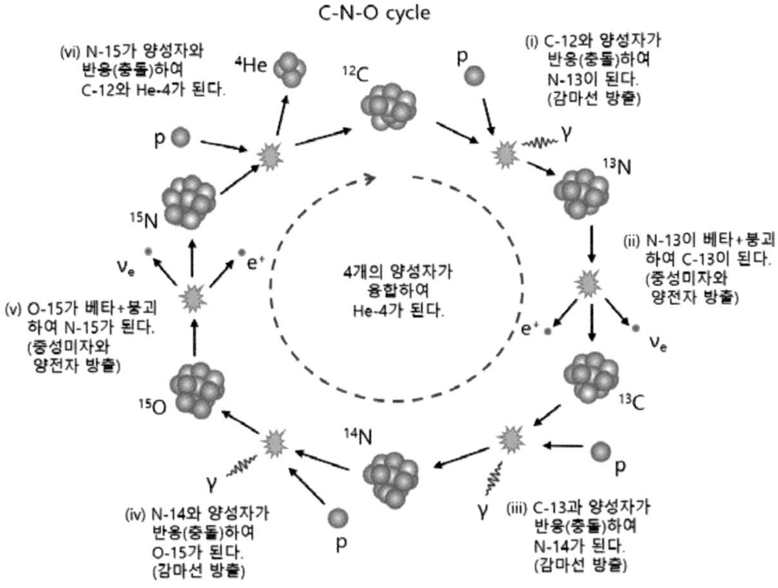

그림 3-1 양성자-양성자 연쇄반응(p-p chain)과 탄소-질소-산소 순환반응(C-N-O cycle)

이렇게 커지면 온도가 낮아져서 붉은색 별로 보이는데, 이런 별이 **적색거성**(赤色巨星, 붉은색의 큰 별이라는 뜻, **red giant**)입니다. 이러한 팽창으로 온도와 밀도가 내려가면 핵융합이 멈추고, 그 결과 팽창하던 별은 다시 수축합니다. 그런데 이때 적색거성을 구성하고 있던 물질의 일부만 수축하기 때문에 온도가 높기는 하지만 핵융합을 일으키지는 못하고 밝게 빛나는 작은 별인 **백색왜성**(白色矮星, 흰색의 작은 별이라는 뜻, **white dwarf**)이 됩니다. 나머지 물질은 우주에 흩어집니다. 이때 C-N-O 순환과정에서 만들어진 산소 원자와 수소 원자가 결합하여 물이 만들어질 수 있습니다.

'화학반응은 온도가 높을수록 잘 일어난다.'라는 아레니우스 법칙[3]에 의하면 현재 우주 공간의 온도인 0.3 K에서 화학반응이 일어나는 것은 거의 불가능합니다. 그런데 최근 발표되는 논문[4]에서는 20 K(영하 250℃ 정도)의 극저온에서는 생각했던 것보다 훨씬 많은 반응이 일어난다는 것을 보여주고 있습니다. 그러니 별에서 만들어져서 우주를 떠돌던 산소 원자가 수소 원자와 만나서 물 분자를 만들 수도 있는 거지요.

그러니까 우리가 지금 마시는 물에 들어 있는 물 분자는 아주 오래전에 우리 태양계가 있던 자리에 존재하던 별에서 핵융합으로 산소 원자가 만들어지고, 그 별이 수명을 다했을 때 수소와 만나 물 분자가 된 후 우주를 떠돌다가 40여 억 년 전에 지구에 도달한 것일 수도 있습니다. 물론 계속 물 분자로 있지 못하고, 식물의 광합성 과정에서 분해되어 포도당이 되었다

---

3) 화학반응의 속도가 $\exp(-T_0/T)$에 비례한다는 것이 아레니우스의 법칙입니다. 여기에서 T는 반응이 일어나는 곳의 온도이고 T_0는 어떤 특정 온도로, 예를 들어, 그 반응이 1초에 한 번 일어나는 온도입니다.

4) H. Sabbah 외 4인, Understanding Reactivity at Very Low Temperatures : The Reasctions of Oxygen Atoms with Alkenes, Science, 317, 102 (2017).

가, 동물의 소화과정에서 분해되며 다시 만들어진 물 분자일 수도 있습니다. 아니면 나무가 탈 때 셀룰로스 분자에 있던 수소가 공기 중의 산소와 만나 연소하여 만들어진 물 분자일 수도 있고요. 어찌 되었건 이 물 분자 하나하나는 138억 년이라는 억겁의 세월을 거치면서 만들어지고, 다른 것으로 변했다가 다시 물 분자가 되기도 하면서 우리를 찾아온 소중한 존재입니다.

지구에 물이 많이 있기는 하지만 마실 수 있는 물은 예나 지금이나 귀합니다. 요즘은 각 가정까지 깨끗한 물이 공급되지만 예전에는 멀리 떨어진 샘에서 물을 길어 집으로 날라야 했습니다. 물을 마실 때마다 그것을 길어온 사람에 대해 가족들이 얼마나 감사를 했는지는 모르겠습니다만, 그 당시에는 물이 지금보다 훨씬 더 소중한 존재였겠네요. 물을 나르는 것은 주로 여자들의 일이었습니다. 물이 1말(=18 L) 정도 들어가는 물동이를 머리에 이고 날랐지요. 물동이는 대부분 항아리로 만들었으니 물을 담으면 20 kg 이상이었을 겁니다. 그것을 머리 위에 얹고 걷는 것이 얼마나 힘들었을까요? 그런데 머리를 짓누르는 물동이의 무게보다 물 나르는 사람을 더 힘들게 한 것은 아마도 출렁거려 쏟아지는 물이었을 겁니다. 상상하기도 힘든 이러한 비과학적인 방법으로 물을 나르던 시절에도 과학은 있었습니다. 우리 조상들은 물에 바가지를 띄우거나 연잎을 덮어 물의 출렁거림을 줄였습니다.

바가지를 띄우거나 연잎을 덮으면 어떤 일이 일어날까요?

물은 자유자재로 흐를 수 있는 유체입니다. 어떤 그릇에 담는지에 따라 모양을 바꿉니다. 또 물은 (중력에 의해) 항상 낮은 곳으로 흘러갑니다.

그래서 노자(老子)는 물처럼 세상의 흐름에 몸을 맡기고 자연스러운 삶을 사는 것이 최상의 선이라고 하였습니다.

가만히 있는 그릇에 담긴 물의 표면은 편평하고 중력이 작용하는 방향에 수직입니다. 그것을 수평(水平)이라고 합니다. 말 그대로 물(표면)이 편평하다는 뜻이지요. 이러한 물의 특성을 이용해서 우리는 높이를 맞추는 수준계를 만들어 중력에 대해 안정한 집을 짓고 담을 쌓을 수 있었습니다. 그릇이 일정한 속도로 움직여도 물은 여전히 수평 상태를 유지합니다. 그래서 달리는 기차에서 특별한 주의를 기울이지 않고도 음료수 컵에 담긴 음료가 쏟아지지 않는 것입니다.

그러나 정지해 있던 그릇이 갑자기 움직이면 상황이 바뀝니다. 그릇은 고체 상태에 있으므로 모든 분자들의 상대적인 위치가 고정되어 있습니다. 그래서 어느 부분을 잡아당겨도 그릇 전체가 모양을 유지하며 함께 움직입니다. 한편, 액체 상태에 있는 물 분자들은 위치를 자유롭게 바꿀 수 있습니다. 그릇에 담긴 물을 저으면 저은 부분만 움직입니다. 오래 저어주어야 물 전체가 움직이고, 그때조차 모든 물이 모두 함께 움직이지는 않습니다. 또 젓는 것을 멈추어도 물의 움직임이 금방 멈추지도 않습니다. 그림 3-2는

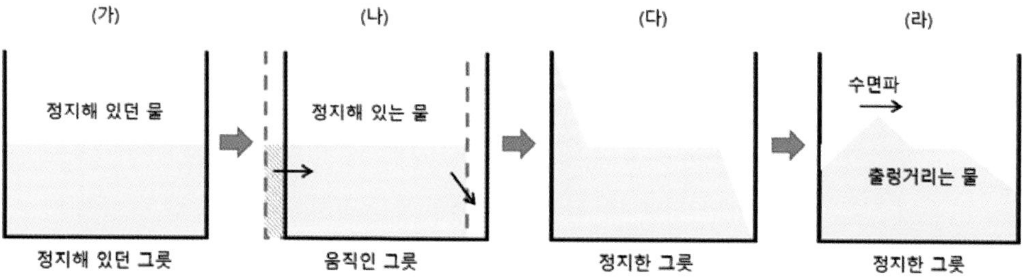

그림 3-2 정지해 있던 물그릇이 갑자기 움직인 후 일어나는 현상

물이 담긴 그릇이 갑자기 움직일 때 일어나는 일을 단순화해서 나타낸 것입니다. 3-2 (나)와 같이 그릇이 조금 움직였다고 합시다. 그릇이 움직이더라도 대부분의 물은 제자리에 있으려 합니다. 물론 그릇 밖에 빗금 친 부분의 물은 그릇 안으로 들어가야겠지요. 그리고 비어 있는 부분은 채우려 할 것입니다. 그래서 그림 3-2 (다)처럼 되지요. 이때 그릇 너머로 물이 넘칠 수도 있습니다. 곧바로 물 표면이 수평으로 돌아가지도 않습니다. 물 표면에 만들어진 물결파인 수면파는 그릇의 양쪽 벽면 사이를 왕복하여 물이 계속 출렁거리게 됩니다.

물동이를 이고 가거나 컵에 담긴 음료를 들고 걸어갈 때 이러한 일이 계속 일어납니다. 우리가 일정한 속력으로 걷는다고 해도 한 발짝씩 발을 뗄 때마다 움직이고 멈추는 것을 되풀이하는 것이기 때문입니다. 이때 한 발짝 사이의 시간과 그릇 안에서 물결파가 움직이는 시간이 딱 맞으면 물의 출렁거림이 더 심해집니다. 마치 그네를 탈 때 그네의 흔들림에 맞춰서 구르면 그네의 흔들림이 점점 더 커지는 것과 같습니다. 그네를 밀어줄 때도 마찬가지입니다. 그네가 밀어주는 사람 쪽으로 왔다가 멀어지려고 할 때마다 밀어주면 그네가 크게 흔들립니다. 이때 **공명**(共鳴, 함께 운다는 뜻, 새들이 함께 울면 소리가 커지지요?, resonance)이 일어났다고 합니다. 마찬가지로 물의 출렁거림이 걷는 동작과 공명이 일어나면 물이 점점 더 심하게 출렁거려 결국은 그릇 너머로 넘치게 됩니다. 따라서 물이 출렁거려 쏟아지지 않게 하려면 공명이 일어나지 않도록 해야 합니다. 종종걸음을 해서 시간 간격을 줄이거나 더 천천히 걸어서 시간 간격을 늘리면 덜 쏟아지지요. 여러 국그릇을 쟁반에 담아 나를 때 확인해 보기 바랍니다.

물 위에 큰 바가지나 연잎을 띄우면 수면파의 발생을 억제시킵니다. 물 표면의 모양이 자유롭게 변하지 못하기 때문이지요. 공명이 일어나는 수면파가 만들어지지 않으니 물의 출렁거림이 줄어듭니다. 공명의 원리를 알고 그랬는지는 모르지만, 물에 바가지를 띄우는 옛사람의 슬기는 감탄할 수밖에 없네요. 물 뜨러 가져간 바가지를 다시 가져오려고 물 위에 놓았다가 우연히 알게 되었으려나요? 맥주는 신기하게도 물보다는 잘 쏟아지지 않습니다. 맥주의 거품이 표면에서 물결파가 일어나는 것을 억제한다고 하네요. 그래서 독일의 옥토버페스트와 같은 맥주 축제에서 맥주가 가득 담긴 여러 개의 맥주잔을 여러 개 들고 다니는 묘기를 볼 수 있나 봅니다. 표면에 거품이 있는 카페라테도 아메리카노에 비해 출렁거림이 약합니다. 이러한 현상에 대한 연구 논문도 있습니다.[5] 이런 것도 물리학 연구의 대상이라는 것이 재미있지요?

물의 출렁거림과 쏟아짐 현상은 물컵과 같이 일상의 작은 규모에서는 쏟아진 액체가 방바닥을 어지럽히거나 심한 경우 뜨거운 음료에 손을 데는 정도에 그칩니다. 그런데 액체를 싣고 도로를 달리는 탱크로리(tanker truck)에서는 이 현상이 아주 심각한 문제가 됩니다. 차가 정지해 있다가 출발할 때 안에 든 액체의 출렁거림 현상 때문에 운전자가 원하는 방향으로 차가 움직이지 않게 됩니다. 그래서 일반적인 차량을 운전하는 것과는 다른 방법으로 차를 몰아야 합니다. 게다가 운전자는 액체의 출렁거림으로 인한 차체의 흔들림을 감내해야 합니다. 한편 탱크로리가 곡선도로에서 커브를 틀거나 달리다가 갑자기 멈추면 액체가 원래의 움직임을 계속하려고 해서 트럭을 흔들게 되며, 이로 인해 트럭이 전복되거나 운전칸과 탱크의 연결부

5) H. C. Mayer and R. Krechetnikov, *Walking with coffee : Why does it spill?* Phys. Rev. E 85, 046117 (2012)

위가 접혀서 운전석이 탱크에 부딪히는[6] 매우 위험한 사고로 이어질 수 있습니다. 탱크에 인화성 물질이 들어 있는 경우에는 발화의 원인이 되어 더 심각한 상황이 됩니다.

탱크의 공간을 여러 개의 칸으로 나누면 출렁거림이 줄어들어 위험을 줄일 수 있습니다. 맥주나 카페라테의 거품처럼 액체에 부유물을 띄워 놓는 것도 안전에 도움이 됩니다. 그런데 우유처럼 우리가 마실 음료수의 경우에는 칸으로 막거나 부유물을 띄우는 것은 청소를 어렵게 하고 식품위생에 문제가 있어서 이런 방식을 사용하기도 어렵겠네요.

우리의 일상생활에서 물이 흘러 곤란한 경우가 또 있습니다. 주전자에서 물을 따를 때는 항상 약간의 물이 주전자 주둥이(spout)를 따라 흘러 바닥에 떨어집니다. 또 포도주를 따를 때에도 병 주둥이에 포도주가 묻지요. 고급 레스토랑의 웨이터가 포도주를 잔에 따르는 모습을 유심히 관찰해 보았나요? 우아하게 포도주를 따른 후에 병을 약간 돌려 마무리를 하고는 병 주둥이에 묻은 포도주를 수건으로 살짝 닦지요. 가장 힘든 것은 어떤 컵에 있는 물을 나누기 위해 다른 컵으로 물을 따를 때입니다. 대부분은 물이 컵 면을 따라 흘러서 바닥으로 떨어집니다. 두께가 얇은 유리컵보다 도자기 재질의 머그컵이 더 어렵습니다. 그리고 흘리지 않으려고 조심하면 오히려 더 심해지지요. 이것을 아이가 침을 질질 흘리는 것과 같다고 해서 영어로는 드리블링(dribbling) 현상이라고 합니다. 우리말에는 아직 적당한 용어가 없네요. 축구나 농구에서 볼을 몰고 가는 것도 드리블링이라고 하는데, 공이 몸에 붙은 것과 같다고 해서 그렇게 부르는 걸까요? 물리학에서는 이 현상을

---

6) 이것이 마치 잭나이프(jackknife)가 접히는 것과 같다고 해서 잭나이프 현상이라고 부릅니다.

맨 처음 과학적으로 연구한 라이너(M. Reiner)7)가 붙인 **찻주전자 효과(Teapot Effect)**라는 이름으로 부릅니다.

찻주전자 효과는 왜 나타나나요?

그림 3-3은 찻주전자 효과를 잘 보여줍니다. 주둥이를 통해 흘러나오는 찻물의 양이 많을 때는 (가)처럼 제대로 따라집니다. 이때 찻물이 떨어지는 경로는 포물선입니다. 공기의 저항이 있으니 약간은 변형되겠지만요. 이것이 중력에 의해 움직이는 모든 물체의 자연스러운 운동입니다. 그런데 찻물의 양이 줄어들면 (나)와 같은 일이 일어나기 시작합니다. 찻물이 연직선에

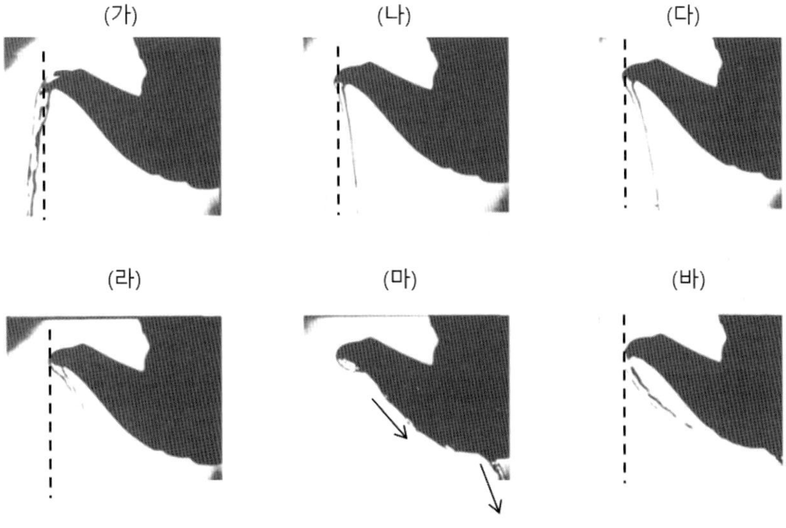

그림 3-3 찻주전자 효과: (가) → (나) → (다) → (라) → (마)는 따르는 양을 줄일 때 일어나는 현상이고 (마) → (바)는 따르는 양을 다시 늘릴 때 일어나는 현상이다.

7) M. Reiner, *The Teapot Effect*, Physics Today 9, 16(1956).

대해 (가)와 반대쪽으로 휘면서 떨어집니다. 이것은 찻물이 찻주전자를 떠날 때 속도의 방향이 주둥이에서 흘러나오는 방향의 반대가 되었다는 것을 의미합니다. 찻물의 양이 더 줄어들면 (다)나 (라)와 같이 반대쪽으로 휘는 정도가 더 심해지다가 어느 때부터는 (마)처럼 아예 찻물이 주둥이에 달라붙어 흐릅니다. 그리고 찻주전자의 바닥에까지 이르러서야 아래로 떨어집니다. 심하면 바닥을 따라 중력을 거슬러 올라가기까지 하지요.

찻주전자 효과는 여러 복합적인 이유로 나타나기 때문에 하나의 물리학적 원리로 설명할 수 없습니다. 언뜻 보기에 물이 우리 주위에 있는 대부분의 물체의 면에 잘 붙기 때문에 찻주전자 효과는 그다지 신기하지 않아 보입니다. 거의 수직으로 서 있는 유리창에도 물방울이 붙어 있을 수 있고, 달리는 차의 유리창에도 빗방울이 묻어 있으니까요. 냄비 뚜껑의 아래에 맺힌 물도 떨어지지 않지요. 그런데 이와 같은 물의 점착력만으로는 어떻게 해서 그림 3-3의 (다)-(라)-(마)처럼 찻물의 흐름이 방향까지 바꿀 수 있는지를 충분히 설명하지 못합니다. 찻주전자 효과의 원인에 대한 하나의 설명은 물과 같이 점성이 있는 유체가 흐를 때 어떤 면에 붙으려는 성질을 가진다는 것입니다. 물이 어느 면 위에 흐르는 것은 중력이 작용하니 당연한 현상이지만 때로는 이 흐름이 그림 3-2 (마)처럼 면 아래에서 흐른다는 것입니다. 중력을 거슬러 주전자 바닥을 따라 올라가기도 한다고 했지요? 이처럼 점성이 있는 유체가 면에 붙어서 흐르려고 하는 것을 **코안다 효과(Coandă effect)**라고 합니다. 그런데 '왜 찻주전자 효과가 나타나는가?'라는 질문에 '흐르는 물에 나타나는 코안다 효과 때문'이라거나 '흐르는 물이 그런 성질을 가지기 때문'이라고 해서는 물리학이 아니지요? 왜 그런 일이 벌어지는지를 기본적인 원리로 설명해야 하지 않겠어요?

코안다 효과는 이 성질을 맨 처음 비행기 설계에 적용한 루마니아의 발명가 이름을 딴 것입니다. 그림 3-4는 공기의 흐름에서 어떻게 코안다 효과가 나타나는지를 설명하기 위한 것입니다. (가)는 노즐에서 나온 빠른 속력의 바람이 공기 속을 지나가는 것을 단순하게 그린 것입니다. 파란색 선은 공기가 흐르는 길을 나타내고 검은 화살표는 각 부분에서 공기의 속도를 나타냅니다. 공기는 점성이 있어서 바람 중심 부분은 속력이 크고 주위 공기와 접촉한 부분은 속력이 느려집니다. 그리고 주위 공기도 따라 움직이기 시작하지요. 일종의 작용-반작용인 셈입니다. 그 결과 노즐에서 멀어질수록 바람의 영역은 넓어지고 속력은 전체적으로 줄어듭니다. 선풍기에서 나오는 바람도 선풍기에서 멀어질수록 넓게 퍼지고 바람은 약해지지요. 하수구에서 나온 물이 하천에 흘러 들어갈 때 이렇게 물줄기가 넓어지는 것을 볼 수 있습니다.

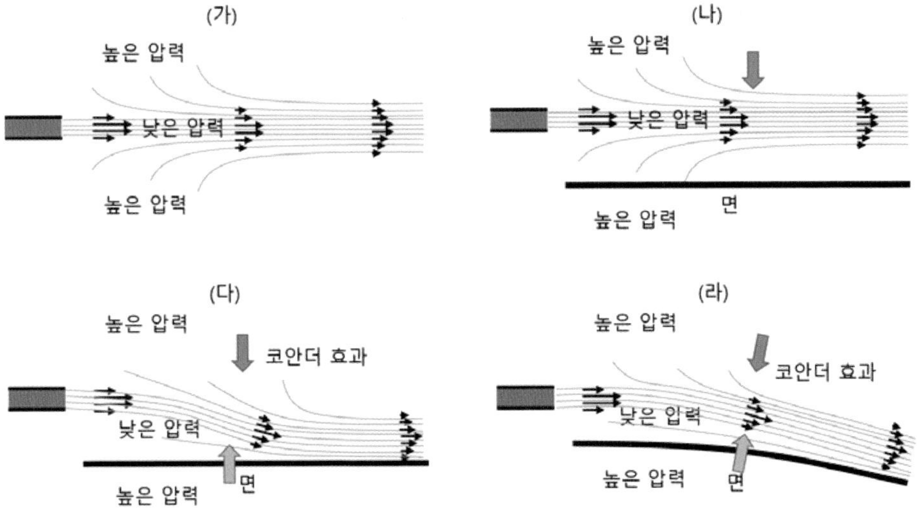

그림 3-4 코안다 효과

확인해 볼까요?

욕조에 물을 받습니다. 어느 정도 물이 차면 잠시 멈춰 물이 정지하기를 기다립니다. 샤워기를 물에 담근 채 물을 틀고, 흘러나오는 물이 어떻게 퍼지는지 손으로 느껴봅시다.

정지해 있던 주변의 공기가 바람을 따라 움직여 어디론가 가버리면 이것을 보충하기 위해 바람 쪽으로 공기가 유입되어야 합니다. 그래서 바람 주위의 공기의 흐름이 그림 (가)처럼 되는 것입니다. 바람 근처는 압력이 낮고 중심부로부터 멀어질수록 압력이 높은 상황이 되는 것이지요.

그림 (나)처럼 어떤 면이 바람 근처에 놓이면 어떻게 되는지 알아봅시다. 이제 면과 바람 사이에 있는 공간에서 바람을 따라간 공기를 채우는 것을 면이 방해합니다. 그러니 이 부분의 압력이 낮아집니다. 면이 없는 쪽은 여전히 압력이 높지요. 그래서 바람에 힘을 작용해서 그림 (다)와 같이 바람이 면에 붙어서 불게 된다는 것이 코안다 효과에 대한 일반적인 설명입니다. 면이 굽어 있어도 같은 이유로 바람은 면에 붙어서 불게 됩니다. 바람의 진행 방향을 바꾼 힘에 대한 반작용으로 면에는 바람 쪽으로 힘이 작용합니다. 이것이 비행기 날개에 양력이 나타나는 이유라고 할 수 있지요. 어? 잠깐만요. 물리학에서 비행기 날개에 나타나는 양력은 베르누이 원리로 설명하지 않았던가요?

그렇지요. 어떤 것이 있던 자리가 비면 그것을 채우기 위해 공기가 유입된다는 설명은 아리스토텔레스 시대의 유물입니다. 아리스토텔레스는 심지어 밀려들어오는 공기가 뒤에서 밀어서 화살이 계속 날아간다고까지 했지요. 한편 '**유체의 속력이 빠른 곳은 속력이 느린 곳에 비해 상대적으로**

압력이 낮다'는 것을 정량적으로 설명할 수 있는 것이 베르누이의 정리입니다. 비행기 날개의 윗면은 공기가 빠르게 지나가고 아랫면은 느리게 지나가서 그 압력 차이로 날개에 양력이 작용하게 된다는 것이 우리가 초등학교 때부터 들어 온 설명입니다.[8] 그러면 어떤 것이 맞을까요?

여러 인터넷 사이트에서 베르누이 원리는 점성과 압축성이 없는 이상적인 유체에서만 성립하는 것이므로 비행기의 양력을 설명할 수 없다고 단언하는 것을 보았습니다. 이것은 물리학이라는 학문을 제대로 이해하지 못해서 그렇게 말하는 것입니다. 점성과 압축성이 있는 유체의 현상을 관찰하여 이상적인 유체에서 성립하는 법칙을 발견하면 이는 다시 실제 현상을 설명하는 기본 원리가 됩니다. 물리학 법칙은 자연현상에 숨어 있는 본질을 규명합니다. 이것은 갈릴레오가 세운 물리학의 전통입니다. 갈릴레오는 면 위에서 미끄러지는 물체의 운동에서 마찰에 의해 가려져 있던 질량을 가진 물체의 관성을 찾아냈지요. 또, 물체가 떨어지는 현상에서 공기의 저항이라는 막을 제거하여 '질량이 다른 두 물체가 동시에 땅에 떨어진다'는 본질적인 규칙을 찾아냈습니다. 그 덕에 뉴턴이 중력을 발견할 수 있었습니다. 실제 상황에서는 공기의 저항을 무시할 수도, 면과 물체 사이의 마찰을 무시할 수도 없습니다. 그렇다고 중력의 법칙이나 관성의 법칙이 틀린 법칙은 아닙니다. 실제 상황을 정확하게 기술하기 위해서는 이 법칙을 토대로 하여 다른 영향을 제대로 고려해 주어야만 합니다.

베르누이 정리도 마찬가지입니다. 실제 상황에서 점성이 없고 압축성도

---

8) 베르누이의 원리는 비행기에 작용하는 양력의 일부분을 설명합니다. 날개와 공기의 흐름이 어떤 각을 이루어서 날개에 부딪힌 공기가 방향을 바꾸는 것으로부터 양력의 중요한 부분이 생깁니다. 연이 하늘에 떠 있을 수 있는 것도 공기와 연의 충돌에 의한 것입니다.

없는 유체는 존재하지 않습니다. 그리고 유체의 흐름이 면에 의해 방해를 받지 않는 경우도 있을 수 없습니다. 그렇지만 이러한 특수한 조건을 만족한다면 유체의 속력이 빠른 곳의 압력이 낮다는 것이 베르누이 정리의 기본 원리입니다. 실제 상황에서는 점성과 압축성의 영향을 고려해 주어야 하지요. 빠르게 움직이는 유체의 흐름을 어떤 면이 방해한다면 그 흐름을 바꾸는 힘에 대한 반작용으로 이 면에는 더 높은 압력이 작용하여 밀릴 것입니다. 앞에서 코안다 효과를 설명할 때도 베르누이 정리를 적용할 수 있습니다. 바람과 함께 이동한 공기를 채우기 위해 주변의 공기가 들어가는 것이 아니라 주변의 공기가 점성에 의해 바람과 같은 방향으로 움직이게 되자 그 부분의 압력이 낮아진 것이라고 하면 되니까요. 코안다 효과는 이러한 압력의 변화가 노즐에서 나오는 바람에 미치는 영향을 살펴본 것이라 할 수 있습니다. 그러니까 베르누이의 정리에 따라 비행기 날개에 양력이 작용할 때 그 반작용으로 바람의 경로가 바뀐 것이 코안다 효과인 셈입니다.

차를 따르는 것은 그림 3-4와 같이 노즐에서 나온 바람이 가만히 있는 공기를 통과하는 것보다는 복잡합니다. 그림 3-4의 상황에서는 바람도 공기였지만 찻주전자의 주둥이에서 물이 흐르는 상황에서는 공기와 물이라는 서로 다른 유체끼리의 작용입니다. 찻물이 가만히 있는 공기와 찻주전자의 면과 상호작용하면서 흐르는 것입니다. 그렇지만 원리는 같습니다. 찻주전자 주둥이의 면 위로 찻물이 흐를 때 주위의 공기가 같이 움직이게 되어 코안다 효과가 나타나는 것이지요. 물과 공기는 밀도가 다른데 어떻게 이것이 가능하냐고요? 컵에 물을 따라놓았을 때 물과 공기의 경계면에서 물의 압력과 공기의 압력은 같다는 것을 생각해 보세요. 공기는 밀도가 낮지만 기체 상태의 분자들이 활발하게 움직이고 있고 액체 상태의 물은 밀도는 높지만 운동은 활발하지 않지요. 물이 흐를 때 주변의 공기가 함께 움직인다는 것은 싱크대에서 수돗물을 사용할 때 실감할 수 있습니다.

확인해 볼까요?

수돗물을 약하게 틀어서 물을 받을 때와 세게 틀어서 물을 받을 때 어떤 점이 다른가요? 물을 세게 틀수록 물에 공기 방울이 많이 생깁니다. 이 공기 방울은 원래부터 물에 녹아 있던 것일까요? 이것을 확인하기 위해 이번에는 어느 정도 받아 놓은 물에 수도꼭지를 담그고 아까와 같은 세기로 물을 틀어 봅시다. 공기 방울이 보이지 않지요? 공기 방울은 물이 공기 중에서 움직일 때 주위의 공기가 따라 움직여 받아 놓은 물에 들어가기 때문에 생기는 것입니다.

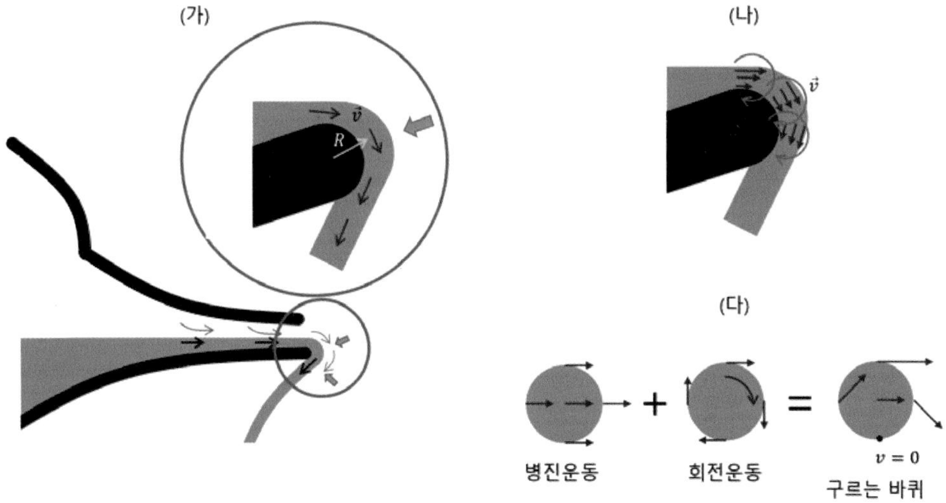

그림 3-5 (가) 찻주전자 주둥이의 끝을 돌아서 흐르는 찻물에는 코안다 효과에 의한 구심력이 작용할 수 있다. (나) 라이너(M. Reiner, Physics Today, 9, 16 (1956)의 찻주전자 효과의 원인에 대한 설명: 찻물의 움직임은 구르는 바퀴와 같다. (다) 구르는 바퀴에서 각 부분의 운동은 병진운동과 회전운동의 합으로 나타낼 수 있다.

밀도가 높은 찻물의 경우에는 찻물의 질량이 중요한 역할을 합니다. 우선 찻물에 작용하는 중력을 무시할 수 없습니다. 찻물이 주둥이 끝의 표면 위에서 흐를 때는 코안다 효과의 도움 없어도 되지만 주전자의 아랫부분을 흐를 때는 주전자 표면에 대한 물의 점착력과 코안다 효과가 중력을 이겨야 합니다. 또 하나는 그림 3-5의 (가)와 같이 찻물이 움직이는 방향을 바꾸려면 해당 부분의 질량에 비례하는 힘이 작용해야 한다는 것입니다. 그림 (가)에 나타낸 것처럼 주둥이의 끝부분에서 찻물의 방향이 바뀌는 것을 원운동의 일부분으로 단순화하면 곡률반지름 R에 반비례하고 찻물의 속력 v의 제곱에 비례하는 힘이 작용해야 합니다. 찻주전자 효과를 일으키는 힘이 이 조건을 만족하지 못하면 찻물은 방향을 바꾸지 못하고 물이 주전자 앞 방향으로 계속 나아갑니다. 그러니까 주둥이에서 찻물이 빠르게 나오도록 차를 따르면 찻주전자 효과가 나타나지 않습니다. 한편 주둥이의 끝을 뾰족하게 해서 곡률반지름 R을 작게 하면 찻물의 방향을 바꾸는 데 큰 힘이 필요해서 찻주전자 효과가 일어나지 않게 하는 데 도움이 됩니다.

도자기로 된 찻주전자의 주둥이나 컵의 가장자리 또는 유리병의 주둥이를 부드러운 곡면으로 만드는 것은 사용하는 사람들이 다치지 않게 하려는 목적도 있겠지만, 실제로 흙을 빚어 주전자나 컵을 만들 때 얇고 날카롭게 만드는 것이 어렵기 때문이기도 합니다. 얇게 만들면 마를 때 금이 가서 깨져 버리기 쉽고, 날카로운 모서리는 굽는 과정에서도 흙이 녹아서 둥글어집니다. 녹은 유리는 흙보다도 표면장력이 커서 가장자리를 각지게 만들기가 더 어렵습니다. 유리로 된 포도주병에는 그림 3-6의 (가)~(라)와 같은 포도주 따르개(wine pourer)를 꽂으면 포도주를 흘리지 않고 따를 수 있습니다. 올리브유나 식초를 담아 놓는 병의 뚜껑을 그림 3-6의 (마)와 (바)처럼 만들어 기름이 옆으로 나오게 하는 것도 찻주전자 효과를 줄여줍니다. (사)는 핸드 드립용 물 주전자인데 물이 나오는 주둥이의 끝이 날카로워서 찻주전자 효과가 거의 나타나지 않습니다. 물 따르기를 멈추는 과정에서는 흘러나오는 물의 양이 어느 이하로 줄어들면 물의 표면장력에 의해 내부의 물과 물방울로 뭉치면서 밖으로 나오지 못합니다.

찻주전자 효과를 처음으로 소개한 라이너의 설명도 근사합니다. 라이너는 찻물이 가지는 점성의 역할을 강조하였습니다. 찻물을 따를 때 주전자와 찻물의 마찰로 인하여 찻물이 주전자와 만나는 면에 가까울수록 흐르는 속도는 줄어듭니다. 그림 3-5의 (나)에서는 이 점을 과장하여 주전자와 찻물

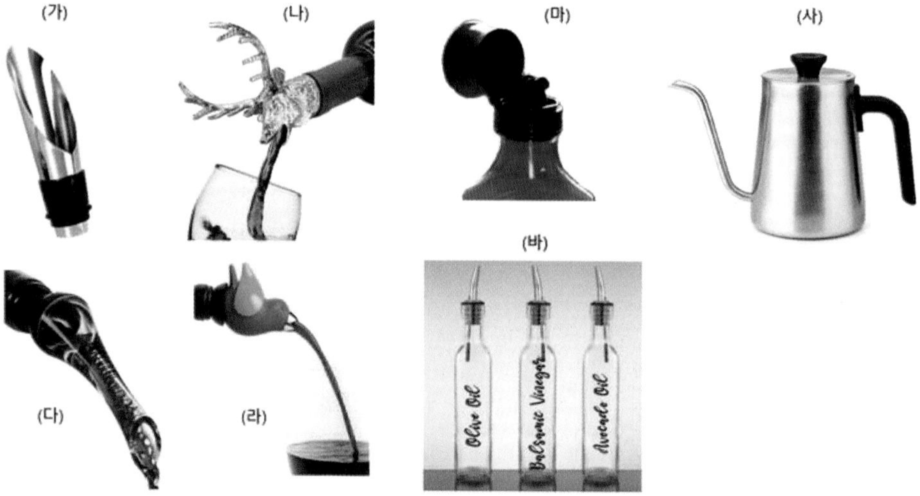

그림 3-6 찻주전자 효과를 줄이기 위한 다양한 아이디어. (가) 일반적인 포도주 따르개(얇은 스테인리스강으로 만들어 가장자리의 곡률이 작다), (나) 사슴 모양의 포도주 따르개(Freemastertk 제품, 병을 기울이는 각이 작아도 와인이 연직 아래로 따라지도록 설계), (다) 따르는 과정에서 공기 방울이 생겨 와인이 숨을 쉬게(aeration) 해 주는 와인따르개(Vintorio사 제품), (라)와인을 따를 때 새가 지저귀는 소리가 나는 따르개(GurglePot사 제품), (마) 식용유 병뚜껑 (바) 올리브와 식초를 담아 놓는 병 (바) 주둥이가 가늘고 끝을 날카롭게 만든 핸드 드립용 물 주전자

이 만나는 부분의 속력은 0으로 나타낸 것입니다. 공기와 만나는 부분도 속력이 줄어들어야 하는데 이번에는 공기의 영향은 무시하기로 합시다. 그러면 흐르는 물의 속도는 굴러가는 바퀴의 여러 부분의 속도와 같습니다. 그림 3-5의 (다)에 보인 것처럼 바퀴가 굴러갈 때 각 부분의 운동은 바퀴의 모든 부분이 같은 속도로 움직이는 병진운동과 바퀴의 중심에 대한 회전운동의 합으로 볼 수 있습니다. 그래서 바퀴의 맨 윗부분은 병진운동 속도의 2배가 되고 맨 아래 바닥과 접촉한 부분의 속도는 0이 됩니다. 그림 3-5의 (나)에서도 같은 상황이 되지요? 그래서 점성이 있는 액체가 어떤 면을 따라 흘러가는 것은 바퀴가 구르는 것과 같이 모든 부분이 실제로는 회전하는 것이라고 할 수 있습니다. 구르는 물체가 곡률이 있는 찻주전자의 주둥이의 끝에서 방향을 바꾸는 것은 너무도 당연하지요.

물이 주전자의 면에 달라붙는 점착력과 그로 인한 모세관 현상이 찻주전자 효과를 일으키는 중요한 요인의 하나라는 것을 밝힌 연구 논문도 있습니다.[9] 이 연구에서는 찻주전자의 표면을 초소수성(超疏水性, 물을 싫어하는 성질이 매우 강하다는 뜻, superhydrophobic) 물질로 코팅을 하면 물이 주전자 면에 달라붙지 않아서 찻주전자 효과가 사라진다는 것을 보였습니다.

확인해 볼까요?

일회용 컵과 도자기로 된 컵에 담긴 물을 다른 용기에 따라 봅시다. 따르는 물의 양을 점점 줄이면서 어떤 일이 일어나는지 잘 살펴봅시다.

---

9) C. Duez, C. Ybert, C. Clanet and L. Bocquet, *Wetting Controls Separation of Internal Flows from Solid Surfaces*, Phs. Rev. Lett. **104**, 084503 (2010)

우리도 일회용 종이컵으로 이것을 확인해 볼 수 있습니다.

도자기로 된 컵에서는 찻주전자 효과가 심하게 나타나지만, 일회용 컵에서는 거의 일어나지 않는다는 것을 볼 수 있을 겁니다. 일회용 컵의 안쪽 표면에는 소수성 물질이 코팅되어 있기 때문입니다. 종이컵은 얇은 종이로 만들어진 것이지만 가장자리가 둥글려져 있어서 도자기로 된 컵의 가장자리와 곡률은 비슷합니다. 구조를 튼튼하게 하고 입술에 닿는 느낌을 좋게 하기 위한 것이겠지요. 그러니 모양에 의한 영향은 같을 것이므로 이 실험은 점착력이 중요한 역할을 한다는 것을 알려줍니다.

차 이야기를 하는 김에 차를 마실 때 관찰할 수 있는 또 다른 현상 하나에 대해 알아봅시다. 요즘은 대부분 티백을 뜨거운 물에 담가 차를 우려서 마십니다. 그렇지만 찻잎을 찻주전자에 넣고 우린 후 잔에 따라 마시는 것이 운치가 있지요. 차가 우려질 때쯤 찻잎은 모두 주전자의 바닥에 가라앉아 있습니다. 이때 물을 빙빙 돌리듯이 휘저으면 신기하게도 찻잎이 중심부로 몰리는 것을 볼 수 있습니다. 이것은 우리의 일상적인 경험으로부터 짐작할 수 있는 것과는 정반대의 결과입니다. 우리는 어떤 물체가 어느 중심에 대해 원운동을 하려면 중심 방향으로 적절한 크기의 힘이 작용해야 한다는 것을 알고 있습니다. 그렇지 않으면 그 물체는 관성에 의해 일직선으로 움직이려 하고, 우리는 그것을 물체가 중심으로부터 멀어지게 하는 원심력이 작용하는 것으로 여깁니다. 그래서 대부분의 사람들은 빙빙 돌아가게 물을 저으면 찻잎들은 물과 함께 주전자의 중심에서 멀어질 것으로 생각하지요. 생각한 것과 정반대의 일이 일어나기 때문에 찻잎이 중심부로 몰리는 현상을 가리켜 **찻잎의 역설**이라고 합니다.

빙빙 돌려 휘젓는 찻주전자 안의 찻잎이 왜 가운데에 몰릴까요?

이 역설적인 현상에 대해 처음으로 관심을 보여 올바른 답을 제시한 과학자는 영국의 제임스 톰슨(James Thomson)입니다. 제임스 톰슨은 절대 온도의 단위로 그 이름을 사용하는 켈빈 경(Lord Kelvin, 작위를 받기 전의 이름은 William Thomson)의 친형입니다. 유명한 동생에게 가려졌지만 그 역시 훌륭한 과학자이며 공학자였습니다. 그는 1857년에 지구의 자전과 바람의 지면과의 마찰이 대기의 전(全)지구적 순환을 설명할 수 있다는 이론을 발표했습니다. 그리고 논문 말미에 자신의 이론이 그릇에 담긴 물을 돌아가게 저을 때 물에 가라앉은 작은 입자들이 중심부로 몰리는 현상을 설명할 수 있다고 했습니다.[10]

찻잎의 역설을 유명하게 만든 것은 1926년에 발표한 아인슈타인의 논문[11]입니다. '빛이 입자의 성질을 가진다'는 획기적인 광자이론으로 노벨상을 수상하였고, 특수 상대성이론이나 일반 상대성이론 같은 엄청난 이론 체계를 구축한 위대한 과학자가 고작 빙빙 돌린 컵에 담긴 물에서 찻잎이 중심부에 몰리는 현상에 대해 논문을 썼다는 것이 의외지요? 그렇지만 크건 작건 모든 것에 감탄(wow!)하고 호기심(why?)을 보이는 것이 과학자의 본성입니다. 이 찻잎 문제는 1925년에 아인슈타인이 슈뢰딩거(Erwin Schrödinger)의 집을 방문했을 때 그의 부인이 차를 대접하면서 던진 질문이

---

10) 더 유명한 친동생인 켈빈 경(Lord Kelvin, Wiliam Thomson)에 가려졌지만 그 역시 훌륭한 과학자이며 공학자였습니다.

11) A. Einstein, *Die Ursache der Mäanderbildung der Flußläufe und des sogenaaten Baerscehn Gesetzes,* Die Naturwissenschafen 14, 223 (1926).

었다고 합니다. 양자역학의 역사에서 한 획을 그은 슈뢰딩거와 노벨상 수상자인 아인슈타인이 부인의 호기심에 반응을 보이고 진지한 논의를 하는 모습이 눈에 보이는 듯합니다. 나중에 슈뢰딩거는 아내가 궁금해했던 현상을 아인슈타인이 잘 설명해 준 것에 감사해하는 편지를 아인슈타인에게 보내기도 했습니다. 그렇지만 이것은 결코 일상에서 일어나는 사소한 문제는 아닙니다. 상대성이론과 양자역학, 더 나아가 양자장론이 완성된 현재에도 유체역학은 해결되지 않은 중요한 물리학 과제 중 하나니까요.

아인슈타인의 설명은 이렇습니다. 그리고 아인슈타인이 그 논문을 알고 있었는지 확실치는 않지만 톰슨의 설명과도 거의 같습니다. 찻잔 속의 물을 숟가락이나 젓가락으로 빙빙 돌려 휘저으면 이로 인해 움직이게 된 찻물과 찻잎에는 원심력이 작용합니다.12) 이로 인해 찻물의 표면은 가운데 부분이 밑으로 내려간 모양이 됩니다. 물이 모두 같은 각속도로 움직이면 물의 표면이 포물면이 된다는 것은 잘 알려져 있습니다. 그런데 그 안에 들어 있는 찻물의 모든 부분이 같은 속력 또는 같은 각속도로 움직이지 않습니다. 컵의 옆면 또는 바닥과의 마찰로 인하여 이 면에 가까울수록 물의 속력은 느려지니까요. 그 결과 위와 아래에 원심력에 차이가 생겨서 찻물에는 그림 3-7의 (가)에 보이는 것과 같은 **2차 흐름**이 일어납니다. 이 2차 흐름이 찻잎을 바닥의 중심부로 모이게 하는 것입니다.

그렇지만 원심력의 차이에 의해 2차 흐름이 생긴다는 것은 금방 이해하기는 어려운, 너무 막연해 보이는 설명입니다. 조금 더 구체적으로 따져봅시다. 그림 3-7의 (나)는 물 표면 근처와 바닥 근처에 있는 물의 작은

12) 원심력이라는 것이 실제 힘은 아니지만 직관적인 이해를 위해 설명에 사용하기로 합니다. 실제로 아인슈타인도 이 원심력으로 설명하였습니다.

부분에 작용하는 힘을 나타낸 것입니다. 그런데 부력의 방향이 이상하지요? 이것은 **유체에 잠긴 물체에 작용하는 부력은 그 물체와 같은 부피의 유체의 무게와 같다**는 부력에 대한 아르키메데스의 원리만으로는 설명할 수 없습니다. 부력은 유체 안에서 위치에 대한 압력의 변화에 의해 생깁니다. 그림 (다)는 물 표면이 수평일 때의 상황으로, 물체의 밑면에 작용하는 압력이 윗면에 작용하는 압력보다 높아서 중력과 반대 방향으로 부력이 생긴다는 것을 보여줍니다. 밑면이 물 표면에서 더 깊은 곳에 있으니까요. 옆면에

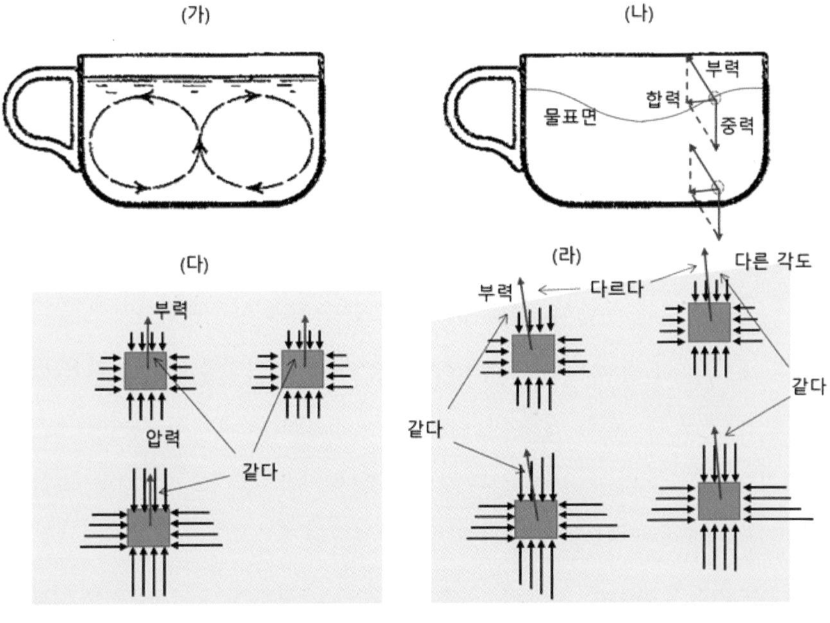

그림 3-7 (가) 2차 흐름(아인슈타인의 1926년 논문이 실린 그림. 물 표면이 수평으로 그려져 있음) (나) 물의 작은 부분에 작용하는 부력과 중력, 그리고 그 합력. (다) 물 표면이 수평일 때 물체에 작용하는 부력 (라)물 표면이 수평이 아닐 때 물체에 작용하는 부력. 부력은 깊이에 따라 달라지지 않으며 항상 물 표면에 수직인 방향이다. (검은색 화살표는 액체가 물체에 작용하는 압력을 나타내며 표면으로부터의 깊이에 따라 높아진다는 것을 감각적으로 이해할 수 있도록 약간 과장하여 그렸다.)

작용하는 압력은 깊이에 따라 달라지지만 같은 깊이에서는 그 크기가 같을 것이기 때문에 양쪽 면에 작용하는 압력은 상쇄되어 물체에 힘을 작용하지 못합니다. 이 부력을 계산하면 물체의 부피만큼의 유체의 무게와 같게 값이 나옵니다. 물의 표면이 수평일 때는 물체가 유체 안에서 어느 곳에 있어도 부력은 같습니다. 그림에 보인 것처럼 물체가 같은 깊이의 다른 곳에 있을 때는 당연히 부력이 같겠지요. 깊이가 달라도 마찬가지입니다. 물체의 아랫면과 윗면에 작용하는 압력은 모두 높아지지만 그 차이는 같기 때문입니다.

이제 (라)와 같이 물 표면이 수평이 아닌 경우를 생각해 봅시다. 이때는 아래 윗면에 작용하는 압력뿐 아니라 옆면에 작용하는 압력도 상쇄되지 않습니다. 그림에서 오른쪽으로 갈수록 그리고 아래쪽으로 갈수록 압력의 크기를 나타내는 화살표의 길이가 길어진다는 것을 눈여겨보기 바랍니다. 그 결과 항상 **부력은 물의 표면에 수직인 방향으로 생깁니다.** 물 표면이 수평이 아닌 경우에도 물체에 작용하는 부력의 크기와 방향은 깊이에 따라 변하지 않습니다. 그렇지만 물 표면의 기울기가 다른 곳에서는 부력의 크기와 방향이 바뀝니다. 물속에서 부력의 방향은 그 지점으로부터 연직 위의 물 표면과 수직이어야 합니다.

물의 표면의 모양은 그림 (나)에 표시한 수평 방향으로 나타나는 합력이 그 지점에서 물이 원운동을 하기에 필요한 구심력과 같도록 정해집니다. **원운동을 하게 하는 구심력의 크기는 중심으로부터의 거리에 반비례하고 속력의 제곱에 비례합니다.** 그러니까 각 부분에서 빙빙 도는 물의 속력에 따라 표면의 모양이 정해지는 것입니다. 물이 모두 똑같은 각속도로 움직이면 정확하게 포물면이 됩니다. 그런데 용기의 테두리에 가까운 곳에서는 면과의 마찰로 인하여 물이 빠르게 움직이지 못합니다. 그 결과 그림 (나)와 같이 테두리 쪽이 다시 수평에 가까워지는 모양이 됩니다. 여하간 물 표면의 모양은 부력과 중력의 합력이 표면에 있는 물이 원운동을 하기에 딱 맞는 부력이 생기도록 조정됩니다. 합력은 연직 아래의 모든 부분에 똑같은데 그곳의 물이 표면과 같은 속력으로 움직이지 않습니다. 바닥에 있는 물은 바닥과의 마찰로 표면에 있는 물보다 느리게 움직이지요. 그러니 표면에서 움직이는 물에 작용하는 것과 같은 크기의 합력은 그보다 느린 속력의 물이 원운동을 하는 데에 필요한 힘보다 커서 눕은 나선을 그리면서 중심 쪽으로 끌려갑니다. 찻잎도 물론 같이 움직이지요. 중심 부분으로 이동한 물은 위로 올라가며 순환합니다. 이것이 2차 흐름이 일어나는 이유입니다.

빙빙 돌린 물에서 찻잎이 가운데로 몰리는 것과 똑같은 일이 여러 자연현상에서 나타납니다. 우리나라에서 볼 수는 없지만 가끔 뉴스에 나오는 그림 3-8과 같은 미국의 토네이도 영상에서 빙빙 돌아가는 바람이 땅에 있는

(가) (나)

그림 3-8 (가) 토네이도(From Wikimedia Commons, the free media repository, File : F5 tornado Elie Manitoba 2007.jpg) (나) 2005년 태풍 나비(From Wikimedia Commons, the free media repository, File:Nabi 2005-09-02 0400Z.jpg)

물체들을 위로 날려 올리는 것을 볼 수 있습니다. 이것도 2차 흐름의 결과입니다. 땅과 가까운 곳의 바람의 속력이 윗부분의 속력보다 작아서 2차 흐름이 나타나고, 그 2차 흐름에 의해 땅에 있던 물체들이 중심부에서 위로 빨려 올라가는 것이지요. 이보다 큰 규모인 태풍에서도 같은 일이 일어납니다. 지면 또는 바다에 가까운 부분의 바람이 윗부분보다 느려져서 2차 흐름이 생깁니다. 그 결과 태풍의 중심부에서는 상승기류가 일어납니다. 이 상승기류에 실려 수증기가 높이 올라가서 구름이 되어 태풍과 함께 항상 많은 비가 내리게 되지요. 큰일이 날 것처럼 떠들썩했던 일이 싱겁게 끝날 때 '찻잔 속의 태풍'이라고 합니다. 그런데 우리 이야기는 찻잔에서 찻잎이 움직이는 것에서 시작해서 태풍까지 왔네요.

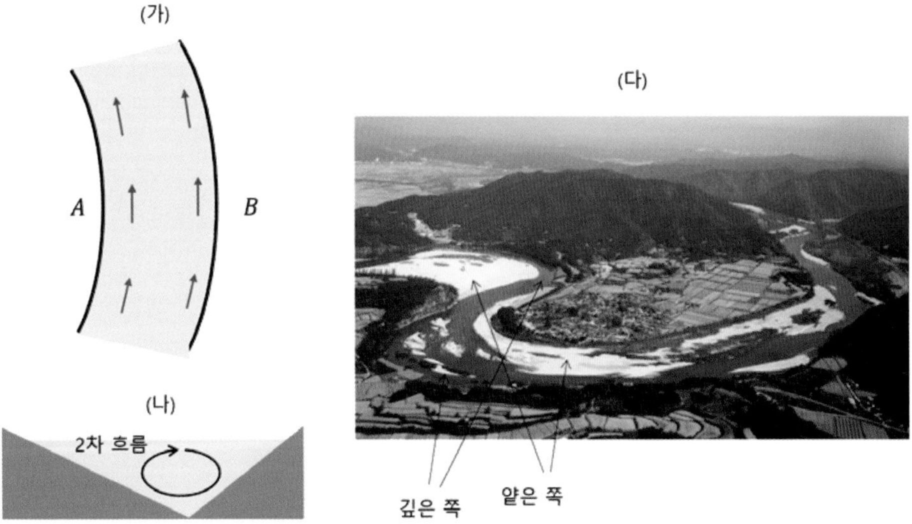

그림 3-9 (가) 굽은 강을 위에서 내려다 본 모습: 강물의 흐름은 찻잔의 물을 빙빙 돌리는 것과 비슷하다. (나) 강의 단면: 표면에 가까운 부분과 바닥에 가까운 부분에서 강물이 흐르는 속력의 차이로 2차 흐름이 나타난다. (다) 안동 하회마을의 전경

굽이져서 흐르는 강에서도 같은 일이 일어납니다. 그림 3-9의 (가)와 같이 굽이진 곳의 강물의 흐름도 물이 원운동을 하는 것으로 볼 수 있습니다. 강바닥과 가까운 곳의 유속이 느리기 때문에 2차 흐름이 나타나고, 이것이 바닥에서는 중심 쪽으로 흙을 이동시킬 수도 있어서 시간이 흐르면 강바닥의 모양이 그림 3-9의 (나)와 같이 됩니다. 그래서 *A* 쪽은 강이 얕아지고 바닥과의 마찰로 유속이 더 느려집니다. 그래서 *B* 쪽이 더 많이 파여 강은 점점 더 굽은 모양이 됩니다. 이것이 아인슈타인이 1926년 논문에서 이야기한 것입니다. 그 논문의 제목은 '사행천(蛇行川, 뱀이 기어가는 것처럼 구불구불한 하천이라는 뜻)의 형성과 베어의 법칙(Baer's law)의 원인'이었습니다. 이것이 물리학의 매력 그리고 위력입니다. 찻잔에서 찻잎이 움직이는 것을 설명하는 이론이 강이 형성되는 원리를 제대로 규명하게 되니까요. 더불어서 태풍이 항상 비를 몰고 오는 것도 설명했지요?

베어의 법칙은 프랑스 과학자 바비네(Jaques Babinet)가 제안하고 에스토니아의 과학자 베어(Karl Ernst von Baer)가 다듬은 것으로 북반구에서 강이 흐를 때 강물이 움직이는 방향의 오른쪽이 더 파인다는 법칙입니다. 이 두 사람은 강물이 그렇게 되는 것은 북반구에서 움직이는 물체의 경로를 움직이는 방향의 오른쪽으로 더 휘어지게 하는 코리올리 힘 때문이라고 설명했습니다. 그런데 그것이 잘못된 설명이고 찻잔의 역설을 해결해 주는 2차 흐름이 그 원인이라는 것이 아인슈타인의 결론입니다. 그림 (다)는 안동 하회마을의 전경인데 이 이론을 뒷받침해 줍니다. 그림 (가)의 *A*에 해당하는 곳은 강이 얕아 물이 적게 흐를 때 바닥의 모래가 드러나 있는 것을 볼 수 있습니다. 이 사진은 베어의 법칙이 맞지 않는다는 것을 보여주는 좋은 예입니다. 강물이 움직이는 방향의 오른쪽이 더 많이 파이는 것이 아니라, 굽은 강물의 바깥쪽이 더 파여서 더 많이 굽어지게 하는 것처럼 보이니까요.

그림 (다)에 보이는 하회마을에 흐르는 강은 무척 평화로워 보입니다. 이루마의 '너의 마음속엔 강이 흐른다'는 이런 고요한 강을 떠올리게 합니다. '천천히 천천히 내 맘속에 강은 흐르고'라는 가사를 후렴구처럼 되풀이하지요. 그런데 물이 많이 흐르는 강물은 무섭습니다. 모든 것을 휩쓸어가지요. 많은 것을 녹이는 물의 성질 때문에 그 영향이 더 커집니다. 흙으로 단단하게 다져 만든 제방도 부서지게 하고 맨손으로는 깨뜨리기 힘든 소금이나 설탕 덩어리도 물에 들어가면 흔적도 없이 녹아버립니다. 그런데 이러한 물의 성질이 요리에서 무척 중요한 역할을 합니다. 그 덕분에 우리는 달고, 쓰고, 짜고, 매운 요리의 진정한 맛을 느낄 수 있으니까요. 식후에 마시는 커피나 차도 물에 녹아 나온 맛과 향을 즐기는 것입니다.

왜 물은 많은 물질을 녹일 수 있나요?

이 질문이 학교 시험에 나왔다면 그 답은 '물이 극성분자로서 수소 결합을 할 수 있기 때문'입니다. 그렇지만 물이 왜 극성분자이고 수소 결합을 하며, 왜 극성분자는 다른 물질을 잘 녹이는지를 설명해야 제대로 된 물리학이겠지요? 여기에서 한 가지 명확하게 해야 할 것은 물이 모든 물질을 녹이는 것은 아니라는 것입니다. 물이 녹이는 것은 극성분자로 이루어진 물질입니다. 기름이나 지방 같이 비극성 분자로 이루어진 물질은 물에 잘 녹지 않습니다. 가끔 김빠진 콜라를 마셔야 하는 것은 비극성 분자인 이산화탄소가 물에 잘 녹지 않기 때문입니다. 그렇지만 이것을 다행이라고 생각해야 합니다. 비극성 분자인데도 산소가 모두 물에 녹아버리면 큰일 아니겠어요? 우리 피부를 보호하고 있는 지방이 녹는다면 수영도 하지 못하겠네요. 아예 세포가 만들어지지도 못했을 테니 생명의 탄생도 불가능했을 겁니다.

산소 원자와 수소 원자는 전자를 **공유**(共有, 공동으로 소유한다는 뜻)하는 방식으로 물 분자를 만드는데, 이러한 결합을 **공유결합(covalent bond)**이라고 합니다. 그림 3-10의 (가), (나), (다)는 물 분자의 구조를 나타낸 모형입니다. 모두 물 분자가 수소 원자 2개와 산소 원자 1개가 결합한 분자이고 수소 원자가 산소 원자에 비대칭으로 붙어 있다는 것을 보여줍니다. 물 분자에서 수소-산소-수소의 각은 104.5°입니다. 이 모형은 '물 분자가 이런 모양으로 생겼다'라는 것이 아니라 중요한 특징을 강조하기 위한 것입니다. 원자는 그림에 나타낸 것처럼 반지름을 명확하게 정의할 수 있는 당구공과 같은 것이 아닙니다. 솜사탕, 아니 그보다는 입에서 막 나온 담배 연기 모양에 가깝다고 해야겠네요. '여기에서부터 원자'라고 할 만한 경계가 없습니다. 그래서 원자의 반지름은 어떻게 정의하는가에 따라 여러 값을 가집니다. 예를 들어, H_2와 O_2 분자처럼 같은 원자들끼리 공유결합을 하고 있다면 원자 사이의 거리의 반을 공 모양으로 가정한 원자의 반지름으로 정할 수 있는데, 이것을 **공유 반지름**이라고 합니다.

(가)는 산소 원자와 수소 원자에 전자가 분포하고 있는 것을 그럴듯하게 그린 것입니다. 그리고 (나)는 산소 원자와 수소 원자의 공유 반지름을 고려하여 그린 것이고, (다)는 원자의 크기에 신경 쓰지 않고 산소 원자와 수소 원자의 공유결합을 강조하여 그린 것이지만 이 역시 크게 잘못된 것은 아닙니다. 과학자들이 현재 측정할 수 있는 것은 원자 사이의 거리 정도이니까요. 여하간 이렇게 수소 원자가 산소 원자에 대해 비대칭으로 결합되어

있다는 것이 중요합니다. 그리고 산소 원자와 수소 원자가 전자를 공동으로 소유하지만 수소 원자가 있는 쪽은 양의 전하를 띠고 산소가 있는 쪽은 음의 전하를 띠어서 물 분자가 극성분자가 된다는 것입니다.

그림 3-10의 (라)는 우리나라 고등학교 화학 교과서에서 물 분자의 공유 결합을 설명하는 **루이스 구조**입니다. 루이스 구조에서는 원자에서 전자가 채워진 가장 바깥 전자껍질의 s 궤도와 p 궤도에 채워진 전자를 그림 3-10 (라)와 같이 원소 기호의 위-아래-왼쪽-오른쪽에 점으로 표시합니다. 산소 원자에 있는 8개의 전자 중 2개는 $1s$ 궤도인 첫 번째 전자껍질을 채우고, 나머지 6개는 $2s$, $2p$ 궤도인 두 번째 전자껍질을 채웁니다. 따라서 산소 원소 기호의 위-아래-왼쪽-오른쪽에 6개의 점을 찍습니다. 설명을 위해 그림

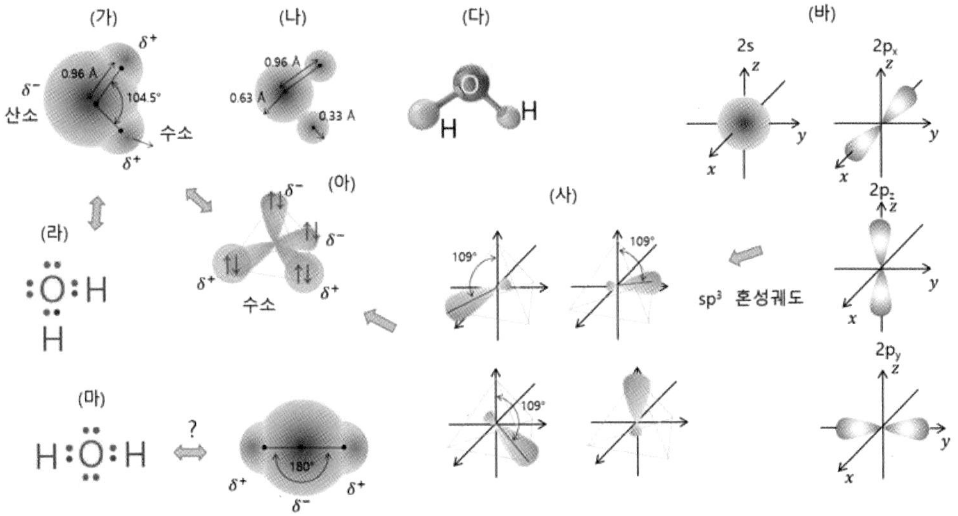

그림 3-10 (가), (나), (다) 물 분자의 구조를 설명하는 여러 가지 모형, (라)물 분자의 루이스 구조식 (마) 수소 원자가 대칭으로 결합되어 있는 물 분자도 있을까? (바) 2s, 2p 궤도에 채워진 전자를 발견할 확률, (바) sp^3 혼성궤도에 채워진 전자를 발견할 확률 (아) 물 분자

(라)에서는 산소 원자의 전자를 빨간색 점으로 구분했습니다. 6개의 점 중에서 4개의 점은 쌍을 이루었지만 2개는 쌍을 이루지 못했지요? 이들이 모두 쌍을 이루면 네온 원자처럼 안정한 원자가 되지만 산소는 전자 2개가 부족합니다. 한편, 수소 원자는 2개의 전자가 1s 궤도를 채우면 헬륨 원자처럼 안정한 원자가 되지만 전자가 1개밖에 없지요. 이런 산소 원자 1개와 수소 원자 2개가 서로 전자를 공유하여 물 분자를 이루면 산소는 8개의 전자를 가진 것처럼 수소는 2개의 전자를 가신 것처림 된다는 것이 그림 (라)가 보여주는 것입니다. 수소 원자의 전자는 파란색으로 나타냈습니다. 그림 (라)는 수소 원자가 비대칭인 위치에 결합하여 극성분자가 된다는 것도 설명해 줍니다. 그런데 여기에서 하나의 질문이 생깁니다.

왜 그림 (마)처럼 생각하면 안 될까요? 산소 원자 바깥쪽 껍질에 6개의 전자를 채울 때 위-아래가 쌍을 이루게 하고 왼쪽과 오른쪽이 쌍을 이루지 않게 한 다음, 이 부분에서 수소 원자의 전자와 공유결합이 일어나게 하는 거지요. 그러면 물 분자가 대칭인 모양이 되어서 수소 원자가 있는 부분이 약간의 양전하를 띠고 산소 원자가 있는 부분이 양전하를 띠더라도 물 분자는 비극성 분자가 될 텐데요. 그런데 실제로는 이렇게 되지 않습니다. 이것은 루이스 구조식만으로 모든 것을 설명할 수 없다는 것을 보여주는 좋은 예입니다. 분자구조를 제대로 이해하려면 양자역학을 적용해야 합니다.

원자핵 주위에서 움직이는 전자에 대한 양자역학의 슈뢰딩거 방정식을 풀면 주양자수가 2인 전자는 2s와 2p 궤도에 있을 수 있고, 각 궤도에 있는 각 궤도를 채우고 있는 전자가 발견될 확률분포는 그림 (바)와 같습니다. 그런데 이 궤도 함수를 조합하면 다른 모양의 확률분포를 보이는 궤도 함수를 만들어 낼 수 있습니다. 그림 (사)에 보인 것은 sp^3 혼성궤도입니다.

원래의 s 궤도 함수는 전자분포가 원자핵을 공 모양으로 둘러싸는 모양이고 p 궤도 함수는 x, y, z축 주위에 전자가 많이 분포하는 모양입니다. sp^3 혼성궤도에서는 원자핵이 있는 정사면체의 중심과 정사면체 4개의 꼭짓점 중 하나를 연결한 선분 주위에 전자가 많이 분포합니다. 정사면체의 중심과 꼭짓점을 연결하는 선분들 사이의 각은 109.3°입니다.

4개의 궤도 함수를 조합하여 새로운 4개의 궤도 함수를 만드는 것입니다. 이 새로운 4개의 궤도에도 스핀이 위와 아래 방향인 전자가 각각 1개씩 채워질 수 있지요. 루이스 구조에서 원소 기호의 위-아래-왼쪽-오른쪽은 이러한 4개의 궤도를 의미합니다. 물 분자는 산소의 sp^3 혼성궤도에 6개의 전자가 채워지고 위-아래 방향의 스핀을 가지는 전자가 짝을 이루지 못한 궤도에 수소 원자의 전자가 채워지면서 공유결합을 하는 것입니다. 그러니까 정사면체 4개의 꼭짓점 중 어느 2개의 꼭짓점에 수소 원자가 결합을 하더라도 그림 (가)~(다)와 같이 비대칭인 곳에 수소 원자가 위치하게 되지요. 그림 (라)와 같은 문제점은 이러한 3차원적 구조를 2차원적인 루이스 구조로 이해하려는 데에서 발생하는 것입니다. 그리고 앞에서도 말했듯이 물 분자에서 전자의 분포는 큰 공에 작은 공 2개가 붙은 모양, 또는 귀마개를 한 공 모양이 아니라 꼭짓점이 둥글려진 정사면체 모양에 가깝습니다. 전자가 정사면체의 중심과 꼭짓점을 연결한 선분 주위에 더 많이 분포하니까요.

sp^3 혼성궤도의 각은 109.3°인데 수소-산소-수소의 각이 왜 104.5°냐고요? 그것은 수소 원자와 공유결합을 해서 두 쌍의 전자가 채워지는 궤도와 전자로만 쌍을 이루는 궤도가 완전히 같을 수는 없기 때문입니다. 전자 2개가 쌍을 이루어 채워진 궤도의 총 전하량은 $-2e$지만 수소와 공유결합을 하는 궤도에는 수소 원자의 양성자를 고려하면 총 전하량이 $-2e$가

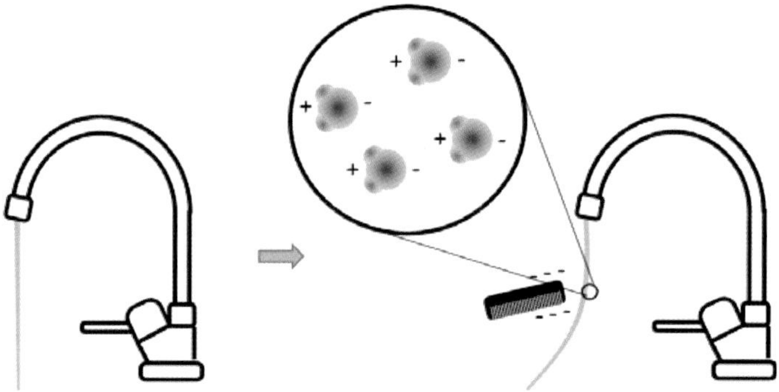

그림 3-11 전기를 띤 빗으로 물줄기 휘기

아니고, 2개의 전자가 분포하는 모양도 바뀝니다. 그래서 전하 분포의 전기적 반발력이 달라져서 104.5°가 되고 수소 원자가 있는 쪽이 약간의 양전하를 띠게 되는 것입니다. 이렇게 물 분자는 극성분자이기 때문에 전하를 띤 물체에 끌려갑니다. 이때 물체가 띤 전기가 양전기거나 음전기여도 마찬가지입니다.

확인해 볼까요?

그림 3-11과 같이 수돗물을 약하게 틀어 물이 가늘게 나오게 한 후 머리에 문지른 플라스틱 빗이나 고무장갑을 물줄기에 가까이 가져가 봅시다. 이때 빗이나 고무장갑에 물기가 없어야 합니다.

물 분자의 이러한 극성 구조로 인해 물의 여러 가지 성질이 나타납니다. 물 분자의 양전기를 띤 부분과 다른 물 분자의 음전기를 띤 부분 사이에는 전기적 인력이 작용합니다. 이 인력이 물 분자가 활발하게 움직이는 것을

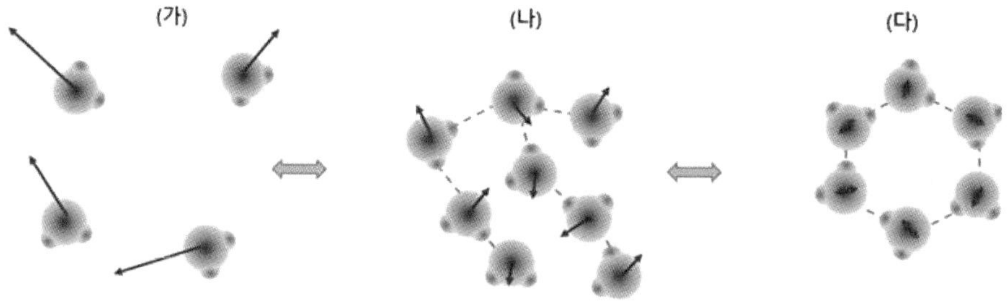

그림 3-12 (가) 기체 상태, (나) 액체 상태, (다) 고체 상태에서 물 분자의 운동과 배열

방해합니다. 물의 온도가 높아진다는 것은 물 분자가 더 활발하게 움직이는 것이라고 했지요? 물 분자 사이의 인력이 강하므로 물의 온도를 높이는 데는 열이 많이 필요합니다. 이것이 물의 비열이 높은 이유입니다. 같은 이유로 액체인 물을 기체로 바꾸는 데 필요한 기화열도 큽니다.

물이 얼어 얼음이 될 때 부피가 커지는 이유도 설명할 수 있습니다. 그림 3-12는 기체, 액체, 고체 상태에서 물 분자의 움직임을 간단히 나타낸 것입니다. 액체 상태일 때 물 분자 사이의 평균 거리는 물 18 g, 즉, 18 cm^3의 물에 아보가드로 수 6×10^{23}개의 물 분자가 들어 있다는 사실로부터 구할 수 있습니다. 평균적으로 물 분자 1개가 3×10^{-23} cm^3의 부피를 차지하는 셈이므로 물 분자 사이의 거리는 부피의 세제곱근인 약 3 Å이며, 이것은 물 분자 크기의 약 1.5배 정도입니다. 기체 상태에서는 기체 1몰이 상온에서 차지하는 부피가 22.4 L로 수증기일 때는 부피가 1000배 이상 커진다는 것을 알 수 있습니다. 물이 100℃에서 끓고 온도가 올라가면 부피가 팽창한다는 것까지 고려하면 수증기가 되었을 때 물 분자 사이의 거리는 액체 상태일 때보다 10배 이상 멀리 떨어져 있는 것입니다. 따라서 기체 상태에서 물 분자 사이의 인력은 크게 영향을 미치지 못합니다.

기체가 액체로 변하면 물 분자 사이의 거리가 가까워져서 분자 사이의 인력이 역할을 하기 시작합니다. 그렇지만 아직도 분자들의 움직임은 활발하므로 분자들이 자유롭게 위치를 바꿀 수 있습니다. 물이 얼어 얼음이 되면 물 분자들은 자유롭게 위치를 바꾸지 못하고 제자리에서 진동만 할 수 있습니다. 이때는 분자끼리의 인력이 가장 중요한 요인이 됩니다. 물 분자들은 분자들끼리 가장 많은 인력을 유지하도록 배열을 합니다. 그래서 인접한 물 분자들의 양전기를 띤 부분과 음전기를 띤 부분이 서로 인력을 작용하여 가장 안정한 상태가 되도록 그림 3-12 (다)와 같이 규칙적인 배열을 해야만 합니다. 규칙적인 배열을 하려면 그림에 나타낸 것처럼 빈 공간이 생기게 되고, 이로 인해 부피가 커지는 것입니다. 그림 3-12 (다)에서 물 분자들이 육각형을 이루는 것처럼 나타냈지만 실제 3차원 구조는 이것보다 훨씬 더 복잡합니다. 물 분자가 어떤 방식으로 배열하는가에 따라 이십여 가지가 넘는 Ice I, Ice II, …, Ice XIX, Ice Ic, Ice Ih와 같이 분류하는 다양한 얼음이 만들어집니다.

우리는 소금이 물에 잘 녹고 소금물에는 나트륨 이온과 염소 이온이 들어 있다는 것을 알고 있습니다. 이것을 화학식으로는

$$NaCl(s) \rightleftarrows Na+(aq) + Cl-(aq)$$

와 같이 나타냅니다. 괄호 안에 쓴 *s*와 *aq*는 각각 고체(solid) 상태와 **수화**(**水化**, 물과 화합했다는 뜻, aqueous)**물**이 되었다는 것을 의미합니다. 소금은 물에 무한정으로 많이 녹지는 않습니다. 어느 정도 이상 녹으면 물에 녹아나오는 소금과 다시 결정이 되는 소금의 양이 평형을 이룹니다. ⇄ 기호는

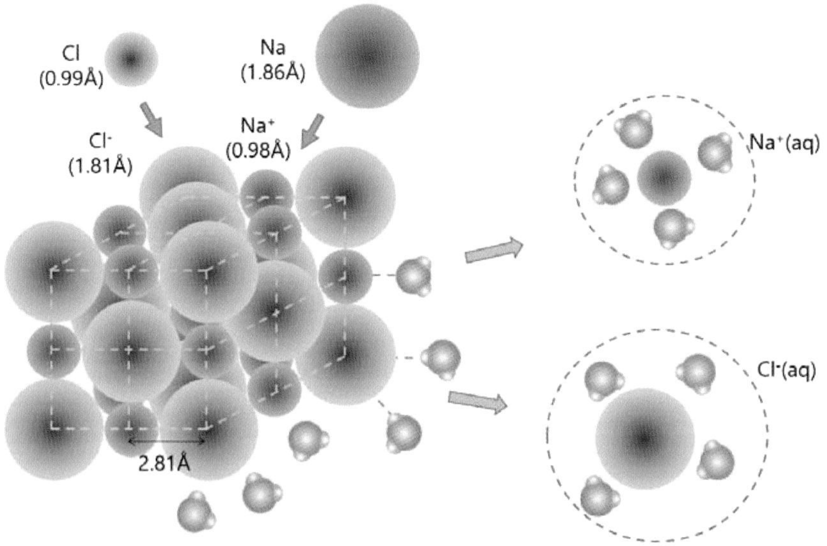

그림 3-13 소금 결정, 소듐 이온과 염소 이온 수화물

두 방향의 과정이 모두 가능하다는 것을 나타냅니다. 그 덕분에 우리가 바닷물을 완전히 증발시키지 않고도 고체의 소금을 얻을 수 있는 거지요.

이렇게 간단히 화학식으로 나타낸 소금이 녹는 과정도 실제로는 무척 복잡합니다. 소금이 녹을 때에는 물 분자가 극성분자라는 사실이 중요한 역할을 합니다. 그림 3-13은 소금 결정이 어떤 구조로 되어 있는지를 보여줍니다. 소금은 나트륨 원자와 염소 원자가 전자 하나를 잃거나 얻어서 나트륨 이온과 염소 이온이 되어 전기적 인력을 작용하며 결합을 합니다. 이런 결합을 **이온 결합**이라고 합니다. 소금을 나타내는 화학식 NaCl은 이렇게 나트륨 이온과 염소 이온이 1 : 1로 결합하고 있다는 것을 나타내며 나트륨 이온 1개와 염소 이온 1개가 결합한 소금 분자 1개는 존재하지 않습니다. 그림 3-13에서 알 수 있듯이 소금 결정은 하나의 소듐 이온 주위에 6개의 염소 이온이 있는데 이 6개의 염소 이온을 꼭짓점으로 하는 정팔면체의 중심에 나트륨 이온이 있는 구조입니다. 마찬가지로 하나의 염소 이온이 정팔면체의 중심이라면 주위에 6개의 소듐 이온이 있는 곳은 정팔면체의 꼭짓점이 됩니다.

그림 3-13에서 소듐 이온과 염소 이온이 붙어 있는 것처럼 그린 이유는 **이온 반지름**이라는 길이를 사용했기 때문입니다. 이온 반지름은 이온 결합을 하는 물질에서 두 이온 사이의 거리가 두 이온의 이온 반지름의 합이 되도록 정한 것입니다. 서로 다른 방식으로 정해진 반지름에 따라 그린 것이지만, 전자를 잃기 전 나트륨 원자는 이온이 되면 크기가 거의 반으로 줄어들고, 전자를 얻기 전 염소 원자는 이온이 되면 크기가 거의 두 배가 된다는 것을 눈여겨보기 바랍니다. 공유 반지름과 이온 반지름이기 때문에 직접적인 비교는 할 수 없지만 물 분자는 나트륨 이온과 거의 같은 크기입니다.

소금이 물에 들어가면 물 분자의 양전기와 음전기를 띤 부분은 음전기를 띤 염소 이온 그리고 양전기를 띤 나트륨 이온과 인력을 작용하여 염소 이온과 나트륨 이온 사이의 인력을 약하게 합니다. 그리고는 인력이 약해진 이온을 둘러싸서 결정으로부터 떨어져 나오게 합니다.[13] 그림 3-13에서 볼 수 있듯이 소금 결정에서는 나트륨 이온과 염소 이온이 매우 가까이 붙어 있습니다. 그래서 소금이 물에서 녹는 것을 지켜보면 겉에서부터 서서히 녹으며 결정이 작아지는 것을 볼 수 있습니다. 앞에서 다룬 찻주전자 효과에 관한 첫 논문의 저자인 라이너는 물에서 소금이 녹을 때 그림 3-14와

13) https://www.youtube.com/watch?v=xdedxfhcpWo에서 소금이 물에 녹는 과정을 분자 수준에서 잘 보여주고 있습니다.

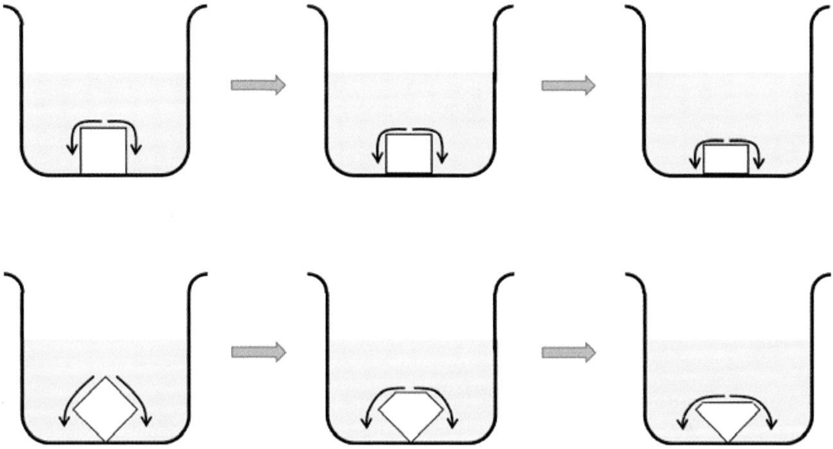

그림 3-14 소금 결정이 물에서 녹는 모습: 항상 윗부분이 평평해진다.

같이 항상 윗면이 평평해진다는 흥미로운 관찰 결과를 소개하고 있습니다. 소금이 녹은 물은 맹물보다 비중이 커서 아래로 가라앉지요. 그 소금물이 아래로 흐를 때 소금의 면에 바짝 붙어서 흐릅니다. 찻주전자 효과에서 찻물이 주둥이를 따라 흐르는 것과 같은 이유이지요. 농도가 높은 소금물이 흐르는 옆면에서는 소금이 더 녹지 못하고, 새로운 맹물이 계속 접촉하는 윗부분만 녹아서 윗면이 평평해지는 것입니다. 이스라엘 사해의 동남쪽 해변은 소금 결정으로 덮여 있는 사막인데 이곳의 소금은 윗면이 모두 평평하다는군요.

소금이 물에 녹아서 떨어져 나온 이온들은 그림 3-13에 보인 것과 같이 여러 물 분자에 둘러싸인 채로 물속에서 자유롭게 운동할 수 있습니다. 여기에서는 물 분자 4개가 이온을 둘러싸는 것처럼 나타냈지만 여러 가지 경우의 수가 가능합니다. 그림 3-15는 최근 논문에서 발표된 나트륨 이온의 수화물 $Na^+(H_2O)_n$ 중 몇 가지를 소개한 것입니다.[14)]

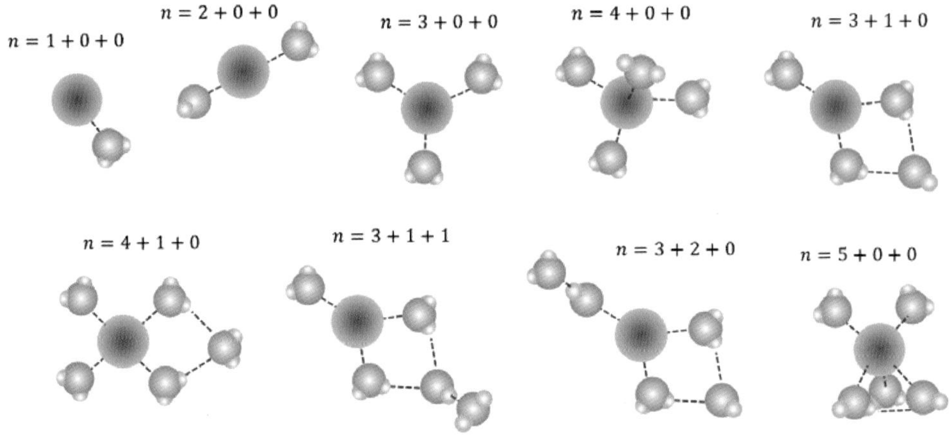

그림 3-15 소듐 이온 수화물 Na+(H_2O)$_n$의 예(점선은 수소결합을 나타낸다.)

설탕이 물에 잘 녹는 것도 설탕 분자 $C_{12}H_{22}O_{11}$이 극성 분자이기 때문입니다. 그림 3-16의 (가)는 설탕 분자의 구조식과 모형입니다. 이 구조식에서 탄소 원자와 공유결합하는 수소 원자는 표시하지 않았습니다. 탄소 원자는 4개의 다른 원자와 공유결합을 하도록 수소 원자와 결합하고 있어야 합니다. 설탕 분자는 물 분자와 마찬가지로 산소 원자와 수소 원자가 공유결합을 한 수산기(하이드록실기, hydroxyl radical) OH에서 전하 분포에 균형이 깨져 극성을 가집니다. 이들이 설탕 분자 사이에 인력을 작용하여 설탕 덩어리를 만들 수 있습니다. 시중에서 판매하는 설탕은 직육면체 형태의 작은 조각인데 이것은 설탕 분자들이 어느 정도 규칙적인 배열을 하고 있는 설탕 결정입니다. 이 결정에서 분자 사이의 인력은 소금 결정에서 나트륨

---

14) Wang P, Shi R, Su Y, Tang L, Huang X and Zhao J (2019) *Hydrated Sodium Ion Clusters* [Na+(H_2O)n (n = 1–6)] : *An ab initio Study on Structures and Non-covalent Interaction.* Front. Chem. 7:624. doi: 10.3389/fchem.2019.00624

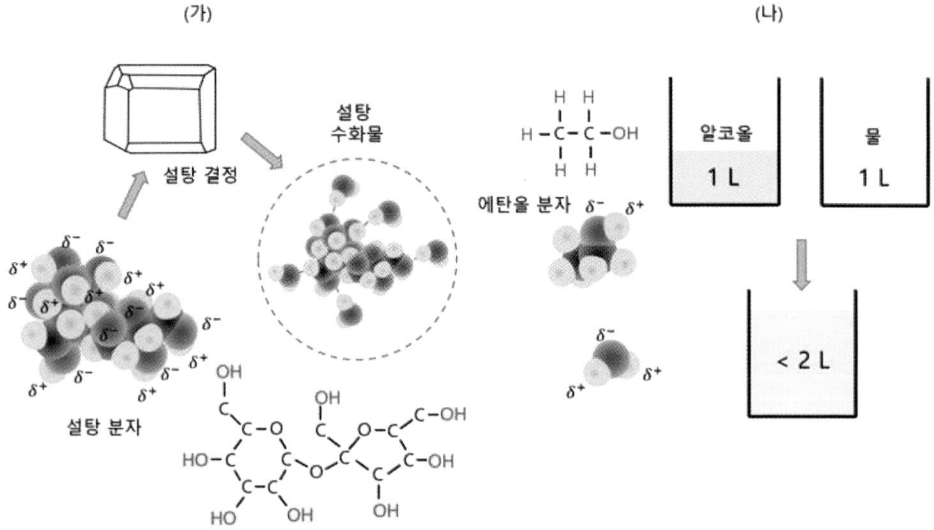

그림 3-16 (가) 설탕 분자의 구조식과 모형, 설탕 결정, 설탕 분자 수화물, (나) 에탄올 분자의 구조식과 모형, 알코올 1 L와 물 1 L를 섞으면 부피가 2 L보다 작다.

이온과 염소 이온 사이의 인력보다 약하기 때문에 설탕 덩어리는 소금 덩어리보다 부서뜨리기 쉽습니다.

설탕을 열에 녹인 후 굳히면 딱딱한 사탕이 되지요. 사탕에서는 설탕 분자들이 불규칙적이기는 하지만 인접한 분자 사이의 인력이 가장 강하게 작용하도록 배열하기 때문에 단단합니다. 유리에서도 이산화규소(SiO_2) 분자들이 불규칙적인 배열을 하고 있는데, 이러한 물질을 **비정질**(非晶質, amorphous solid), 또는 비결정성(非結晶性, noncrystalline) 고체라고 합니다. 비결정성 고체는 결정을 이루지 않기 때문에 오랜 시간이 지나면 액체처럼 흘러내려 형태가 변합니다. 유럽의 오래된 성당의 스테인드글라스는 아랫부분이 두꺼워져 있다고 합니다. 이산화규소 결정인 다이아몬드나 루비는 아무리 오래 두어도 모양이 변하지 않지만, 비결정인 유리는 세월이 흐르면서 변형됩니다. 사탕도 천년이 지나면 납작해질 것입니다. 그리고 사탕은 잘게 부서지는 것이 아니라 유리처럼 깨지고, 깨진 조각도 유리처럼 날카롭고 모양이 모두 제각각입니다. 설탕 조각을 숟가락으로 눌러 부서뜨리면 그 조각이 모두 직육면체 모양을 하는 것과는 대조적이지요. 사탕은 설탕으로 만들지만 설탕을 물에 녹여 굳히는 과정에서 분자 구조가 바뀌는 것입니다. 여하간 그림 3-16 (가)처럼 설탕 분자는 극성분자이기 때문에 설탕은 물에 잘 녹습니다. 그리고 설탕 분자 주위에 물 분자들이 달라붙어 있는 수화물이 됩니다.

알코올 분자도 극성분자입니다. 그림 3-16 (나)처럼 수산기에서 극성이 나타납니다. 알코올도 물에 잘 섞입니다. 그 덕분에 각자의 취향에 따라 도수가 다른 여러 술을 즐길 수 있지요. 소주와 맥주를 섞어 쏘맥을 만들기도 하고 백세주와 소주를 섞어 오십세주를 만드는 멋도 부릴 수 있습니다. 이렇게 술을 섞을 때 흥미로운 일이 일어납니다. 백세주와 소주를 섞을 때 술의 부피를 세밀히 관찰하면, 백세주와 소주 각각의 부피를 더한 양보다 오십세주의 부피가 아주 조금 줄어듦을 알 수 있습니다. 술자리에서 흥이 깨지게 이런 실험을 하는 사람은 없겠지만 말이지요. 알코올 분자가 물 분자와 크기가 다르기 때문에 이런 현상이 일어납니다. 이것은 콩 한 말과 쌀 한 말을 섞으면 쌀이 콩 사이의 빈 공간을 채우기 때문에 두 말보다 적어지는 것과 같은 이치입니다.

물 분자가 극성이라는 것과 물속에 녹아 있는 이온들이 물 분자에 둘러싸여 수화물을 이루고 있다는 것이 김치를 담그는 첫 단계인 배추를 절이는 과정에서 중요한 역할을 합니다. 우리는 배추를 절일 때 **반투과성**(半透過性, 일부만 투과한다는 뜻, **semipermeable**) 세포막에 의한 **삼투**(滲透, 스며

들어 투과한다는 뜻, **osmosis**) 현상을 이용한다는 것을 잘 압니다. 마치 물과 물에 녹은 커피 성분은 통과하지만 커피가루는 걸러내는 거름종이처럼, 배추의 반투과성 세포막을 물 분자는 통과하지만, 나트륨 이온이나 염소 이온은 통과하지 못하기 때문이지요. 그런데 그림 3-13에 보인 것처럼 나트륨 이온의 크기는 물 분자와 거의 같은 크기를 가집니다. 물론 이 모형에서 나트륨 이온과 물 분자가 서로 다르게 정의된 이온 반지름과 공유 반지름으로 나타낸 것이기 때문에 절대적 비교는 가능하지 않지만, 크기가 거의 비슷한 것은 틀림없습니다. 그러니까 일반적으로 알려진 것과는 달리 삼투압 현상이 단순히 세포막에 있는 구멍의 크기에 의해 물 분자와 나트륨 이온을 통과시킬지 말지를 결정하는 것은 아닌 거지요. 더구나 물 분자보다 큰 산소 분자 O_2와 이산화탄소 분자 CO_2는 세포막을 통과합니다. 그 덕분에 세포가 호흡을 할 수 있어서 생명이 유지되는 것입니다.

배추는 어떻게 절여지나요?

이것을 제대로 이해하기 위해서는 **세포막**의 구조와 이것이 작동하는 원리를 알아야 합니다. 여기에서는 물의 특성과 관련하여 몇 가지만 간단히 이야기해 보겠습니다. 세포막의 주성분은 단백질과 지질(lipid)이며 수 nm의 크기를 가진 인지질(燐脂質, phospholipid)이라는 특별한 분자가 이중으로 층을 이루고 있습니다. 그림 3-17은 세포막에 대한 **유동 모자이크 모형**에서 인지질 층만 나타낸 것입니다. 인지질은 꼬리가 2개 달린 올챙이 모양으로 나타낼 수 있습니다. 머리 부분은 글리세롤에 인산염이 붙어 있으며 **친수성**(親水性, 물과 친화력이 있다는 뜻, hydrophilic)입니다. 인산의 수산기가 극성을 띠거나 아예 수소가 해리되어 떨어져 나가 음전기를 띠기 때문입니다. 꼬리 부분은 지방산이며 **소수성**(疏水性, hydrophobic)입니다. 친수성인 머리 부분은 물이 있는 쪽으로 배열하고 소수성인 꼬리 부분은 물을 밀어내면서 자신들끼리 끌어당기므로 그림 3-17과 같이 이중의 층을 이루며 배열하여 세포막을 이룹니다. 신기하게도 세포막에서 인지질은 자유롭게 위치를 바꿀 수 있습니다. 인지질의 머리가 세포막이라는 모자이크 그림을 만드는 작은 조각인데 그것이 자리를 바꿀 수 있기 때문에 그림 3-17과 같은 세포막의 모형을 유동 모자이크 모형이라고 부르는 것입니다.

세포막에서 인지질이 촘촘하게 배열하고 있지만 약간 틈이 있어서 크기가 작은 분자들은 그 사이로 통과할 수 있습니다. 그런데 꼬리 부분이 소수

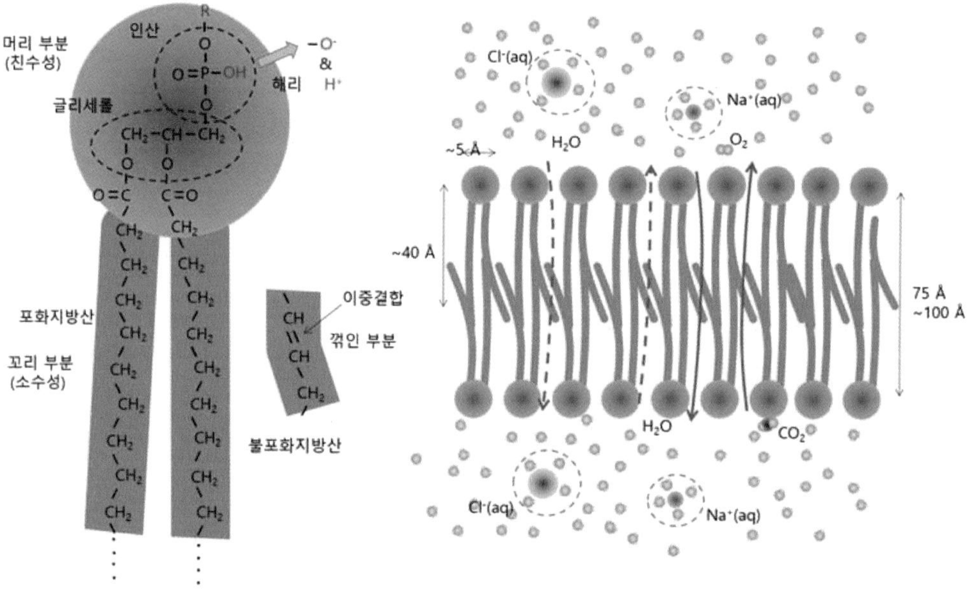

그림 3-17 인지질의 구조와 인지질이 이중으로 층을 이루는 세포막의 반투과성

성이므로 산소와 이산화탄소 같은 분자는 쉽게 통과할 수 있지만 극성분자나 이온은 통과하기 어렵습니다. 물 분자는 가까스로 통과하지만 물 분자가 둘러싸고 있는 이온은 통과하지 못합니다. 나트륨 이온 자체는 물 분자와 크기가 비슷하지만 이온과 결합하여 함께 움직이는 물 분자들로 인하여 크기가 커진 수화물은 통과하지 못하는 것입니다. 며칠 굶은 여우가 참나무 구멍으로 들어가 목동이 두고 간 빵과 고기를 배불리 먹었는데, 배가 불러 그 구멍으로 나오지 못한 여우는 다시 굶었다는 이솝우화가 생각납니다. 굶어서 홀쭉해진 여우는 나트륨 이온이고 배불리 먹은 여우는 수화물이 된 나트륨 이온이겠네요.

이온과 크기가 큰 분자들은 세포막에 분포하는 특별한 단백질의 작동으로 이동할 수 있습니다. 하지만 우리는 세포막이 왜 물과 나트륨 이온에 대해 선택적인 투과성을 보이는지를 이해하게 되었으니 이쯤에서 세포막 이야기는 멈추기로 하지요. 이제 배추를 짠 소금물에 담그면 어떤 일이 일어나는지 알아볼까요?

소금을 물에 녹이면 나트륨 이온과 염소 이온이 물 전체에 골고루 퍼집니다. 설탕을 녹여도 마찬가지입니다. 젓지 않아도 오래 두면 이렇게 됩니다. 물론 우리의 일상에서는 빨리 퍼지라고 숟가락이나 젓가락으로 젓지요. 중력의 영향으로 아래쪽이 약간 더 짜고 더 달지만 온도가 높으면 그 차이가 크지 않습니다. 이뿐만이 아닙니다. 부엌에서 요리를 하면 그 냄새가 온 집안에 퍼져서 오늘 저녁 메뉴가 무엇인지 모두 알 수 있지요. 모기향을 피워 놓으면 그 연기가 모든 공간에 퍼집니다. 그렇지만 소금물과 설탕물에서 짜고 단 부분이 어느 한 곳에 몰리거나, 집안에 퍼진 냄새나 모기향 연기가 다시 어느 한 곳에 몰리는 일은 일어나지 않습니다. 이 세상의 모든 일은 가만두면 모든 것이 골고루 섞이는 방향으로 일어나기만 하고 반대로는 일어나지 않습니다. 시간이 지나면 방이 어질러지는 것도 그렇지요. 왜 그럴까요?

이것을 설명하는 것이 '**자연스러운 변화에서는 항상 엔트로피가 증가한다**'라는 열역학 제2법칙입니다. **엔트로피(entropy)**는 어떤 상태의 무질서한 정도를 숫자로 나타내는 물리량입니다. 서로 다른 분자들이 골고루 섞일 때, 방이 어질러질 때(말 그대로 무질서해지는 것이니까요), 열이 온도가 높은 쪽에서 낮은 쪽으로 이동해서 온도가 같아질 때에는 무질서한 정도, 즉 엔트로피가 증가합니다. 여러분은 이렇게 말할지도 모르겠습니다. 그냥 '분자들이 골고루 섞이려고 한다.', '열이 온도가 높은 쪽에서 낮은 쪽으로 이동한다.'라고 하면 될 것을 구태여 엔트로피라는 복잡한 말을 써서 어렵게 하느냐, 그리고 결국에는 왜 자연스러운 변화에서 엔트로피가 증가하는지는 설명하지 못하는 것 아니냐고요. 맞습니다. 물리학의 법칙은 왜 그 법칙이 성립하는지는 설명하지 못합니다. 그렇지만 열역학 제2법칙은 서로 다르게 보이는 냄새가 퍼지는 것과 열의 이동을 하나의 원리로 설명할 수 있습니다. 그뿐 아니라 우리가 열을 일로 변환하는 장치를 어느 효율 이상으로는 절대로 만들지 못한다는 것까지 알려줍니다. 무엇보다 중요한 것은 이 현상들을 정확하게 양적으로 다룰 수 있게 해 준다는 것입니다.

배추를 짠 소금물에 담그면 배추의 세포에 들어 있는 세포액의 소금 농도와 외부의 소금물의 농도를 같게 하는 것이 이 상황에서 소금과 물을 골고루 섞이는 방법이고 그러면 엔트로피가 늘어납니다. 그런데 소금과 물이 골고루 섞이는 방법을 생각해 보면, 이온들은 세포막을 통과하지 못하니 소금 농도가 낮은 배추의 세포에서 짠 소금물로 물이 빠져나오는 방법밖에는 없습니다. 그래서 물이 빠진 배추는 크기가 많이 줄어들지요. 만일 나트륨 이온과 염소 이온도 물과 함께 세포막을 통과할 수 있었다면 배추에서 물이 빠져나오는 것뿐 아니라 짠 소금물에 있던 이온들도 세포 안으로 들어가서 배추가 절여지지 않거나, 배추가 무척 짜져서 김치를 담그지 못했을 것입니다. 절인 배추를 먹을 때 절이지 않은 배추보다 짜게 느껴지는 이유는 물이 빠져나간 만큼 세포 안의 소금물의 농도가 높아졌기 때문입니다. 절인 배추를 잘 씻었더라도 그렇다는 것입니다.

물 분자가 세포막을 통과할 수 있다는 것은 또 다른 질문을 만들어 냅니다. 물 분자가 넘나들 수 있는 세포막이라면 세포가 어떻게 물을 가둘 수 있을까요? 거름종이로 만든 그릇에는 물을 담아 놓을 수 없지 않겠어요? 아메바처럼 세포 하나로 된 생물은 물에서 살면 됩니다. 아니 반드시 그래야만 합니다. 외부와 물의 출입이 가능하니까 세포질의 농도에 따라 세포의 크기를 유지하며 살아갈 수 있습니다. 그런데 물 밖에 사는 생물들은 어떻게 세포의 물을 유지할까요? 세포막에서 새어 나가는 물을 막으면 안 됩니다. 그러면 호흡도 하지 못해 세포가 죽을 테니까요. 진화과정에서 물 밖으로 나온 생물들은 물이 새지 않는 커다란 물통에 자신의 세포가 담겨 있게 할 필요가 있었습니다. 아메바나 물고기들이 어항을 만들어 그 안에 자신을 담아 육지로 올라온 셈이지요. 동물의 경우 피부가 그 어항 역할을 합니다. 피하 지방이 방수제 역할을 해서 물이 새지 않도록 합니다. 물론 완전히 물이 새지 못하게 막은 것은 아니므로 계속 물을 마셔서 그 어항에 물을 보충해야 합니다. 식물도 왁스나 큐틴 등의 지방 물질로 된 표피가 어항 역할을 합니다. 물론 뿌리를 통해 계속 물을 흡수해야 하고요. 사과 껍질은 사과의 수분을 유지시킵니다. 사과를 깎아 놓으면 껍질에 있는 왁스층의 보호가 사라지기 때문에 빠르게 마릅니다. 곶감을 만들 때 감의 껍질을 깎는 것도 감을 빠르게 건조시키기 위한 방법으로 같은 원리입니다.

생명현상이 멈춰서 물의 공급이 멈추면 세포는 물을 잃고 생명체는 말라 버립니다. 마른 오징어, 말린 고사리, 잘 마른 땔감이 좋은 예가 되겠네요. 말린 식재료를 물에 담그면 세포가 다시 물을 흡수해서 거의 원래 크기로 돌아가지요. 세포막이 손상되지 않았다면 말입니다. 약간 시들해진 야채는 물을 뿌려두면 다시 싱싱해집니다. 절인 배추도 너무 오래 맑은 물로 씻으면 다시 통통해지니 주의해야 합니다. 말린 식재료들은 물에 담그면 대부분 3배 이상으로 부피가 늘어납니다. 그래서 볶은 콩이나 구운 오징어를 너무 많이 먹으면 위험합니다. 우리 몸속 위장에서 먹은 부피의 3배로 늘어날 테니까요. 특히 짐승들은 이러한 사실을 모르기 때문에, 몸의 크기가 작은 개나 고양이에게 말린 음식을 줄 때에는 이 점에 주의해야 합니다.

과일이나 야채를 씻을 때 자세히 관찰해 보면 물이 표면에 잘 묻지 않습니다. 앞에서 말한 것처럼 세포의 물이 달아나지 않도록 왁스나 큐틴 등의 소수성 지방 물질이 표면을 감싸고 있기 때문입니다. 특히 요즘은 신선도를 유지하기 위해 아예 표면에 왁스를 코팅 처리한 사과, 토마토, 포도, 피망 등을 판매합니다.[15] 이 경우는 더욱더 물이 표면에 묻지 않지요. 이때 표면에 묻은 약간의 물은 대부분 동그란 모양의 물방울을 이룹니다. 과일이나 야채에 따라 다르기는 하지만 반구 모양보다 더 동그랗게 볼록 올라

15) 판매되는 대부분의 잎채소도 코팅을 합니다. 이때 사용하는 왁스는 우리 몸에 해롭지 않다고 판명되어 사용허가가 난 물질이라고 합니다. 그렇지만 씻을 때나 깎을 때 손에 묻으면 느낌이 좋지 않지요. 주방세제, 베이킹소다, 식초를 약하게 푼 따뜻한 물에 씻으면 씻어낼 수 있습니다.

온 모양을 합니다. 토란잎이나 연잎에서는 거의 공 모양에까지 가깝지요.

왜 물방울은 동그랗게 뭉치나요?

이 질문에 대한 단답형의 답은 잘 알려져 있습니다. 바로 '물이 **표면장력**이 큰 물질이기 때문'이고 궁극적으로는 '물 분자가 극성분자이기 때문'입니다. 표면장력(表面張力, surface tension)은 '표면(적)을 늘리는 (데 필요한) 힘'이라는 뜻을 가지고 있으나 운동 법칙 $F = ma$의 힘은 아닙니다. 마치 압력(壓力)이나 전력(電力)이 힘을 뜻하는 한자 力을 사용하는 용어이지만 운동 법칙에 사용하는 힘이 아닌 것과 같습니다. 물리학에서는 '표면적을 단위면적만큼 늘리는 데 필요한 에너지'로 표면장력을 정의합니다. 단위는 N/m입니다. '힘'이라는 이름이 붙었으면서 에너지를 통해 정의하는 것이 이상하지요? 힘과 일, 그리고 에너지는 서로 밀접한 관계가 있습니다. 1장에서 '힘'이 물체에 해 준 '일'은 힘의 크기에 힘의 방향으로 이동한 거리를 곱한 값이고, 그 일만큼 물체에는 '에너지'가 저장된다고 했지요? 그래서

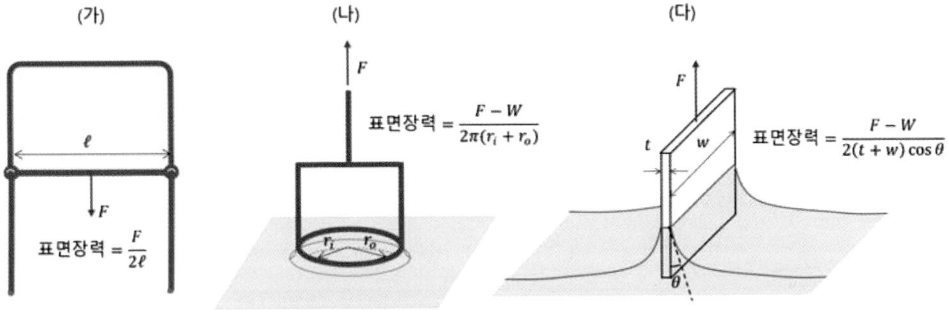

그림 3-18 표면장력을 측정하는 여러 가지 방법

$F=ma$의 힘 F를 '그 힘을 거슬러서 물체를 단위 길이만큼 이동시키기 위해 필요한 에너지'라고 정의할 수도 있습니다. 같은 논리로 '작용한 힘을 면적으로 나눈 것'으로 정의한 압력을 '부피를 단위부피만큼 늘리는 데 필요한 에너지'라고 정의할 수도 있습니다.

하지만 표면장력을 실험적으로 측정할 때는 힘을 잽니다. 비누액처럼 표면장력이 작아서 막이 잘 만들어지는 액체는 그림 3-18 (가)와 같은 장치를 사용하여 표면장력을 측정할 수 있습니다. 이때 표면장력은 막을 잡아 늘리기 위해 작용해야 하는 최대 힘 F를 막대 길이의 2배로 나눈 값입니다. 막대 길이의 2배로 나누는 이유는 막에 두 면이 있다는 것을 고려한 것입니다. 막대를 잡아당기면 막의 양쪽 면이 모두 늘어나니까요. 그림 3-18 (나)는 표면장력을 측정하는 뒤 누이(Du Noüy) 방법으로, 백금으로 만든 고리를 액체에 담갔다 막이 유지되는 상태로 천천히 들어 올릴 때 필요한 최대 힘을 측정합니다. 이때 액체의 막은 고리의 안쪽과 바깥쪽에 만들어지니까 표면장력은 힘의 최댓값 F에서 장비의 무게를 뺀 값을 고리 안쪽과 바깥쪽의 원둘레를 더한 값으로 나눈 값이 됩니다. 그림 3-18 (다)는 빌헬미(Ludwig Wilhelmy) 방법으로 판을 물에 담갔다 꺼낼 때의 힘을 측정합니다. 그 외에도 모세관 현상으로 관을 따라 올라가는 액체의 높이가 표면장력에 비례한다는 것을 이용하는 등 여러 가지 방법으로 표면장력을 측정할 수 있습니다.

표 3-1은 우리 주변에서 접할 수 있는 여러 가지 물질의 표면장력입니다. 물은 표면장력이 제법 큰 물질입니다. 100% 초산(빙초산)과 100% 에탄올의 표면장력은 각각 27.6과 22.3이라는 작은 값을 가집니다. 그러니 빙초산 또는 에탄올에 물을 섞어 농도를 낮추면 식초와 술의 표면장력은 커집니다.

표 3-1 여러 가지 물질의 표면장력

물질	물	물	물	40% 술	11% 술
온도(℃)	0	25	100	25	25
표면장력(mN/m)	75.6	72.0	58.9	29.6	46.0
물질	40% 식초	10% 식초	6M 소금물	55% 설탕물	식용유
온도(℃)	30	30	20	20	20
표면장력(mN/m)	40.7	54.6	82.3	76.5	37~38
물질	우유	올리고당	수은	휘발유	피
온도(℃)	25	25	15	20	22
표면장력(mN/m)	40~60	73.2	487	21.8	55.9

표면장력이 끈적거림과는 다른 성질이라는 것은 식용유의 표면장력이 물의 1/2밖에 되지 않는다는 사실로부터 알 수 있습니다. 훨씬 더 끈적거리는 올리고당의 표면장력도 물과 거의 같은 크기이지요. 소금과 설탕을 섞으면 표면장력이 약간 커집니다. 혈액은 소금기가 있는 물이지만 혈구와 혈장에 의해 표면장력이 작아집니다. 우유도 여기에 들어 있는 지방과 단백질 분자로 인해 표면장력이 물보다 작습니다. 우리 주변에 있는 물질 중 표면장력이 가장 큰 것은 수은입니다.

물의 표면장력이 다른 물질에 비해 큰 이유도 역시 물 분자가 극성분자이고 분자들 사이에 서로 잡아당기는 인력이 다른 분자들에 비해 강하기 때문입니다. 분자들 사이의 인력이 강하면 주위에 더 많은 분자가 있을 때 더 안정한 상태가 됩니다. 물리학적으로는 그 상태의 에너지가 낮아진다고 말합니다. 반대로 서로 밀어내는 힘이 작용하는 분자들이라면 주위에 있는 분자의 수가 적을수록 에너지가 낮아집니다. 이것은 우리 사람 사는 세상과 비슷하네요. 주위에 사람이 많이 모이는 친화력이 강한 사람이 있는가 하면 되도록 멀리하려는 기피인물도 있지요. 그림 3-19에 보인 것처럼 물속에 있는 물 분자는 주위에 가능한 수의 다른 물 분자가 위치할 수 있습니다. 그런데 표면에 있는 물 분자들은 그렇지 못하지요. 경계면 밖의 공기에는 서로 인력을 작용할 물 분자가 거의 없으니까요. 더구나 기체 상태에서는 분자 사이의 거리가 액체 상태에 있을 때보다 10배 이상이 되기까지 하니 공기에 섞여 있는 물 분자와 작용하는 인력은 무시할 수 있습니다. 전기 쌍극자 사이에 작용하는 힘은 거리의 세제곱에 반비례하기 때문에 거리가 10배가 되면 인력의 크기는 1/1000로 줄어들지요. 그러므로 액체 상태의 물은 되도록 표면적을 줄여 표면에 있는 물 분자의 수를 적게

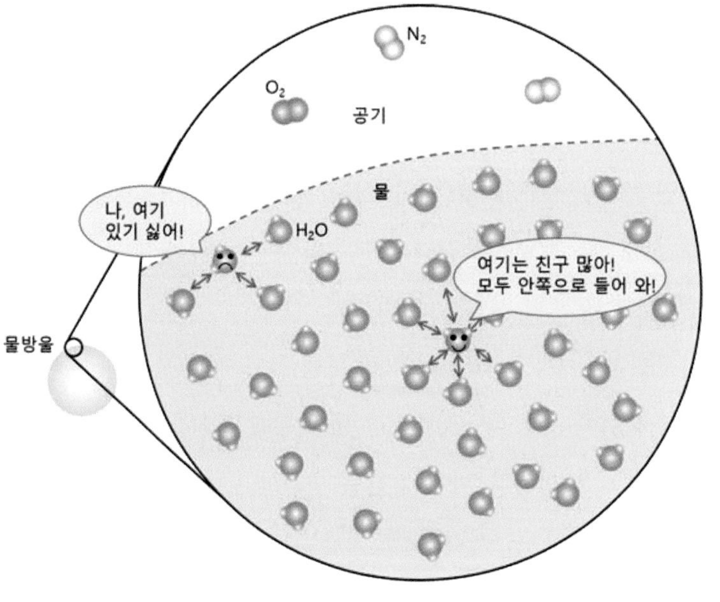

그림 3-19 물속과 표면에 있는 물 분자는 서로 인력을 작용할 수 있는 분자의 수가 다르다. (점선은 인접한 물 분자 사이에 작용하는 인력을 나타낸다.)

하려고 하는데 억지로 표면적을 넓히려면 힘이 필요한 것이지요. 이것은 물뿐 아니라 거의 모든 액체 상태의 물질에서 표면장력이 나타나는 원리입니다. 단지 분자 사이의 인력이 큰지 작은지에 따라 그 크기가 달라질 뿐이지요.

몇몇 인터넷 사이트에서는 표면에 있는 물 분자들이 서로 잡아당기고 있는데 표면적을 넓히면 물 분자들 사이의 거리가 멀어지려고 하기 때문에 표면장력이 나타난다고 설명하고 있습니다. 하지만 표면에 있는 물 분자 사이의 거리 변화에 따른 인력의 증가가 표면장력의 '직접적인' 이유는 아닙니다. 액체 상태의 물은 모양이 바뀌더라도 분자 사이의 평균 거리는 변하지 않습니다. 표면적을 늘리면 물 분자 사이의 거리가 멀어지는 것이 아니라 표면에 있는 물 분자의 수가 늘어나는 것뿐입니다. 억지로 늘렸을 때 분자 사이의 거리가 멀어지려고 해서 나타나는 힘은 고체 상태에 있는 물질의 장력과 변형력입니다. 고체에서는 분자들이 상대적인 위치를 바꾸지 못하니 늘리면 분자 사이의 거리가 멀어질 수밖에 없지요.

그러면 왜 채소나 과일에 묻은 물방울이 동그란 모양을 하는 걸까요? 이 모양의 표면적이 가장 작기 때문입니다. 같은 부피를 가진 입체 중에서 표면적이 가장 작은 것은 공 모양입니다. 그래서 수도꼭지에서 하나씩 떨어지는 물방울은 그림 3-20 (가)처럼 공 모양을 하고 있지요. 물론 처음에 물방울이 만들어지는 과정에서는 우리가 '눈물 모양'이라고 부르는 모양이지만 떨어진 다음에는 공 모양이 됩니다. 이보다 빠르게 움직이는 빗방울은 공기 저항으로 인해 공 모양에서 벗어납니다. 그림 3-20 (나)에 보인 것처럼 크기가 작은 빗방울은 공 모양이지만 크기가 커지면 아래가 납작해지고 더 커지면 아래가 파인 호박 모양이 됩니다. 크기가 4.5 mm 이상이 되면

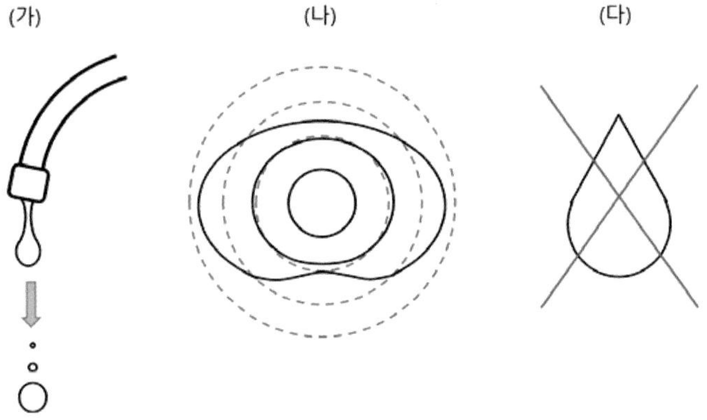

그림 3-20 (가) 수도꼭지에서 떨어지는 물방울 (나) 크기에 따른 빗방울의 모양 (다) 빗방울의 모양은 '눈물 모양'이 아닙니다.

작은 빗방울로 나뉩니다.[16] 그런데 사람들에게 빗방울을 그려보라고 하면 대부분 그림 3-20 (다)와 같은 눈물 모양으로 그립니다. 인터넷에 돌아다니는 거의 모든 빗방울 그림도 그렇습니다. 빗방울은 빠르게 움직이기 때문에 자세히 관찰할 수 없는데 수도꼭지에서 떨어질 무렵의 물방울이 그런 모양이어서 생긴 고정 관념이겠지요.

수도꼭지에서 똑똑 물방울이 떨어지는 경우 물방울의 표면은 물과 공기의 경계면입니다. 이 물방울의 모양에 중력은 크게 영향을 미치지 못합니다. 중력의 영향으로 아래로 떨어지는데 무슨 소리냐고요? 떨어지는 거리가 짧아서 물방울의 속력이 그다지 크지 않으니 저항력 역시 작아서 물방울에는 중력만 작용한다고 할 수 있습니다. 그러면 중력가속도로 떨어지는 물방울 안에서 물 분자들은 무중력상태에 있게 됩니다. 모든 물 분자에 똑같은 중력이 작용해서 모두 같이 움직이니까요. 이러한 점을 이용하여

16) 자세한 것은 https://gpm.nasa.gov/education/articles/shape-of-a-raindrop를 참조하세요.

2장에서는 촛불을 통에 넣고 떨어뜨려 무중력상태에서 촛불의 모양이 어떻게 되는지를 알아볼 수 있었지요. 그래서 부엌의 수도꼭지에서 똑똑 떨어지는 물방울은 거의 완전히 둥근 공 모양입니다.

하지만 야채나 과일의 표면에 물이 묻어 있는 경우에는 중력의 영향으로 약간 납작한 모양이 됩니다. 그리고 물방울과 접촉하고 있는 것은 공기만이 아닙니다. 그림 3-21에 보인 것처럼 물방울의 모양은 물 분자가 공기와의 경계면에 있는 것이 더 싫은지 또 다른 물체의 표면에 있는 것이 더 싫은지에 따라 정해집니다. **표면장력은 사실 물질의 고유한 성질이 아닙니다. 그 물질이 경계에서 어떤 다른 물질과 접촉하고 있는가에 따라 달라집니다.** 표 3-1에 있는 물질의 표면장력은 경계가 공기일 때의 값입니다. 앞에서 이야기한 것처럼 식물의 표피는 세포가 물을 간직할 수 있도록 지방 물질로 덮여 있습니다. 이 물질들은 대부분 소수성입니다. 이 물질을 이루는 분자들 역시 물 분자와 상호작용을 거의 하지 않습니다. 그래서 물방울 모양이

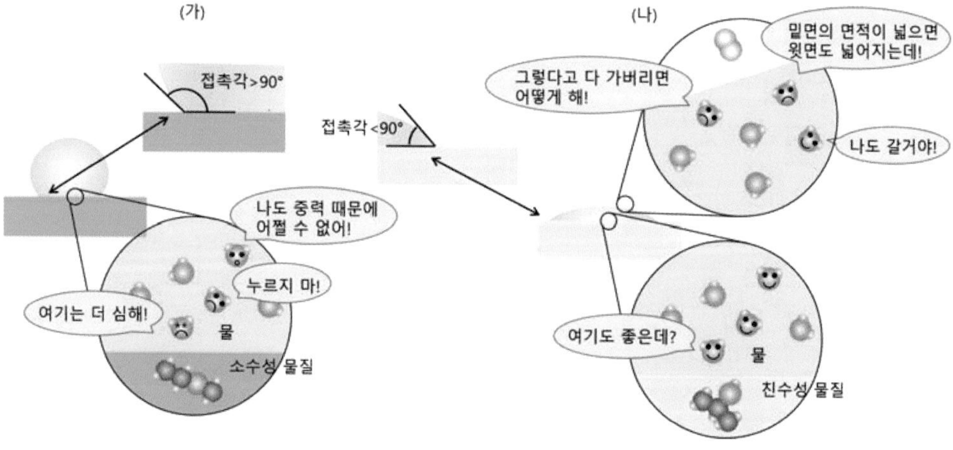

그림 3-21 (가) 소수성 물질과 (나) 친수성 물질 위에서 물방울의 모양과 접촉각

그림 3-21 (가)와 같이 됩니다. 물방울에서 서로 다른 두 물질과의 경계면이 이루는 각을 **접촉각(接觸角, contact angle)**이라고 합니다. 소수성 물질에 묻은 물방울은 그림 (가)와 같이 접촉각이 90°보다 큽니다. 접촉각이 150° 이상인 특별한 물질을 초소수성(超疏水性, superhydrophobic) 물질이라고 부릅니다. 테플론(teflon)의 접촉각은 180°에 가깝습니다. 그래서 테플론을 코팅한 프라이팬은 요리할 때 물을 포함하고 있는 식재료가 잘 달라붙지 않지요. 순수한 은은 특별히 접촉각이 90°인 물질로 알려져 있습니다. 접촉각이 90°보다 작은 물질을 친수성 물질로 구분합니다. 유리는 대표적인 친수성 물질로 접촉각이 55° 정도입니다. 그래서 빗방울이 유리에 잘 묻나 봅니다. 물방울의 접촉각은 물이 접촉하고 있는 물질의 성질만은 아니고 그 표면이 얼마나 매끈하게 다듬어졌는지에 따라서도 달라집니다.

물방울의 크기가 작을 때 물방울과 바닥의 경계선은 원입니다. 바닥이 매끄럽고 수평이라면 말이지요. 이렇게 대칭성인 모양일 때 표면적이 작기 때문입니다. 하지만 실수로 바닥에 물을 쏟았을 때는 다양한 크기와 다양한 모양을 가진 물방울이 바닥에 만들어집니다. 이때 물방울들의 모양을 자세히 살펴볼까요? 놀랍게도 바닥이 한 가지의 재질로 만들어져 있고 매끄러운 정도도 같다면 물방울의 두께는 물방울의 크기에 관계없이 거의 같습니다. 즉, 큰 물방울은 바람 빠진 납작한 공 모양, 작은 물방울은 둥그런 공 모양입니다. 같은 모양으로 크기만 커지는 것이 아니지요. 물리학에서는 이 물방울의 두께와 경계면 모양에 관한 수학식까지도 밝혀냈습니다.[17] 그림 3-22는

---

17) Pierre-Gilles de Gennes, Françoise Brochard-Wyart, David Quéré, *Capillarity and Wetting Phenomena—Drops, Bubbles, Pearls, Waves.* Alex Reisinger. Springer. 저자 중의 한 사람인 P. de Gennes는 노벨상 수상자입니다.

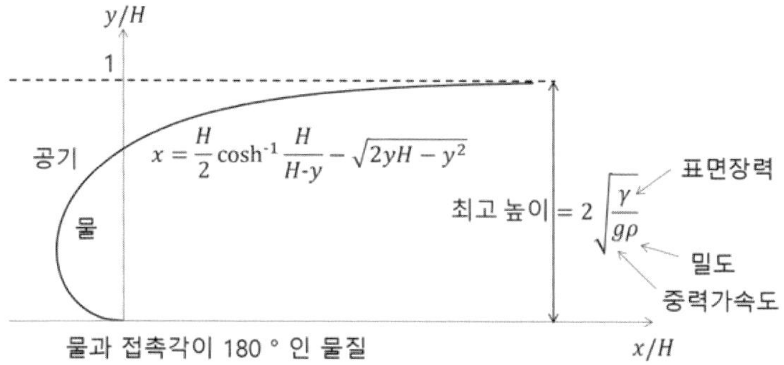

그림 3-22 물방울의 높이와 모양에 관한 수학식

접촉각이 180°일 때 물방울의 단면 모양과 이에 대한 수학식입니다. 동전 위에 물을 한 방울씩 떨어뜨려 보면 이와 비슷한 모양이 되는 것을 관찰할 수 있습니다.

물리학자들의 호기심은 여기서 멈추지 않습니다. 물리학에서는 계속해서 질문을 만들어 냅니다. 이번 질문은 '물방울이 어떤 과정을 거쳐 바닥에 동글납작한 모양을 만드는가?'입니다. 물을 쏟을 때, 바닥에 떨어진 물은 운동에너지를 가지고 바닥에서 흘러갑니다만 어느 순간 흐름이 멈추게 됩니다. 관성으로 계속 흐르지 않고 왜 멈출까요? 이 질문을 이해하기 위해 이런 실험을 해 봅시다. 물에 잘 젖지 않는 소수성 바닥에 스포이트로 물을 한 방울씩 떨어뜨리며 물방울이 커지는 모양을 잘 관찰해 봅시다. 한 방울이 합쳐질 때마다 바닥에 있던 물방울은 약간 출렁이면서 경계를 조금씩 넓혀 갑니다. 높은 곳에 있던 물방울이 떨어지면서 퍼텐셜 에너지가 운동에너지로 변환될 것이고, 떨어진 물은 어디론가 움직여야 합니다. 그런데 경계가 넓어지고 큰 물방울이 되고 나면 움직이지 않습니다. 에너지가 어디론가 사라지는 것입니다. 이 문제에 대한 하나의 답이 최근에 논문으로 발표되었습니다. 그것은 경계면 근처에 있는 물 분자와 바닥을 이루는 분자의 상호작용이 물방울이 계속 퍼지게 하는 것을 막는다는 것입니다.[18]

물리학은 정말로 아무짝에도 쓸모없는 문제를 다룬다는 생각이 들지요? 그렇지만 이 문제를 해결하는 과정에서 얻은 지식은 응용할 곳이 많습니다. '적은 양의 윤활유를 기계장치에 골고루 얇게 퍼지게 하려면 어떻게 할까?', '아주 작은 크기의 전자부품에서 냉각수를 순환하게 하려면 어떻게 해야 할까?' 등의 공학적 문제 해결에 중요한 단서를 제공할 것입니다. 왜 액체가 표면에 잘 퍼지지 않는가를 이해하면, 잘 퍼지게 하는 방법을 고안할 수 있을 테니까요. 지구 온난화의 주범으로 몰리는 이산화탄소를 구멍이 많은 다공성 물질에 가두어 대기로부터 격리하려는 계획도 제안되고 있는데, 작은 구멍에 잘 들어가지 않는 액체 상태의 이산화탄소를 처리할 방법도 알려줄지 모릅니다. 그래서 바닥에 떨어진 물방울의 모양에 대한 연구를 지구의 환경 문제 해결에 사용할 수도 있습니다. 이것이 물리학의 매력입니다. 아무것도 아닌 시시한 문제의 답이 엄청나게 유용한 가치가 있지요. 현재 인류문명의 근간인 과학기술은 '물체가 왜 아래로 떨어지지?'라는 싱거운 질문에서 시작되었다고 할 수 있습니다.

그림 3-22에 적힌 물방울의 최고 높이에 대한 식에는 중력가속도가 포함되어 있습니다. 중력가속도의 크기가 0인 무중력상태에서는 어떤 일이 일어날까요? 이 식에 의하면 물방울이 높이가 무한대가 되어야 하는데요. 그렇지만 무중력상태에서는 물방울이 소수성 물질에 아예 달라붙지 않습니다. 모든 물은 공 모양으로 뭉칩니다.[19] 인류의 새로운 정착지를 찾아 우주를

---

18) A. A. Pahlavan, L. Cueto-Felgueroso, G. H. MvKinley, and R. Juanes, *Thin Films in Partial Wetting : Internal Selection of Contact-Line Dynamics*, Phys. Rev. Lett. 115, 0304502 (2015)

여행하는 우주선에서 일어나는 이야기를 다룬 영화 「패신저스(Passengers)」에 근사한 과학적 장면이 나옵니다. 수영을 하던 여주인공이 인공 중력 장치가 동작하지 않게 되자 물이 온몸에 달라붙어 익사할 위험에 처했다가 간신히 살아나지요. 영화에 이러한 디테일을 추가할 수 있는 제작진의 과학 수준이 부럽기만 합니다. 작은 물방울은 중력보다 표면장력이 더 큰 요소가 되기 때문에 개미와 같은 작은 곤충에게는 영화에서와 같은 일이 실제로 일어나기도 합니다. 인터넷을 검색해 보면 개미가 물방울에 휩싸여 죽은 사진을 쉽게 찾을 수 있습니다. 하지만 개미는 소수성 표피로 덮여 있어서 여간해서는 물방울에 휩싸이지는 않는다고 합니다. 아마도 잎의 오목한 곳에 있다가 갑자기 물방울이 밀려오니 피하지 못한 것이겠지요.

소수성 물질과 접촉하여 그림 3-22처럼 공식에 따라 납작한 팬케이크 모양으로 만들어져 있던 물방울이 갑자기 중력이 사라지면 면에서 튀어 오르는 현상을 연구하는 과학자들도 있습니다.[20] 어떻게 중력을 갑자기 사라지게 하느냐고요? ZERO-G Experience에 약 일억 원 정도를 내면 비행기가 정확하게 포물선 운동을 하도록 날게 해서 무중력 상황을 만들어 줍니다.[21] 아니면 높은 탑에서 실험 장치를 떨어뜨리면 됩니다.

곤충의 표피가 소수성 물질로 덮여 있다는 것과 함께 소금쟁이의 다리에 난 가는 털과 같은 미세구조도 이들이 물에 젖지 않게 하는 데 중요한

19) https://www.youtube.com/watch?v=IvdohUPWg-0 등의 유튜브 동영상에서 무중력상태에서의 물방울에 대한 여러 가지 재미있는 현상을 볼 수 있습니다.

20) A. Avhad, H. Tan, T. Al-Jubaree, L. Torres, and M. Weislogel, *A numerical investigation of puddle jumping,* Phys. Fluids 32, 012109 (2020)에서 이 현상에 대한 연구를 추적해 볼 수 있습니다.

21) '무한도전' 팀이 이 비행기를 탔습니다. https://www.youtube.com/watch?v=SvoyQ6uO_yk

역할을 합니다. 물방울이 유난히 동그랗게 맺히는 연잎과 토란잎도 작은 돌기가 있는 미세구조를 가지고 있습니다.[22] 그림 3-23은 미세 돌기들이 연잎의 표면을 물에 젖지 않게 하는 데 어떤 역할을 하는지 설명해 줍니다. (가)와 (나)에서는 물방울이 연잎의 돌기를 모두 적시고 있고 (다)는 (나)와 같은 모양이지만 물방울이 돌기 위에 떠 있어서 돌기 사이의 공기층이 그대로 남아 있는 상태입니다. (라)는 완벽한 공 모양의 물방울이 연잎에 떠 있는 상태입니다. 그림 (가)와 같이 물이 연잎과 가깝게 아래쪽에 모여 있을수록 중력 퍼텐셜 에너지는 작습니다. 그리고 (가)-(나)-(다)-(라)순으로 높은 곳에 있는 물이 많아지므로 중력 퍼텐셜 에너지도 따라서 커집니다. 한편 (가)와 (나)처럼 물이 연잎을 적시면 미세 돌기구조로 인해 물방울의 표면적이 넓어서 표면장력에 대한 에너지, 즉 표면장력에 표면적을 곱한 값이 커집니다. 그림의 (가)-(나)-(다)-(라)순으로 표면적이 줄어드니 그 에너지도 따라서 작아지겠네요. 그리고는 (라)와 같이 공 모양이 되면 최소가

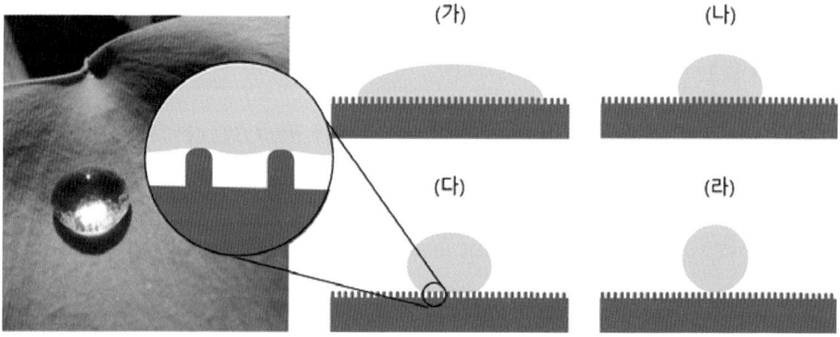

그림 3-23 연잎 위의 물방울이 유난히 동그랗게 뭉치는 이유를 설명하기 위한 간단한 모형

22) 연잎과 토란잎에서 물의 접촉각은 150° 정도로 초소수성입니다.

됩니다. 물방울의 모양은 전체 에너지, 즉 중력 퍼텐셜 에너지와 표면장력에 대한 에너지의 합이 최소가 되도록 정해집니다. 그래서 (다)와 같은 모양이 되는 것입니다. 물방울의 밑면도 평평하지는 않고 그림 (다)의 일부분을 확대한 것을 간단히 나타낸 그림처럼 그 모양 역시 표면장력과 중력이 균형을 이루도록 결정될 것입니다.

앞에서 언급한 작은 구멍이 많이 있는 다공성 물질에 표면장력이 큰 액체를 넣기 어렵다는 것도 같은 원리로 설명할 수 있습니다. 긴 원기둥 모양의 물은 같은 부피를 가진 공 모양의 물방울에 비해 표면적이 훨씬 넓어야 하니까요. 물이 소수성 물질에 뚫린 작은 구멍을 빠져나오는 것도 어렵습니다. 포도주병 마개는 코르크 참나무의 껍질로 만드는데[23] 작은 구멍이 나 있어서 공기는 어느 정도 출입이 가능합니다. 그래서 오래 두면 산소가 병 안으로 들어가 포도주가 산이 되어 버립니다. 이것을 막기 위해서는 병을 눕혀 놓아야 합니다. 포도주가 작은 구멍을 메꿔서 공기의 출입을 막아주기 때문입니다. 그렇지만 그 구멍으로 포도주가 새어 나오지는 않지요.[24] 이것이 기체(땀)는 잘 내보내지만 액체(빗물)는 스며들지 않게 하는 방수천의 원리입니다. 목욕 후 잘 말린 보송보송한 수건으로 몸을 닦으면 기분은 좋은데 물이 잘 묻지는 않지요? 오히려 약간 젖은 수건을 닦아야 물이 더 잘 닦입니다. 설거지한 그릇을 닦아서 장에 넣을 때도 약간 젖은

---

23) 코르크는 나무의 겉껍질과 속껍질 사이에 있는 껍질 층을 가리키는 일반적인 용어이며 모든 나무는 코르크층이 있습니다. 코르크 마개는 이 층이 유난히 두꺼운 참나무 수종인 Quercus suber의 코르크층으로 만듭니다. 코르크는 참나무를 가리키는 라틴어인 Quercus가 어원이니 이 나무를 코르크 참나무라고 부르는 것은 '참나무 참나무'라고 부르는 셈이네요.

24) 코르크를 적신 포도주가 결국 외부의 공기와 만나 증발할 테니 수십 년 정도 지나면 결국 새어 나간다고 할 수 있습니다.

수건이 물을 더 잘 흡수합니다. 우리나라 부엌에서는 대부분 그릇을 씻은 후 설거지대에 올려 말리지만, 외국 영화에서 보면 식사 후에 자녀들이 접시들을 닦는 장면을 자주 볼 수 있지요?

비닐봉지는 어떨까요? 비닐봉지는 PE(PolyEthylene, 폴리에틸렌)를 얇게 펴서 만듭니다. PE는 에틸렌 분자가 길게 연결되어 고분자로 이루어진 물질입니다. 그러니까 분자 수준에서 보면 비닐봉지는 폴리에틸렌 고분자들이 모여 있는 고체입니다. 마치 얼음에서 물 분사가 어느 위치에 있고 나머지 공간은 아무것도 없는 것처럼, 비닐봉지에서도 폴리에틸렌 분자 사이의 공간은 아무것도 없는 공간입니다. 기다란 폴리에틸렌 분자가 물티슈나 화장지에서 긴 섬유가 서로 엉켜 있는 것으로 생각하면 더 좋겠네요. 어떤 공간은 충분히 커서 물 분자들이 지나다닐 수도 있습니다. 그렇지만 그 틈이 충분히 작아서 물이 새지 않는 것입니다. 김장할 때 커다란 비닐봉지에 담아서 독에 넣어 놓고 그 이듬해에 보면 비닐 밖으로 물이 빠져나와 있는 것을 볼 수 있습니다. 물론 비닐봉지를 만들 때 접착부분에 약간 틈이 있어서 그렇게 될 수도 있겠으나, 약간의 물 분자가 비닐 막을 통과한 것일 수도 있습니다. 이음매 없이 비닐 막만으로 김치를 싸 두어도 그렇게 되니까요.

우리가 수도꼭지를 잠가 물이 흐르지 않게 할 수 있는 것도 작은 구멍으로 물이 빠져나가지 못하게 막는 물의 표면장력 덕분입니다. 이 세상의 어느 수도꼭지도 물 분자도 빠져나가지 못할 정도도 서로 꽉 끼게 부품을 만들 수는 없을 것입니다. 그 정도로 정밀하게 파이프와 밸브를 깎을 수 있을까요? 더구나 우리가 사용하는 수도꼭지는 대부분 모래를 다진 주형에 쇳물을 부어서 만든 것입니다. 쇳물이 식을 때 일어나는 변형을 제대로 고려한다고 해도 주형의 정밀도가 틀에 사용하는 모래 입자의 크기를 넘지 못합니다. 물론 쇳물의 표면장력 덕분에 쇳물이 모래의 울퉁불퉁한 모양을 따르지 않고 자신들끼리 뭉쳐서 부드러운 표면을 가지게 될 겁니다. 그리고 강하게 누르면 모양이 변하는 고무 패킹[25](packing)을 중간에 끼워 틈이 없게 할 수 있지만, 그 틈이 물 분자를 막을 정도의 정밀도는 아닐 것입니다.

작은 구멍으로 물이 잘 빠져나오지 않는다는 것을 이용하여 부엌에서 다음과 같은 마술 쇼를 할 수 있습니다.

과학 마술

1. 유리컵에 물을 가득 붓습니다. 유리컵 대신 큰 머그컵을 사용해도 됩니다. 하지만 그 안에서 어떤 일이 일어나는지를 관찰할 수 있는 유리컵이 좋습니다. 쉽게 모양이 변하는 플라스틱 컵은 잘되지 않습니다. 이때 이미 관객들은 '네가 뭐 하려는지 알아'라는 표정을 짓거나 그 사실을 말하고 싶어 할 것입니다. 그렇지만 우리 마술은 그 이상이니 기죽지 마십시오.
2. 물이 가득 찬 유리컵에 물을 조금씩 더하면서 물의 표면이 유리컵 위로 볼록 올라오는 것을 보여주어도 좋겠습니다. 게임처럼 차례대로 한 사람씩 더하다가 물이 쏟아지게 하는 사람에게 벌칙을 내리는 것도 재미있겠네요.
3. (마술을 하기 전에 아무도 모르게 1 mm 정도 두께의 종이에 크기

---

25) 우리가 일반적으로 사용하는 '파킹'은 영어 packing을 일본식으로 발음한 일본어입니다.

2 mm 정도의 구멍을 미리 뚫어 놓아야 합니다.) 이 종이를 유리컵 주둥이보다 큰 원 모양으로 오립니다. 오린 후 구멍이 뚫렸다는 것을 알아채고는 '에이, 기껏 오렸더니 구멍이 뚫렸네요. 그냥 테이프로 구멍을 막고 사용하지요.'라고 하며 스카치테이프로 구멍을 막습니다. 이것을 물에 적신 후 유리컵 위에 덮습니다. 테이프는 나중에 떼어내기 때문에 붙인 부분이 밖으로 오게 해야 합니다.

4. 위에 덮은 종이를 한 손바닥으로 누르면서 다른 손으로 컵 옆면을 잡아 컵을 뒤집습니다. 그런 후 이제는 종이를 받히게 된 손바닥을 뗍니다. 이 광경을 처음 본 사람은 물이 쏟아지지 않는 것에 대해 신기해하겠지요. 그렇지만 '이미 알고 있어.'라며 젖은 종이라서 '저것도 될까?'라고 생각했던 사람들은 '종이도 되네?' 정도의 반응을 보일 겁니다.
5. '이제 테이프를 떼면 어떻게 될까요?'라고 물어본 후, 구멍을 막고 있던 테이프를 뗍니다. 테이프를 잡아당길 때 다들 긴장하겠지만, 종이는 컵과 물에 제법 잘 붙어 있어서 테이프를 떼는 정도로는 물이 쏟아지지 않습니다. 그리고 구멍으로 물도 새지 않지요. 이때부터는 다들 신기해할 것입니다.
6. 이번에는 유리컵을 얇은 비닐 주머니로 잘 감싸서 덮습니다. 자연스럽게 비닐에 물이 묻게 합니다. 물이 새지 않게 비닐이 주둥이 부분에 밀착되도록 잡아당기고 유리컵 옆면과 비닐을 잡은 채 조심스럽게 유리컵을 뒤집습니다. 그러고는 마술사가 그러는 것처럼 '짠' 하고 말하며 '신기하게 물이 쏟아지지 않지요?'라고 해 보십시오. 더 신기한 것을 기대했던 관객들은 허탈해할 겁니다. '비닐로 물이 새는 것을 막았으니 당연한 것 아니야?'라고 싱거워하며 말이지요.

7. 비닐을 누르고 있던 손을 뗍니다. 그러면 '어?' 하는 반응이 나올 겁니다. 다들 물이 쏟아질 것으로 예상했으니까요. 그러다가 물리학 지식을 꺼내서 '아! 비닐과 유리컵 옆면과 붙어 있으려고 하니 그렇구나!'라고 지금 일어나고 있는 일을 설명하려 들 것입니다.
8. 유리컵을 아래위로 살살 흔듭니다. 그래도 물은 쏟아지지 않습니다. 비닐이 유리면 옆에 붙으려는 힘 때문에 쏟아지지 않는다고 말했던 사람이 가장 많이 놀라고 있을 겁니다. 그 힘이 이 정도로 클 것이라고는 생각하지 못했을 테니까요.
9. 유리컵 옆면에 붙어 있는 비닐을 하나씩 떼 보십시오. 어느 순간 물이 쏟아질 겁니다. 그러니 물이 쏟아지지 않게 하는 것은 대기압, 표면장력, 그리고 비닐 옆면과의 부착력이었던 것입니다. 아직 끝이 아닙니다. 이제 마술 쇼의 하이라이트가 남았습니다.
10. 다시 물을 채우고 이번에는 물티슈를 사용해서 6번부터 8번까지의 과정을 되풀이합니다. 이번에도 물은 쏟아지지 않습니다.
11. 유리컵을 약간 기울입니다. 가장자리로 물이 주루룩 떨어지면서도 물이 쏟아지지는 않습니다. 이때 물티슈는 유리컵 안으로 빨려서 올라갑니다. 물티슈가 컵 안쪽으로 빨려 올라간 모양은 관객들에게 아주 인상적일 것입니다.

주의 이 마술은 반드시 성공할 수 있는 것이지만 모든 마술 트릭이 그렇듯이 여러 번 연습해야 제대로 됩니다. 익숙하지 않으면 물이 쏟아져서 난장판이 될 것이니 싱크대에서 하거나 쏟아진 물을 받을 그릇을 밑에 놓고 해야 합니다.

사실 이것은 마술이 아니라 과학 실험입니다. 두 번째 과정에서 물의 표면이 유리컵의 가장자리보다 높이 볼록하게 올라가는 것은 물의 표면장력 때문입니다. 그 물이 어디론가 흐르려면 지금의 모양보다 납작한 모양으로 넓게 퍼지거나 어느 부분이 뾰족하게 나온 모양이 되어야 하는데 그러려면 표면이 더 넓어져야 하니까 그러지 못하는 것입니다.

네 번째 과정에서 물이 아래로 쏟아지지 않는 것은 종이의 밑면을 대기압이 누르고 있기 때문입니다. 그런데 윗면에는 유리컵 안에 들어 있는 물이 누르는 압력이 있지요. 대기압이 어떤 면에 작용하는 힘은 그 위에 세워 놓은 약 10 m 높이의 물기둥에 작용하는 중력과 맞먹습니다. 그러니까 밑면을 대기압이 누르는 힘이 윗면을 물이 내리누르는 힘을 이기기 때문에 종이가 붙어 있는 것입니다. 그 차이가 종이에 작용하는 중력보다는 커야겠네요. 이론적으로는 유리컵의 길이가 10 m여도 됩니다. 그것을 들 수 있다면 말이지요.

다섯 번째 과정에서 물이 작은 구멍으로 새어 나오지 않는 것은 표면장력이 그렇게 가는 물줄기를 만들지 못하게 막기 때문입니다. 대기압도 물을 막는 데 큰 몫을 합니다. 그런데 대기압이 물이 누르는 압력보다 크다면 왜 공기가 물을 뚫고 유리컵 안으로 들어가지 못할까요? 그것도 표면장력 때문입니다. 공기 방울이 들어가기 위해서도 물의 표면적이 늘어나야 합니다. 영국 드라마 「셜록」에서 셜록 역을 맡은 베네딕트 컴버배치(Benedict Cumberbatch)가 이 원리를 이용한 멋진 마술 쇼를 하는 것을 유튜브에서 볼 수 있습니다.[26]

---

26) 마술은 https://www.youtube.com/watch?v=X4TsY6KnXD0에서 볼 수 있습니다. 이 마술 트릭은 https://secrets-explained.com/content/14-other-tricks/164-benedict-cumberbatch-water-bottle-trick-revealed에서 설명해 줍니다.

구멍의 크기가 어느 정도 커지면 공기 방울이 안쪽으로 들어가며 물을 밀어내서 물이 구멍으로 나오거나 아니면 유리컵의 물 전체가 쏟아질 겁니다. 종이로 덮지 않고 유리컵을 뒤집으면 곧바로 물이 쏟아지지요. 페트병에 물을 담고 거꾸로 들면 '쿨럭쿨럭' 하면서 물이 쏟아지지요? 주둥이가 커서 공기가 들어가도록 물의 모양이 바뀌는 것을 표면장력이 막지 못하기 때문입니다.

일곱 번째 상황은 비닐과 유리컵 사이의 물이 매개체가 되어 이 둘을 달라붙게 하기 때문에 가능한 것입니다. 그렇지만 서로 끌어당기는 것만으로 비닐이 아래로 미끄러지는 것을 막지는 못하지요. 서로 작용하는 힘의 방향이 다르니까요. 비닐이 유리컵에서 미끄러지려면 물이 묻은 부분이 늘어나야 해서, 즉 표면적이 늘어나야 해서 미끄러지지 않게 하는 마찰력이 생깁니다. 도로에 얇은 물막이 있으면 마찰계수를 줄여서 더 미끄러워지는데, 이 경우에는 오히려 마찰력을 크게 해 주는군요. 도로에 떨어진 마른 잎은 바람에 쉽게 날리지만 젖은 잎은 바닥에 붙어서 잘 날리지 않지요.

마지막 마술은 물티슈의 작은 구멍으로는 대기압을 이기고 물이 빠져나오기 어렵기 때문에 가능합니다. 그렇다고 그 구멍으로 물 분자가 빠져나오지 못한다는 것은 아닙니다. 물티슈는 인공 섬유를 열과 접착제를 이용하여 서로 얽어 놓기만 한 부직포(不織布, 실을 서로 얽어서 짠 천이 아니라는 뜻, non-woven fabric)여서 매우 성깁니다. 거의 화장지에 가깝지요. 화장지는 천연 펄프로 만들어져서 물에 잘 풀어지고 잘 분해된다는 것만 다릅니다.[27)]

---

27) 물티슈는 물에 분해되지 않으니 변기에 넣지 말아야 합니다. 그리고 인조 물질이라 자연 분해되지 않으니 편리하기는 하지만 환경을 위해 꼭 필요한 경우가 아니라면 사용을 줄여야겠습니다.

더구나 주재료인 PET(PolyEthylene Terephtahlate) 또는 PE(PolyEthylene)는 약간 친수성이어서 물을 잘 흡수합니다. 물을 머금은 물티슈가 컵의 옆면에 더 잘 붙기에 유리컵 안으로 티슈가 깊숙이 빨려 들어가면서까지도 물이 쏟아지지 않게 만들어 주지요.

컵에 담겨 있는 물에 빨대를 꽂으면 빨대 안의 물이 컵에 있는 물의 표면보다 높이 올라갑니다. 빨대를 찌그러뜨리거나 반으로 접어 가늘게 만들면 물이 더 높이 올라가지요. 이것을 **모세관(毛細管, 털만큼 가는 관이라는 뜻, capillary) 현상**이라고 합니다. 이 현상도 표면장력에 의해 나타납니다. 물이 관을 타고 올라가 있는 모양일 때 표면장력에 의한 에너지와 중력 퍼텐셜 에너지가 최소가 되는 것입니다. 수건, 물티슈, 화장지, 행주, 걸레가 물을 잘 흡수하는 것도 모세관 현상입니다. 신기하게도 바짝 마른 수건, 행주, 걸레를 팽팽하게 당기고 작은 물방울을 떨어뜨리면 앞에서 말한 이유로 금방 흡수되지 않습니다. 그런데 이것들을 물에 담그면 물이 빨려서 올라오는 것을 볼 수 있지요. 섬유의 틈이 모세관 역할을 하는 것입니다.

우리 조상들은 간장을 담글 때 숯을 함께 넣었습니다. 숯은 물에 뜹니다. 비중이 0.65~0.7이니까요. 떠 있는 숯의 작은 구멍으로 간장의 내용물이 흡수됩니다. 숯에 난 기공은 간장이 제대로 발효하게 하는 호기성 세균들이 활동하기에 좋은 환경을 제공합니다. 세균들이 에너지를 얻을 물질이 충분하고 호흡에 필요한 공기 또한 잘 순환되니까요. 숯의 기공에 물이 빨려들 때 발효 과정에서 나오는 여러 가지 물질이 숯에 흡착될 수도 있습니다. 좋은 물질, 나쁜 물질 가리지 않고 흡착했을 것이지만 이것들이 호기성 세균에 의해 분해되어 간장 맛이 좋아졌을 것입니다. 숯이 가라앉거나 모세관 현상이 일어나지 않으면 이런 근사한 일이 일어나지 못하겠지요. 맛있는 간장이 만들어지는 데에도 물리학의 원리가 쓰였네요. 이것을 경험으로 찾아낸 조상의 슬기에 다시 한번 감탄하게 되면서도 '왜 이렇게 될까?'라는 질문을 던지며 원리를 찾으려 하지 않았던 데 대해서는 안타까운 생각이 듭니다. 최근 인터넷의 여러 사이트에는 숯의 효능에 대해 지나칠 정도로 믿는 내용이 많은데 그것들이 과학적으로 검증이 되면 좋겠습니다.

메주를 소금물에 넣고 30일~40일 정도가 지나면 메주를 건져서 된장을 만듭니다. 이것을 **장 가르기**라고 하는데 메주를 오래 담가두면 간장 맛이 더 좋아지고 일찍 건지면 된장 맛이 좋아지지요. 이제 된장으로 국을 끓여 볼까요? 이 장의 도입부에서 이야기했던 것처럼 물을 끓이면서 식재료를 익히는 요리는 손이 많이 가지 않습니다. 물의 대류 덕분에 자주 뒤집을 필요가 없으니까요. 그런데 얌전하게 잘 끓던 국이 온도가 높아지면서 과격하게 요동치면 넘치기까지 합니다. 건더기가 있으면 더 심하지요. 넣기 전보다 양이 많아진 탓도 있겠지만 국물의 높이가 충분한 여유가 있을 때조차 잠깐 방심하면 넘치지요. 뚜껑을 연 채로 요리를 하면 잘 넘치지도 않고, 지켜볼 수 있으니 빨리 대처할 수도 있습니다만 그러면 열이 많이 손실되고 요리하는 데 걸리는 시간도 길어집니다.

왜 국물이 넘치나요?

물을 담은 냄비를 가스레인지에 올리고 불을 켜면 어떤 일이 일어나는지 알아봅시다. 가스가 연소하면서 나오는 열이 냄비의 밑바닥을 통해 **전도**(**傳導**, 통하여 전달된다는 뜻, **conduction**)의 형식으로 물에 전달되어 물의 온도가 높아집니다. 따뜻해진 물은 밀도가 낮아서 위로 올라가고 대신 위쪽에 있던 찬물이 아래로 내려오는 **대류(對流, 상대방 쪽으로 흐른다는 뜻, convection)**가 일어납니다. 물을 끓이면서 자세히 관찰해 보면 이 움직임을 볼 수 있습니다. 물속에 아지랑이와 같은 것이 보이는데 이것은 온도에 따라 물의 밀도가 변하면 빛의 굴절률이 달라지기 때문에 그런 것입니다.

물의 열전도율은 냄비 밑바닥의 금속보다 훨씬 낮습니다. 뚝배기와 같은 도자기의 열전도율보다도 낮지요. 그래서 냄비의 밑바닥은 불을 켜고 조금 지나면 온도가 아주 높아집니다. 100℃보다도 높을 수 있습니다. 물을 잠시 끓이다가 생각이 바뀌어 불을 껐을 때 냄비 밑바닥이 매우 뜨거워서 깜짝 놀란 경험이 한 번쯤은 있을 것입니다. 대류가 일어난다고 해도 물 아랫부분의 온도가 높습니다. 아랫부분에만 열이 들어오니 당연한 일이라 하겠지만, 대류 역시 천천히 일어난다는 것도 하나의 이유입니다. 물론 물을 통해 일어나는 열의 전도보다는 빠르지만요.

물의 평균 온도가 약 70℃ 정도에 이르면 냄비에서 '쏴'하는 소리가 나기 시작할 겁니다. 이것은 밑바닥에 닿은 물이 끓기 시작했다는 신호입니다. 물이 끓는다는 것은 액체 상태와 기체 상태가 공존한다는 것이지요. 그래서 작은 수증기 방울이 만들어집니다. 이것은 공기 방울이 아니라 수증기 방울입니다. 수증기 방울은 가벼워서 만들어지면 곧바로 위로 올라가는데 온도가 낮은 물을 만나면 액체 상태로 다시 응축합니다. 방울이 터지는 것이지요.[28]

---

28) 온도가 낮을 때에도 물 위까지 올라오는 작은 기포가 있습니다. 이것은 물에 녹아 있던 산소, 질소, 이산화탄소와 같은 기체가 물에서 풀려나면서 뭉쳐져서 나오는 것입니다. 온도가 높을수록 물에 녹는 기체의 양이 줄어드니까요. 물에 녹은 기체의 양은 무척 작아서 물을 끓이기 시작하고 잠시 동안 나오는 작은 방울이 거의 모든 양입니다.

바로 이 방울 터지는 소리가 '쏴' 하는 소리로 나오는 것입니다.

그 소리의 진동수는 수증기를 전파하는 소리의 속도를 수증기 방울의 크기로 나눈 값 정도가 됩니다. 그러니까 방울의 크기가 작을수록 높은 진동수의 소리가 납니다. 물의 온도가 올라가면 밑바닥에서 만들어진 방울의 크기도 크지만, 압력이 낮은 보다 윗부분까지 올라가며 조금 더 커져서 터지기 때문에 소리의 진동수는 낮아집니다. 물이 끓는점에 이르면 방울이 물의 표면까지 올라와서 터지고 이때는 보글보글하는 낮은음의 소리가 들리지요. 이때는 수증기 방울이 밑바닥뿐 아니라 물 전체에서 만들어집니다. 물론 온도가 훨씬 높은 밑바닥에서 더 많이 만들어지지요.

냄비 바닥의 온도가 110℃~160℃ 정도가 되면 수증기 방울이 하나씩 따로따로 올라오는 것이 아니라 거의 열을 지어 올라오거나 이들이 합쳐져서 기다란 민달팽이 모양으로 올라오며 터집니다. 밑바닥의 온도가 그 이상이 되면 밑바닥에 닿은 물은 거의 수증기가 될 정도로 많은 양의 수증기 방울이 만들어지고 그 방울이 위로 올라오면서 물을 요동치게 합니다. 수증기 방울의 흐름과 함께 물도 같이 따라 움직이는 것이지요. 앞에서 코안다 효과를 설명할 때 빠르게 움직이는 유체 주위의 유체가 따라 움직이려는 성질이 있다고 했지요? 그러니까 물의 온도가 높아지면 불의 세기를 조절해서 기포가 천천히 올라오게 하는 것이 국을 넘치지 않게 하는 비결입니다.

물에 다른 물질이 섞이면 넘침이 더 심해집니다. 대표적인 것이 국수를 삶는 것입니다. 국수를 삶으면 가닥에 묻어 있던 전분 가루가 물에 섞여 들어가기도 하고 국수 가닥이 불면서 물에 퍼져서 풀 같이 끈적한 액체가 됩니다. 요즘은 화학적인 방법으로 만들어진 풀을 쉽게 살 수 있지만, 예전에는 밀가루로 풀을 쑤어서 사용했습니다. 이렇게 끈적해진 물에서 만들어진 수증기 방울은 잘 터지지 않고 표면에 거품 막을 만듭니다. 이 거품막이 액체로부터 열이 나가는 것을 막아 물이 급격하게 끓는 상태가 예상치 않게 빨리 오기 때문에 국수를 삶을 때는 무척 바쁘지요. 넘치지 않게 하는 가장 좋은 방법은 불의 세기를 줄여주는 것입니다. 그리고 그 막을 입으로 불어서 날리면 넘치는 것을 막을 수 있습니다. 요즘은 거품이 뚜껑 위로 올라와서 터지도록 해서 넘치지 않게 해 주는 냄비 뚜껑도 판매하고 있습니다.

고깃국을 끓일 때에는 기름 막이 물 위에 만들어집니다. 기름을 먹지 않기 위해 기름 막을 제거하기도 하는데, 기름 막을 제거하면 국이 넘치지 않게 하는 효과도 있겠네요. 우유를 끓일 때도 표면에 막이 생깁니다.

국에 들어 있는 건더기도 국이 넘치게 하는 원인입니다. 된장국에 넣은 감자나 애호박 조각 정도는 수증기 방울이 이것을 비켜서 올라올 수 있고 국물이 대류를 할 때 함께 움직이니까 문제가 되지 않습니다. 그런데 등뼈해장국에 들어 있는 시래기나 돼지 등뼈 조각은 열이 어느 한 곳에 몰리게 하여 갑자기 국물이 튀어 오르게 합니다. 우리 가족이 자주 찾는 돼지갈비 김치찌개 집에서 실제로 겪은 이야기를 소개하겠습니다. 그 음식점에서는 자르지 않은 김치를 포기째로, 그리고 살이 붙은 돼지갈비를 덩어리째로 뚝배기에 담아서 주는데 손님들이 그것을 자르고 끓여서 먹습니다. 그런데 어느 날 국물이 온통 가스레인지와 식탁에 튀자, 식당에서 일하시는 분께서 '늦게 자르면 국물이 넘치니 끓기 전에 잘라야 한다'는 생활의 지혜를 알려주셨습니다. 이분들은 왜 큰 덩어리가 뚝배기 밑을 막고 있으면 국물이 넘치는지 그 원리는 아시지 못할지 모릅니다. 단지 오랜 경험으로 그 지혜를 얻으신 거지요.

이것은 아이슬란드나 미국 캘리포니아의 화산지형에서 볼 수 있는 **간헐천**(**間歇泉**[29]), 가끔씩 사이를 두고 물이 나오는 샘이라는 뜻, **geyser**)의 원리이기도 합니다. 간헐천은 지하수가 그 아래에 있는 뜨거운 암석층으로 흘러들어가 끓어 수증기가 되고 그 압력으로 그 위에 있던 지하수가 지상으로 솟구쳐 오르는 샘입니다. 지하수가 모이고 뜨거워져서 증기가 되는 데 시간이 걸리니 어떤 시간 간격을 두고 물이 솟구치는 것이지요. 우리 탓에 국물이 튀어 열기에 눌어붙은 가스레인지를 닦아야 하는 분의 수고는 생각지도 않고, '왜 덩어리를 자르지 않고 두면 국물이 넘칠까?'라는 질문이나 하고 그것이 식탁에서 만들어진 작은 간헐천이라는 것을 알고 나서 좋아하는 것이 식당 점원이 보기에는 한심하겠지요?

물을 끓일 때 보글보글 올라오는 것이 수증기 방울이라고 했지요? 물 표면까지 올라온 수증기 방울이 터지면서 수증기는 공기 중으로 퍼져나갑니다. 그런데 물을 끓일 때 냄비에서 세차게 나오는 하얀 김은 수증기가 아니라 이것들이 찬 공기와 만나면서 작은 물방울로 뭉친 것입니다. 물 분자는 무척 작아서 보이지 않습니다. 앞(그림 3-10)에서 설명한 물 분자의 모형에서 알 수 있듯이 크기가 2 Å 정도니까요. 여기에서 '무척 작아서'라는 말은 사막에 사는 작은 개미처럼 작다는 뜻도 아니고, 박테리아처럼 현미경으로 봐야 보일 정도로 작다는 뜻이 아닙니다. 아무리 높은 배율의 현미경의 힘을 빌리더라도 우리 눈으로는 물 분자를 볼 수 없습니다. 2장에서 이야기했던 것처럼 우리 눈은 가시광선 영역의 빛만 감지합니다. 가시광

29) 가끔씩 마르는 냇물을 가리키는 간헐천(間歇川)도 있습니다. 이때는 시냇물의 뜻하는 한자 川을 사용하지요. 間歇泉의 천은 샘을 뜻하는 한자입니다.

선 영역의 전자기파가 물을 통과할 수 있기 때문이라고 했지요? 그런데 파동에서 나타나는 회절현상 때문에 가시광선의 파장보다 크기가 작은 물체는 우리 눈으로는 절대로 볼 수 없습니다.

실제 상황을 예를 들어 설명하겠습니다. 전자레인지 문짝에는 작은 구멍이 뚫려 있습니다. 그 구멍을 통해 우리는 그 안에 들어 있는 음식물이 제대로 데워지는지를 살펴볼 수 있습니다. 가시광선은 그 구멍보다 파장이 짧아서 그 구멍을 통과합니다. 그런데 전자레인지에서 음식을 데우거나 익히는 데 사용하는 마이크로파는 그 구멍을 통과하지 못합니다. 통과하면 큰일 나지요. 근처에서 지켜보는 우리 몸도 익어버릴 테니까요. 마이크로파에게는 구멍이 있는 문짝과 구멍이 없는 다른 면이 모두 똑같습니다. 마이크로파의 파장이 그 구멍보다 크기 때문에 그렇습니다.

'너무 작아서 못 본다'라는 것은 우리 눈으로는 절대로 물 분자를 볼 수 없다는 것입니다. 그런데 우리는 이 분자들이 모여 있는 물을 볼 수 있습니다! 해가 질 무렵 호수에 물이 출렁이는 아름다운 광경도 볼 수 있고, 풀잎에 맺힌 이슬방울도 볼 수 있습니다. 물컵에 담긴 물을 볼 수 없거나 길에 고인 물웅덩이를 보지 못하면 얼마나 불편하겠어요? 물을 끓일 때 수증기가 물방울로 맺히면 볼 수 있다고 했지요?

왜 물방울과 컵에 담긴 물은 보이나요?

이 질문이 이 장에서 가장 엉뚱하면서도 대답하기가 어려운 질문일 겁니다. 우리는 실제로 물을 보고 있는데 그것이 하나씩은 도저히 볼 수 없는 것이 모인 것이니까요. 우선 고전적인 전자기학과 파동이론으로 설명해

보겠습니다. 액체 상태의 물에는 그림 3-10과 같이 Å 정도의 크기를 가진 물 분자가 3 Å 정도의 거리만큼 떨어져서 움직이고 있습니다. 물 분자도 더 자세히 들여다보면 각각 1 fm[30]와 3 fm 정도의 크기를 가진 수소 원자핵과 산소 원자핵에 크기가 없는 10개의 전자가 결합되어 있는 것이니 2 Å의 크기라는 것도 엄밀하게 정해진 것은 아닌 셈입니다. 다시 한번 말하지만 그림 3-10에 나타낸 물 분자는 우리가 분자에 대한 직관적인 개념을 이해하도록 돕는 모형일 뿐입니다. 그런데 이러한 볼 수 없는 것들이 모이면 신기한 일이 일어납니다. 이것은 1원이 1억 개가 모이면 1억 원이라는 많은 돈이 된다거나, 여러 사람이 힘을 모으면 한 사람이 도저히 할 수 없는 거대한 피라미드를 쌓을 수 있다는 것과는 다른 것입니다.

고전 전자기학에서 빛은 전기장과 자기장의 진동이 공간을 퍼져 나가는 파동, 즉 전자기파로 취급합니다. 파동이 퍼져 나갈 때는 입자들이 움직일 때와 다른 현상이 나타납니다. 그림 3-24는 우리가 연못이나 호수에서 볼 수 있는 물결파가 장애물을 만났을 때 일어나는 현상을 간단히 그린 것입니다. 장애물과 부딪혀 반사하는 파는 그리지 않았습니다. 그림 (가)는 물결파의 파장에 비해 장애물의 크기가 큰 경우입니다. 파동이 입자처럼 직진만 한다면 도달할 수 없는 A 지점에도 파동이 도달하지요. 이것을 **회절(回折, 꺾여서 돌아간다는 뜻, diffraction)**이라고 합니다. 장애물로부터 충분히 멀리 떨어진 지점 B에서는 장애물의 효과가 거의 없어집니다. 그림 (나)는 물결파가 작은 틈을 만날 때의 상황입니다. 이때도 역시 직진한다면 도달할 수 없는 C 지점에 파동이 영향을 미칩니다. 이러한 회절은 장애물이나

30) 1 fm(펨토미터, femtometer)는 10^{-15} m입니다. 1 Å이 10^{-10} m이니까 십만 분의 일 Å이지요.

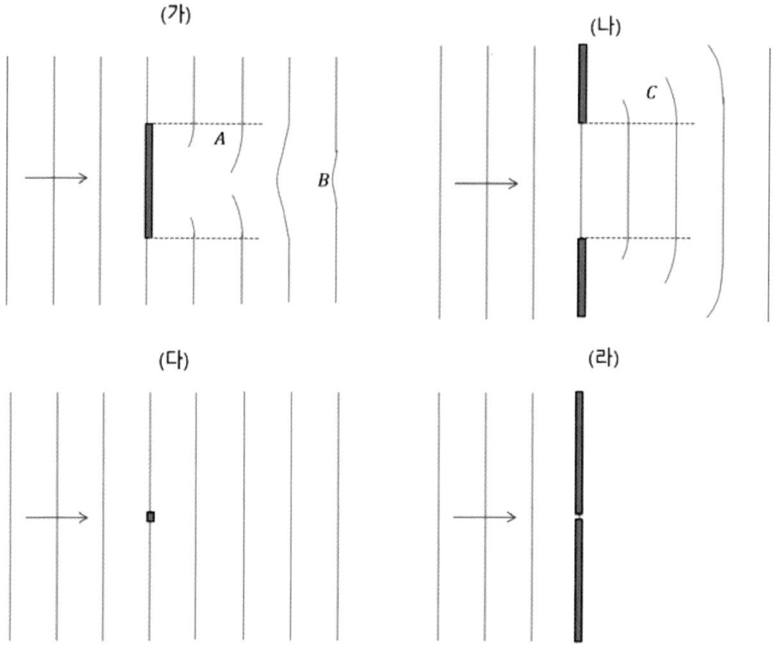

그림 3-24 파동의 회절 (가) 크기가 파장보다 큰 장애물에 의한 회절, (나) 틈의 사이가 파장보다 긴 경우의 회절, (다) 크기가 파장보다 작은 장애물에 의한 회절, (라) 틈의 사이가 파장보다 훨씬 짧은 경우

틈의 크기가 작을 때 잘 일어납니다. 그런데 이 말은 장애물이나 틈의 크기가 파동의 파장과 견줄만할 때 그렇다는 것입니다. 그림 (다)와 같이 장애물의 크기가 파장보다 아주 작으면 파동은 장애물이 없는 것처럼 어떤 영향도 받지 않고 그대로 진행합니다. 그리고 (라)와 같이 틈의 간격이 파장보다 무척 작다면 파동은 그 틈을 통과하지 못합니다. 그림에 나타내지 않았지만 이 경우 파동은 모두 반사합니다. 이것이 마이크로파가 전자레인지의 문짝에 있는 구멍을 통과하지 못하는 이유입니다.

이러한 회절현상으로 인하여 2 Å의 물 분자가 3 Å 정도 떨어져 있는 액체 상태의 물은 가시광선에 대해서는 연속적으로 물질이 분포하고 있는 것과 똑같습니다. 이것이 원자나 분자로 이루어진 이 세상에 있는 모든 물체를 지금 우리가 알고 있는 형태로 볼 수 있는 이유입니다. 그리고 이것이 우리가 원자나 분자의 존재에 대해 알아내고 그 사실을 받아들이는 데 그토록 오랜 세월이 걸린 이유입니다. 만일 우리 눈이 마이크로파에 반응하는 시세포를 가지고 있었다면 이 세상은 다르게 보였을 것입니다. 그 파장보다 작은 물체를 제대로 구분하지 못했을 것이고 그 파장보다 작은 구멍이 있다는 것도 알아채지 못했을 것입니다. 무지개도 다르게 보였겠지요. 이 세상이 전자레인지 정도의 크기를 가진 화소로 찍힌 사진처럼 보일 겁니다. 그와 반대로 만일 우리가 X선을 감지할 수 있는 눈을 가지고 있었어도 세상이 다르게 보였을 것입니다. 그런데 지금 우리는 연속인지 불연속인지가 중요한 것이 아니라, 보이지 않는 분자로 만들어진 물체가 왜 보이는가를 알고자 하는 것이지요? 투명하고 연속적인 물질이 왜 보이는 걸까요?

물에 전기장을 걸면 극성분자인 물 분자들이 전기장 방향으로 정렬을 합니다. 정렬된 물 분자들이 자신들도 전기장을 만들기 때문에 물속의 전기장은 항상 외부에서 걸어준 전기장보다 약해집니다. 이러한 성질 때문에 물속에서는 빛, 즉 전자기파가 진행하는 속력이 공기 중에서 진행할 때의 약 3/4이 됩니다.[31] 빛이 지나가는 속력이 다른 두 매질이 경계면에서 서로

---

31) 어떤 매질에서 빛의 속력은 전기장뿐 아니라 자기장이 강해지는지, 약해지는지에 따라서도 결정됩니다. 물질에 전기장과 자기장을 걸어주었을 때 물질 안에서 전기장은 (외부 전기장)/(상대 유전율)이 되고, 자기장은 (외부 자기장)(상대 투자율)이 됩니다. 물의 유전율은 진공의 4/3배이고 투자율은 진공일 때와 거의 같습니다. 그래서 물속에서 빛의 속도가 달라지는 것은 주로 유전율에 의한 것입니다. 물의 유전율을 결정하는 데에는 물 분자가 극성분자라는 사실이 중요한 역할을 합니다.

맞닿아 있다고 합시다. 한 매질에서 진행하던 빛은 경계면에서 다른 매질을 만나면 **굴절**(屈折, **휘어서 꺾인다는 뜻, refraction**)하여 계속 진행하고, 일부는 다시 그 매질로 **반사**(**반사, 뒤집어서 쏜다는 뜻, reflection**)합니다. 이때 두 물질이 완전히 투명해도 반사가 일어납니다. 경계면이 있으면 100% 투명한 두 매질의 경계면에서도 반사가 일어납니다. 사실 맹물은 거의 투명하지요. 투명한 물질은 경계가 없으면 보지 못합니다. 공기가 있는 곳에서 숨을 쉬며 살고 있으면서도, 또 바람이 부는 것을 느끼면서도 공기 자체는 보지 못합니다. 그러니 우리는 물을 보는 것이 아니라 공기와 물의 경계에서 반사된 빛을 보는 것입니다. 경계만 볼 수 있다면 물체가 어떻게 보이냐고요? 이것으로 충분하지요. 경계만 알 수 있으면 모양을 짐작할 수 있으니까요.

우리가 물이 끓고 있는 주전자 주둥이에서 나오는 김을 볼 수 있고, 눈송이를 볼 수 있는 것은 이것들이 가시광선의 파장보다 훨씬 큰 입자로 뭉쳐 있기 때문입니다. 공기와 물방울의 경계에서 반사된 빛을 보는 것입니다. 일반적인 상황에서 김이나 눈송이는 흰색으로 보입니다. 그런데 이것은 김의 물방울이나 눈송이가 흰색이어서가 아니고, 단지 백색광이 비추어졌고 그 백색광을 이루는 모든 파장의 빛이 골고루 반사되었기 때문입니다. 빨간색 레이저를 비추면 빛이 지나가는 경로가 빨간색으로 보일 겁니다. 김이 나오는 곳을 파란색 셀로판지로 감싼 손전등의 불빛을 비추면 파란색 김이 됩니다. 눈 오는 밤, 도로에서 빨간색 신호등 불빛을 받는 눈은 빨간색으로, 녹색 신호등 불빛을 받는 눈은 녹색으로 보입니다.

우리는 물이 있다는 것을 이렇게 물의 경계에서 반사된 빛을 통해 인지해 왔습니다. 그것도 어린아이가 자라면서 여러 경험을 쌓아야 알게 되지요.

그리고 잔잔한 호수 또는 작은 물웅덩이의 공기와 물이 맞닿은 면에서 파란 하늘이 반사되어 보이는 것에 익숙해집니다. 그러다가 단지 땅 근처의 뜨거운 공기에 의해 굴절이 일어났을 뿐인데 파란 하늘이 우리 눈에 보이면 우리는 그곳에 물이 있다고 착각하게 됩니다. 이것이 사막을 여행하는 사람들이 오아시스의 신기루를 보고, 뜨거운 여름철에 운전할 때 저 멀리 아스팔트에 물이 뿌려져 있다고 잘못 생각하는 이유입니다.

순수한 물을 얼리면 얼음도 투명합니다. 투명한 덩어리의 얼음은 그 경계면만 보입니다. 투명한 물에 띄워 놓아도 투명한 얼음이 보이는 것은 액체 상태의 물과 고체 상태의 얼음 안에서 빛의 속력이 달라서 경계가 빛에 의해 구별되기 때문입니다. 그런데 얼음을 잘게 갈아 빙수를 만들면 작은 조각의 경계가 모두 빛을 반사하니 눈처럼 하얗게 보이지요. 그러다 녹으면 작은 조각들의 경계가 사라지니 연속적인 투명한 물로 돌아갑니다. 가정의 냉장고 냉동실에서 만들어진 얼음은 보통 공기 방울이 그 안에 있어서 불투명하게 보입니다. 얼음 안에 있는 물과 공기의 경계면에서 빛의 반사가 일어나기 때문입니다. 물을 두 번 이상 끓여 물속에 녹아 있는 기체를 제거하고 얼리면 가정에서도 투명한 얼음을 즐길 수 있습니다.

가끔 수돗물을 받을 때 흰색 물감을 풀어 놓은 것처럼 뿌연 물이 나올 때가 있습니다. 다른 사람들이 물을 사용하기 전인 아침 일찍 물을 받으면 그런 일이 잦고, 보일러에서 데운 온수를 받을 때 더 자주 경험할 수 있습니다. 물을 받아 놓고 조금 시간이 지나면 다시 투명한 물이 됩니다. 이것은 보일러에서 물이 데워질 때, 또는 사람들이 수도를 사용하지 않을 때 보일러나 관 속의 압력이 높아져서 물에 공기가 많이 녹아 들어갔기 때문입니다. 그러다가 압력이 낮은 곳으로 나왔을 때 물에 녹아 있는 기체들이 가시광선의 파장보다 큰 덩어리로 뭉쳐서 그 경계가 보이는 것입니다. 김과 눈이 하얀색으로 보인 것처럼 이 공기 방울도 경계가 흰색으로 보입니다. 흔히 오해하는 것처럼 이것들은 수돗물을 소독하기 위해 사용하는 염소 기체는 아닙니다.[32] 사이다와 맥주에서도 흰색의 작은 공기 방울이 올라오는 것을 볼 수 있지요. 이것들은 모두 경계에서 빛이 반사되어서 일어나는 현상입니다.

굴절이 일어나는 것으로부터 물과 공기의 존재를 알아챌 수도 있습니다. 물에 꽂아 놓은 빨대가 휘어져 보이는 것으로부터 우리는 물이 거기에 있다는 것을 알고, 또 아지랑이가 필 때 그곳에 무엇인가 있다는 것을 알게 되지요.

지금까지 빛의 굴절과 반사에 의한 설명은 고전적인 이론입니다. 현대 물리학에서 빛은 광자(光子, 빛 입자라는 뜻, photon)라고 부르는 입자로 취급합니다. 특히, 빛이 물질을 이루는 원자와 반응할 때는 광자 하나와 원자 하나가 만나는 사건으로 이해해야 합니다. 이것이 아인슈타인에게 노벨상을 안겨준 광자이론의 요점입니다. 광자가 원자를 못 본 체하고 지나갈지, 아니면 반응할지는 주사위를 던져서 결정하는 것처럼 확률적으로 일어납니다. 원자의 에너지 준위 사이의 에너지 차이가 광자의 에너지와 같으면 광자는 흡수되거나 아무 일도 일어나지 않을 수 있습니다. 광자를 흡수한 원자는 들뜬 상태에 있다가 언젠가는 다시 원래 상태로 돌아가면서 광자를 방출합니다. 이때 방출되는 광자는 흡수된 광자가 진행하는 방향이

32) 표백제처럼 아주 자극적인 냄새가 난다면 염소 기체일 가능성도 있습니다. 염소 기체는 양이 많으면 황록색으로 보이며, 공기의 주성분인 산소와 질소보다 2배 이상 무거워서 바닥으로 가라앉습니다.

아니라 주사위를 던져 정하는 것처럼 임의의 방향으로 방출됩니다. 그런 에너지 준위가 없다면 광자는 원자와 반응을 하지 않습니다. 흡수되었다가 방출되거나 산란된 광자는 또 다른 원자를 만나 똑같은 과정을 되풀이할 겁니다. 이렇게 광자가 원자와 반응하여 흩어지는 것을 **산란**(散亂, 어지럽게 흩트린다는 뜻, **scattering**)이라고 합니다. 광자와 분자의 반응도 마찬가지입니다. 이것이 빛이 물질 안에서 진행할 때 미시적으로 일어나는 일입니다.

그런데 광자가 물 분자와 반응하여 흡수된 후 다시 방출되거나 물 분자와 충돌하여 산란될 확률은 무척 낮습니다. 그래서 물이 투명한 것입니다. 그렇지만 깊은 바다나 호수처럼 물의 양이 워낙 많으면 이 광자들에 의해 빛의 진행방향과 무관하게 물이 보입니다. 물이 파랗게 보이는 데는 물속에 사는 미생물도 큰 영향을 미칩니다. 하늘이 파랗게 보이는 것은 확실히 공기 분자에 의한 산란이 그 이유입니다. 유리판에 수직으로 강한 빛을 내리쪼일 때 빛의 진행 방향에 수직인 유리의 단면이 녹색으로 보이는 것도 유리 분자에 산란된 빛 때문입니다. 그렇지만 컵에 담긴 물은 그 양이 워낙 적어 눈에 보일 정도의 빛을 산란하지 못합니다. 더구나 경계에 있는 물 분자의 수는 컵에 담겨 있는 물 전체의 양에 비해서도 더 적으니 경계는 더더욱 보이지 않지요. 그런데 이 경계에서는 특이한 일이 일어납니다. 양자역학에서는 고전 전자기학에서 전자기파이던 빛이 광자라는 입자의 모임처럼 취급됩니다. 그리고 고전역학에서 입자로 취급하던 전자는 파동의 성질을 가지게 됩니다. 그러니 광자도 마찬가지입니다. 입자이면서 파동의 성질을 가지는 것입니다. 앞에서 광자가 물질을 지나갈 때 일어나는 상황이라고 이야기한 것은 광자를 일상생활에서 입자와 입자가 만나는 것으로 취급한 것입니다. 즉, 여전히 고전 역학적으로 생각한 것입니다. 양자역학에서 모든 일은 확률적으로 일어납니다. 어떤 빛이 물질의 경계면 또는 그 주위에 있는 원자 또는 분자들과 만나서 반응하여 우리 눈에 들어올 확률은 모든 가능성을 모두 더해서 구해집니다. 경계 또는 그 주위에 있는 원자나 분자들과 반응하거나 충돌하여 우리 눈에 들어올 수 있는 광자들이 보강간섭을 일으킬 확률이 있기에 우리 눈에 그 경계가 보이게 됩니다. 입자인 광자가 파동에서 일어나는 보강간섭을 일으킨다는 것이 받아들이기 어렵지요? 그런데 이것이 양자역학입니다. 빛을 광자의 흐름으로 취급하면서 '빛 입자' 역시 파동의 성질을 가지는 것이지요. 이것은 양자역학을 제대로 이해해야 하는 어려운 문제이니 이쯤에서 설명을 멈추기로 하지요.

자, 이제 물에 대한 마지막 질문입니다. 우리가 알고 있는 거의 모든 분자는 어떤 원자가 몇 개씩 결합하고 있는지를 알 수 있도록 이름을 붙입니다. 예를 들어 NaCl은 염화 소듐(sodium chloride)이라고 부르고, CO_2는 이산화탄소(carbon dioxide)와 같이 부릅니다. 그런데 물 분자인 H_2O는 일산화 이수소가 아니라 그냥 물(water)이라고 부릅니다. 이것은 우리 일상생활에서 용어가 아니라 국제 순수·응용 화학 연합(IUPAC - International Union of Pure and Applied Chemistry)에서 공식적으로 인정한 H_2O를 부르는 용어입니다.

왜 H_2O를 일산화이수소(dihydrogen mono-oxide) 또는 산화수소(oxygen hydrate)라고 부르지 않나요?

같은 족의 황이 수소와 결합한 H_2S는 황화수소(黃化水素, hydrogen

sulfide)라고 부르고, H_2O_2는 물인 H_2O에 비해 산소가 하나 더 많다고 해서 과산화수소(過酸化水素, hydrogen peroxide)라고 부릅니다. IUPAC의 물에 대한 공식적인 명칭은 옥시데인(oxidane)이며, 명명법 규정에 따르면 일산화이수소(dihydgrogen mono-oxide)입니다. mono-oxide에 o가 두 번 겹치니까 monoxide라고 쓸 수도 있습니다. 황화수소처럼 아예 접두사인 이(di-)와 일(mono-)을 빼고 산화수소(hydrogen oxide)라고 해도 됩니다. 하지만 물은 과학에서 뿐만 아니라 지구상의 모든 생명체에 매우 중요한 물질이어서 일상에서 사용하는 보편적인 용어인 물(영어 용어로는 water)을 사용합니다.

우리에게 익숙하지 않은 용어인 일산화이수소로 다음과 같은 농담을 할 수 있습니다. 이것을 DHMO라고 약자로 하면 더 그럴듯하게 되지요. 나무위키[33] 등에 여러 가지 재미있는 내용이 많이 소개되어 있지만 몇 가지 더 추가해 봅니다.

> DHMO라는 물질은 아래와 같은 이유로 사용을 금지해야 한다.
> - 조선 시대 사약을 억지로 마시게 하는 데 사용되었다.
> - 여름철 집안에 곰팡이가 피게 하는 주범이다.
> - 적은 양이 도로에 뿌려지면 미끄러워서 교통사고를 유발할 수 있다. 특히 고체 상태일 때 더욱 위험하다.
> - 산성비의 주성분이며 모든 철제품을 녹슬게 한다.

33) https://namu.wiki/w/물/일산화%20이수소%20관련%20농담#rfn-1

- 동물은 지나치게 섭취하면 죽을 수도 있다. 특히 호흡기가 이 물질에 노출되면 치명적이다. 많은 식물의 뿌리를 썩히기도 한다.
- 이 책도 이 물질과 접촉하면 모양이 심하게 변형되거나 심하면 글을 읽지 못하는 상태가 될 수 있다.

위에 적힌 내용은 끔찍해 보이지만 DHMO가 물이라는 것을 알고 나면 모두 웃게 되지요. 우리 생명체들이 살아가는 데 필수적인 물조차 이렇게 부정적인 면만 강조하면 곧 몹쓸 것이 되고 심지어는 사용을 제한하자고까지 하게 될 것입니다. 이것은 사람들이 과학에 대해 제대로 이해하지 못하고 맹신을 하면 거짓 선동에 얼마나 쉽게 휩쓸리게 되는지를 보여 주는 좋은 예라고 하겠습니다.

CHAPTER

04

달걀(Egg)

자, 이제 식재료를 알맞게 다듬고 자르는 칼에 대해서도 알아보았고, 그것을 익힐 불과 물에 대해서도 알아보았으니 요리에 대한 이야기를 해 봅시다. 어떤 요리부터 시작할까요?

사람에 따라 다르기는 하지만 살면서 처음으로 해 본 요리는 대부분 계란프라이[1)]일 겁니다. 프라이팬을 불 위에 얹고 기름을 두른 후 기름의 온도가 오르면 달걀을 탁 깨서 얹는 게 요리의 끝이지요. 약간의 소금을 손가락으로 집어 그 위에 뿌리는 것이 남았네요. 뒤집기가 약간 어렵지만 잘하지 못해도 큰 문제는 되지 않습니다. 모양이 예쁘지 않더라도 맛은 별 차이 없지요. 누가 뭐라 해도 내가 만든 첫 요리니까요. 맨 처음 해 본 요리가 라면 끓이기였어도 달걀 하나는 넣지 않았겠어요? 그러니 우리 요리 이야기의 첫 주제로 달걀이 좋겠습니다.

1) 달걀의 한자어인 계란(鷄卵)과 '기름에 부친다'는 뜻의 프라이(fry)라는 영어가 혼합된 범세계적인 단어네요. 국립국어원에서는 '달걀부침'이라는 우리말을 쓰기를 권하고 있습니다만 달걀부침이라는 단어로부터는 왠지 흰자가 만든 동그라미 안에 노른자가 만든 작은 동그라미가 들어있는 그 친숙한 계란프라이가 머리에 떠오르지는 않네요. 마치 '파전'을 '파 부침'이라고 하는 것처럼 달걀부침은 맛과 냄새도 다른 음식처럼 느껴집니다. 영어로는 'egg fry'가 아니라 'fried egg'입니다.

달걀로 대표되는 조류의 알 또는 거북이와 같은 파충류의 알은 인류 조상들에게 최고의 음식이었을 것입니다. 하나의 생명체가 탄생하는 데 충분한 모든 영양소가 들어 있으니 원시시대와 비교할 수 없을 만큼 먹을 것이 풍부한 현대에서도 달걀은 영양분 조성이 완벽한 식품으로 완전식품이라고 합니다. 둥지만 찾으면 알을 주울 수 있었을 테니 조개를 잡기보다도 쉬웠을 것이고, 질 좋은 단백질을 섭취하는 아주 귀한 기회였을 것입니다. 알은 요리하지 않고 날로 먹어도 탈이 나지 않는데다가 장기간 보존할 수도 있었지요. 깨지지 않게 조심하기만 하면요.

인류가 가축으로 기르는 데 성공한 최초의 동물이 닭이었을 것이라는 연구도 있습니다.[2] 닭도 다른 동물처럼 상당히 사납기는 하지만 개, 소, 말에 비해 덩치도 작고 접근하기가 쉬웠을 테니까요.[3] 세계 곳곳에 널려 있는 닭 뼈를 조사한 이 연구에 의하면 약 8000년 전 동남아시아 지역에서 닭이 가축이 되었고 4000~5000년 전에 중동으로 전해진 후 2000년 전쯤 이베리아반도를 거쳐 유럽으로 퍼져나갔다고 합니다. 그리고 아메리카 대륙에 닭이 살게 된 것은 콜럼버스 이후입니다. 논어에 '소를 잡는 칼로 닭을 잡지 말라'는 말이 있고, 베드로가 닭이 울기 전에 예수를 세 번 부인한다는 이야기가 성경에 있는 것을 보면 확실히 그 시대에 그 지역에서는 닭이 사육되었다는 것을 알 수 있습니다. 닭이라는 단어가 이미 일상생활에

---

2) Bennett CE et al., *The broiler chicken as a signal of a human reconfigured biosphere*, R. Soc. open sci. 5, 180325(2018). 그런데 개의 가축화는 10000년 전쯤으로 추정하는 연구도 있어서 닭보다 먼저일 수도 있습니다. 사실 현대에 와서도 개를 길들이기가 닭보다 쉽지요.

3) 그런데 고대 이집트 벽화에 동물의 힘을 이용해서 밭을 갈거나 짐을 나르는 그림과 기러기 그림은 보이는데 닭을 그린 그림은 없습니다. 철새인 기러기를 가축으로 길렀는지, 아니면 야생상태에서 포획하기만 했는지는 명확하지 않습니다.

서 친숙하게 사용되고 있었다는 증거이기도 합니다.

달걀은 계란프라이, 삶은 달걀, 계란찜, 계란말이와 같이 요리의 주재료로 사용되기도 하지만 많은 요리에 부재료로도 사용됩니다. 노란색의 계란 지단이 빠진 김밥이나 구절판, 또는 떡국은 상상하기 어렵지요. 밀가루 반죽에 달걀을 섞으면 반죽이 부드러워집니다. 전 부칠 때 달걀은 전의 색과 맛을 좋게 할 뿐 아니라 재료들을 서로 붙이는 중요한 물리적 역할도 합니다. 쿠키를 만들 때도 달걀은 필수지요. 달걀흰자가 만들어내는 거품이 반죽을 적절하게 부풀려서 구워지게 하고 먹기 좋게 해줍니다. 그 작은 공기 방울이 없었다면 밀가루 덩어리를 구워 놓은 딱딱한 쿠키를 쉽게 먹을 수 있는 사람은 드물 것입니다. 마요네즈도 달걀노른자에 식용유와 식초를 넣고 저어 만든 것이지요.

달걀흰자에 들어있는 알부민(albumin)은 대표적인 **단백질**입니다. 단백질(蛋白質)이라는 용어가 아예 '달걀(蛋, 새알이라는 뜻) 흰자(白, 희다는 뜻)를 이루는 물질(質)'이라는 뜻의 한자어입니다. 알부민이라는 이름이 붙은 것도 이것이 달걀흰자를 희게 보이게 하는 물질이라고 생각했기 때문이었습니다. 그래서 흰색을 뜻하는 라틴어 albus가 어원인 album에 화합물에 붙이는 어미(語尾, 말의 꼬리 부분이라는 뜻) -in을 붙인 것입니다. 그리고 단백질을 처음에는 'albuminous material(알부민과 성질이 같은 물질)'이라고 불렀습니다. 현재 단백질을 가리키는 영어 용어는 protein인데 '으뜸'이라는 뜻을 가진 그리스어 proto에 화합물 뒤에 붙이는 어미 in을 붙인 것입니다.[4] 독일어에서는 protein이라는 공용어도 사용하지만 달걀이라는 Ei와

4) 원자핵을 구성하고 있는 양성자(陽性子, 양의 전하를 가지고 있는 입자라는 뜻)의 영어 용어인 proton도 으뜸이라는 뜻의 proto에 입자를 가리키는 어미 -on을 붙인 것입니다.

희다는 weiss를 결합한 아이바이스(Eiweiss)라고 한다니 그것도 직역하면 '단백(蛋白, 달걀흰자)'이 되겠네요.

달걀흰자는 날달걀일 때는 점성이 큰 투명한 액체입니다. 흰색이 아니지요. 그런데 이것을 익히면 희게 변하고 말랑말랑한 겔(Gel) 상태가 됩니다. 이렇게 열에 의해 물리적 성질이 변한다는 것이 단백질의 중요한 특성 중의 하나입니다. 이런 질문으로부터 시작해 볼까요?

왜 달걀흰자는 익히면 하얗게 되나요?

이 현상을 이해하려면 단백질에 대한 몇 가지 사실을 알아야 합니다. 단백질은 **아미노산 분자**가 **펩타이드 결합**을 하여 사슬 모양으로 길게 연결된 고분자 화합물입니다. 아미노기 $-NH_2$, 카복실기 $-COOH$를 모두 가진 분자를 아미노산이라고 합니다. 화학적으로는 약 500여 종의 아미노산을 합성할 수 있다는 것이 밝혀졌지만, 지구에서 생명체의 활동에 관여하는 단백질은 오직 20개의 아미노산으로만 이루어져 있습니다. 특히 이 아미노산들은 아미노기와 카복실기가 같은 탄소 원자에 붙어 있고 여기에 수소 원자와 R(residue)로 나타낸 곁사슬(side chain)이라고 부르는 20가지의 다른 기가 붙어 있습니다. **이러한 일반적 구조의 아미노산을 α-아미노산이라고 하며, 중심이 되는 탄소 원자를 α-탄소라고 합니다.** 한편 아미노기와 카복실기의 상대적 위치를 고려하면, 수소 원자가 탄소 원자의 뒤에 놓이도록 바라보았을 때 카복실기-곁사슬-아미노기의 순서가 시계 반대 방향인 형태를 L형-아미노산이라고 합니다.[5] 아미노기가 붙은 탄소[6]에 카복실기의 탄소가 아닌 다른 탄소가 붙어 있으면 그 탄소 원자를 베타(β) 탄소라고 하고 그 β-탄소에 카복실기가 붙는 아미노산을 β-아미노산이라고 합니다. 같은 방법으로 감마(γ) 탄소와 γ-아미노산이라는 이름도 있습니다.

그림 4-1 (가)는 L형 α-아미노산의 구성과 구조를 설명하기 위한 것입니다. 여기에서 C, N, O 원자의 sp^3 전자 분포는 이들이 공유결합을 할 때 복잡한 입체적인 구조를 가진다는 것을 강조하기 위한 것으로서 실제로 그림과 같은 모양으로 전자가 분포한다는 것은 아닙니다. 단지 카복실기의 탄소, 아미노기의 질소, 곁사슬의 한 원자, 그리고 수소의 위치가 α-탄소를 중심에 두었을 때에 정사면체의 네 꼭짓점에 위치하는 구조라는 것이지요. 물론 이 정사면체는 정확하게 대칭적인 모양은 아닙니다. 꼭짓점을 공유하

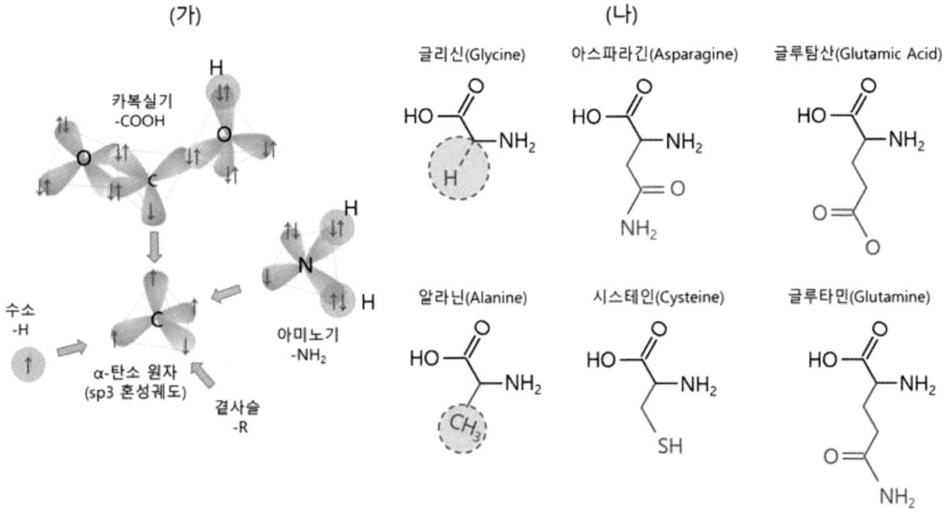

그림 4-1 (가) L형 α−아미노산의 구성 및 구조 (나) 아미노산의 예

---

5) 그 반대 방향인 아미노산은 D형 아미노산이라고 하며 청자고동과 같은 특이한 생명체에서 발견되기도 합니다.

6) 이것을 α-탄소라고 합니다.

는 4개의 원자가 모두 제각각이기 때문입니다. 따라서 물 분자에서도 그랬듯이 이들이 정확하게 109.3°를 이루지는 않습니다.

그림 4-1 (나)는 우리에게 친숙한 몇 개의 아미노산들입니다. 가장 간단한 글리신(Glycine)은 곁사슬이 수소 원자입니다. 그림에서 H와 점선으로 그린 연결선은 설명을 위한 것으로 일반적인 구조 그림에서는 표시하지 않습니다. 다른 수소 하나도 표시하지 않았으니까요. 글리신에는 α-탄소에 붙은 수소가 두 개여서 L형과 D형이 구분이 되지 않습니다. 어떤 수소를 탄소의 뒤로 가게 했느냐에 따라 아미노기와 카복실기가 붙은 순서가 시계 방향으로도 시계 반대 방향으로도 될 수 있으니까요. 콩나물에 많이 있다는 아스파라긴산(asparagine)은 20개 아미노산 중에 가장 먼저 발견된 아미노산입니다. 아스파라거스에서 추출했기 때문에 그런 이름이 붙은 것입니다. 여기에는 아미노기가 두 개 붙어 있네요. 글루탐산은 다섯 번째 맛이라고 부르는 감칠맛을 내게 한다는 아미노산입니다. 다시마나 양파, 그리고 된장과 간장에 많이 들어 있다지요. 조미료통에 글루탐산 나트륨이라고 성분이 표시되어 있을 것입니다. 시스테인은 산소 대신 같은 족의 황 원자가 들어 있는 것이 특징입니다. 이 황 원자는 달걀노른자에서 중요한 역할을 합니다.

그림 4-2는 아미노산이 펩타이드 결합을 하여 단백질로 합성되는 것을 보여줍니다. 어떤 아미노산에 붙어 있는 카복실기의 수산기(-OH)와 다른 아미노산에 붙어 있는 아미노기의 -H가 결합해서 물 분자가 되어 빠져나가면서 두 아미노산으로 더 큰 분자가 만들어지는 것이 펩타이드 결합입니다. 이러한 방식으로 수백 개의 아미노산이 결합하여 단백질 분자를 만듭니다. 단백질을 구성하는 아미노산의 개수와 결합하는 순서에 따라 각각 다른 단백질 분자가 되지요. 우리 몸에는 20개의 L형 α-아미노산이 조합하여

만들어진 수백만 종류의 단백질이 있습니다. 수백만 개라고 하면 무척 많아 보이지만 실제로 이 20개의 아미노산이 결합하여 만들 수 있는 모든 단백질의 수는 이보다도 훨씬 더 많습니다. 100개의 아미노산이 결합하여 만들 수 있는 단백질 분자의 종류는 20^{100}개 정도일 테니까요.

이렇게 제한된 수의 단백질만 존재하는 이유는 단백질이 생물학적으로 만들어지기 때문입니다. 각각의 단백질을 구성하는 아미노산의 개수와 결합 순서는 세포핵 안의 DNA에 정보가 저장되어 있습니다. DNA에 저장된 정보를 mRNA가 베껴서 세포핵 바깥으로 가지고 나와 리보솜의 소단위체와 결합하면 tRNA가 그 정보에 저장된 순서대로 아미노산을 운반해 와서 단백질로 합성을 합니다. 리보솜에서 단백질 합성은 그림 4-2에 'N-말단'으로 표시한 아미노산으로부터 시작해서 'C-말단'으로 표시한 아미노산 분

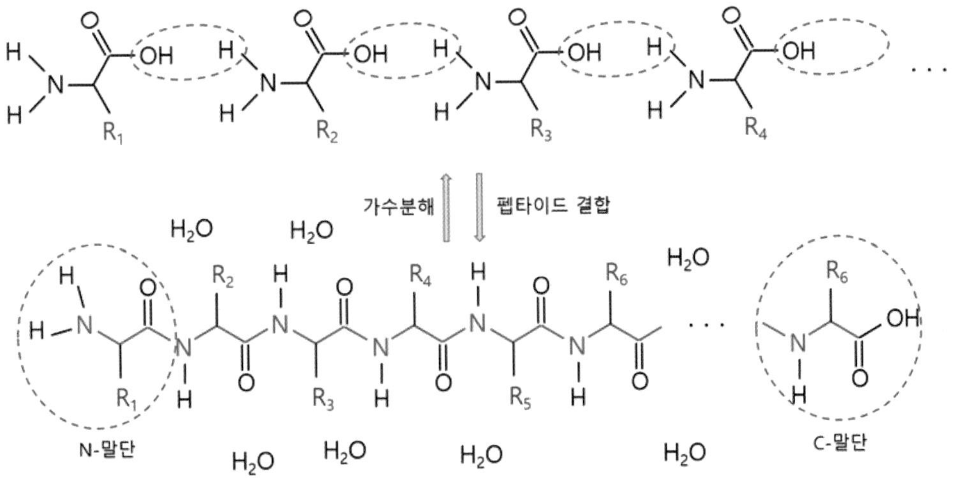

그림 4-2 아미노산의 펩타이드 결합 : 하나의 아미노산에 붙어 있는 카복실기의 수산기 -OH와 다른 아미노산에 붙어 있는 아미노기의 수소 원자가 물 분자가 되어 빠져나가며 두 아미노산이 결합한다.

자까지 차례로 결합을 하는 식으로 일어납니다. 마치 지퍼를 잠글 때 슬라이더를 움직이면 양쪽 이빨이 하나씩 물리듯이 mRNA와 tRNA에 의해 아미노산이 순서대로 붙여져서 단백질이 합성되는 것입니다. 이런 이유로 단백질 분자의 수는 DNA에 있는 정보의 수에 국한되는 것입니다. 그리고 이처럼 리보솜에서 만들어지는 단백질은 곁가지가 없이 아미노산이 일렬로 연결된 아주 긴 실 모양이 됩니다. 단백질 생성이 단순한 화학적 반응이라면 아미노기가 두 개 이상인 아미노산도 있고 수산기가 카복실기에만 있는 것도 아니기 때문에 여기에 펩타이드 결합이 일어나면 곁가지가 만들어질 수도 있겠습니다. 그런데 리보솜에 의해 단백질이 합성되고 오직 하나의 아미노산에 하나의 아미노산을 붙이다 보니 일렬로 연결된 단백질만 만들어지는 것입니다.

그러니까 단백질은 그림 4-2에 빨간색으로 표시한 N-C-C-가 연속되는 긴 띠에 각 아미노산의 특성을 가지게 하는 특정한 기가 하나씩 붙어 있는 구조입니다. 한 아미노산의 질소 원자와 α-탄소원자, 그리고 카복실기의 탄소 원자가 연속해서 연결되는 것이지요. 마치 금줄(禁乼, 타인의 출입을 금하는 乼-매듭이 있는 끈, 줄을 우리말로 보기도 함)[7]에 숯, 고추, 종이가 매달려 있듯이 말이지요. 긴 빨랫줄에 여러 세탁물이 걸려 있는 모습이라고 해도 되겠습니다. 그런데 긴 띠에 붙어 있는 아미노산들은 서로 잡아당기거나 밀어내는 힘이 작용해서 단백질은 길게 늘어선 줄 모양이 아닌, 단백질

7) 거의 사라진 전통이지만 요즘도 아이의 탄생을 축하하기 위해 집에 걸기도 합니다. 인구 감소가 심각한 지자체에서 아이가 탄생한 집에 금줄을 걸어주었다는 것이 뉴스가 되기도 합니다. 타인의 출입을 막아서 아이와 산모를 혹시 모를 감염으로부터 보호하려는 것이 원래의 목적일 겁니다.

고유의 형태를 가지게 됩니다.

자연 상태에서는 이 긴 실 모양의 단백질이 마치 누에 입에서 나온 한 줄의 비단실이 누에고치 모양이 되는 것처럼 이리저리 접히고 뭉쳐서 조그마한 덩어리가 됩니다. 삶기 전 봉지 속에 들어 있는 라면 사리와 같다고 할까요? 단백질 분자가 접히고 뭉치는 과정에서는 다른 아미노산끼리의 수소결합이 중요한 역할을 합니다. 단백질 분자가 물속에 있을 때는 각 아미노산에 붙은 곁사슬이 친수성인지 소수성인지도 단백질이 접힌 모양에 큰 영향을 미칩니다. 단백질 분자가 물속에 있을 때 소수성 곁사슬을 가진 아미노산은 소수성 아미노산들끼리 가깝게 되도록 뭉쳐서 단백질 분자의 내부에 놓이고 친수성 곁사슬을 가진 아미노산은 단백질의 표면 쪽으로 향하여 물과 접촉하도록 접히는 것이지요. 단백질이 어떻게 해서 어떤 모양으로 접히는가를 다루는 **단백질 접힘(protein folding)**은 화학-생물 분야는 물론 물리와 컴퓨터 과학에서도 아주 중요한 문제입니다. 아미노산이 다른 아미노산으로 바뀌거나, 화학반응에 의해 아미노산의 특성이 바뀌는 등의

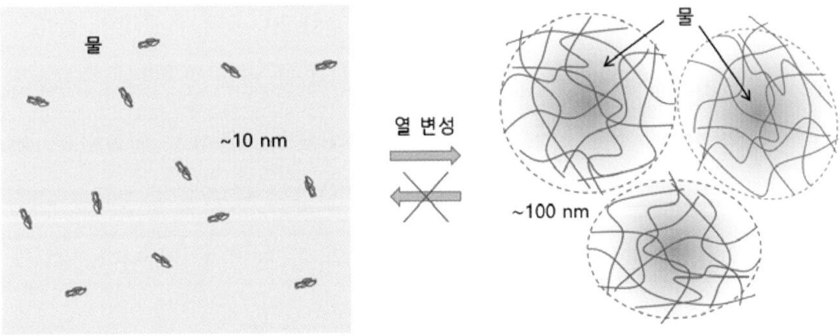

그림 4-3 단백질의 열변성. (접혀 있던 단백질 분자가 풀려난 후 분자들끼리 엉켜 큰 덩어리로 뭉친다.)

이유로 단백질 접힘이 제대로 일어나지 않으면 단백질이 정상적인 기능을 하지 못하고 질병으로 이어질 수 있습니다. 반대로, 질병을 유발하는 단백질은 접힘을 제대로 일어나지 못하게 함으로써 질병을 막을 수도 있습니다. 그러니 단백질 접힘은 당연히 의학에서도 중요한 문제지요.

'달걀흰자가 익으면 왜 흰색이 되는가?'라는 질문을 던져 놓고는 너무 복잡한 이야기만 했네요. 지금까지의 이야기를 요약하면 단백질 분자는 긴 실처럼 아미노산이 연결된 것인데 자연 상태에서는 이것들이 단단히 뭉친 실 덩어리처럼 되어 있다는 것입니다. 알부민은 3.8 nm의 지름에 15 nm의 길이를 가진 길쭉한 럭비공 모양의 단백질 분자입니다.[8] 이것은 물 분자의 크기에 비해서는 엄청나게 큰 것입니다. 하지만 이 역시 우리 눈에 보이지는 않습니다. 그래서 앞 장에서 설명한 것처럼 달걀흰자는 우리 눈에 그 경계만 구별할 수 있는 연속적이고 투명한 물질로 보입니다. 유리나 물만큼 투명하지는 않고 약간 혼탁하고 뿌옇지만요. 달걀흰자에 레이저 빛을 쪼이면 물 분자보다 훨씬 큰 단백질 분자들에 의한 빛의 산란으로 레이저 빛이 퍼져 보입니다. 이것을 **틴들 효과(Tyndall Effect)**라고 합니다.

그런데 열을 가해 온도가 올라가면 똘똘 뭉쳤던 단백질 분자가 풀립니다. 라면사리가 풀어지는 것처럼요. 이렇게 풀린 단백질 분자는 물리적, 화학적 성질이 변하기 때문에 이것을 **변성(變性**, 본성이 변한다는 뜻, **denaturation)**[9]이라고 합니다. 이 풀린 실 모양의 단백질 분자들은 그림 4-3에 보인 것처럼 서로 엉켜 수백 nm 정도의 큰 덩어리가 됩니다. 날달걀

---

8) 우리에게 잘 알려진 혈액 속의 헤모글로빈은 납작하게 눌린 공 모양의 단백질입니다.

9) 단백질에서 일어나는 미시적 변화를 이해하기 전에 붙여진 이름이라 단백질이 자연 상태에서 가지고 있던 본성이 변한다는 사실에만 초점을 둔 것으로 보입니다.

일 때는 물에 단백질 분자가 섞여 있었는데 익힌 달걀흰자에서는 그물과 같은 단백질 분자 덩어리에 물이 갇힌 상태가 됩니다. 수백 nm의 크기는 가시광선의 파장 수준입니다. 이렇게 커진 덩어리들은 모든 파장의 빛을 산란할 수 있어서 흰자가 익으면 흰색으로 보입니다. 그리고 투명하지도 않게 됩니다. 물 분자들이 물방울로 뭉쳐 구름 또는 김이 되면 우리 눈에 하얗게 보이고, 김이 꽉 찬 목욕탕이나 안개가 낀 길에서는 앞쪽이 잘 보이지 않는 것과 같은 원리입니다. 이렇게 가시광선 파장보다 큰 입자들에 의해 모든 파장의 빛이 산란되어 흰 덩어리로 보이는 것을 **미 산란**(Mie scattering)[10]이라고 합니다.

풀린 단백질끼리 엉킨 덩어리도 또 다른 덩어리와 결합을 하며 그물망처럼 생긴 구조물을 만듭니다. 그래서 익은 달걀흰자는 모양이 변하지 않지요. 그렇다고 딱딱한 고체는 아니고 외부에서 힘을 가하면 쉽게 모양이 변합니다. 각각의 덩어리가 물풍선처럼 모양이 변할 수 있고 결합력도 약하니까요. 외부 힘이 강해 모양을 완전히 바꿔놓지 않았다면 그 외부 힘이 사라지면 원래 모양으로 돌아오는 탄성도 가지고 있습니다. 이러한 상태를 **겔(Gel) 상태**라고 합니다. 한번 변성된 단백질은 원래 상태로 되돌릴 수 없습니다. 흰색의 불투명 겔 상태가 된 익은 달걀흰자를 원래의 투명하고 유동적인 액체로 바꾸지는 못하지요. 이 변화는 각각의 아미노산이 다른 아미노산으로 바뀌지도 않고 단백질이 다른 단백질로 바뀌는 것도 아니라서 물리적 변화라고 할 수 있습니다. 마치 실뭉치로 잘 뭉쳐 있던 실이 풀려 엉켜서 헝클어지는 것과 같은 것이지요. 하지만 단백질의 서로 다른 아미노산의

---

10) Mie(Gustav Adolf Feodor Wilhelm Ludwig Mie, 1868-1957)는 독일 과학자 이름입니다.

기에 있는 원자들끼리 새로운 화학적 결합을 하는 것으로 취급할 수도 있습니다. 인산화(燐酸化, phosphorylation)나 당화(糖化, glycosylation)가 일어나는 경우 특정 이온이 아미노산과 실제로 화학결합을 하며 단백질의 구조를 바꾸기도 합니다. 단백질의 구조가 빠르게 바뀌어야 하는 경우에는 이러한 이온들이 붙거나 떨어지는 화학반응이 매우 효율적입니다.

우유가 하얗게 보이는 것도 달걀흰자와 같은 원리입니다. 우유에도 단백질이 많이 들어 있지요. 약 3.3%가 단백질입니다. 우유 단백질의 4/5는 카제인(casein)이라는 단백질이고 나머지는 세럼(serum)이라는 단백질입니다. 언젠가 '카제인산 나트륨을 함유하지 않는 인스턴트 커피믹스'를 강조하는 광고가 TV에 나온 적도 있었지요.[11] 이 광고를 보면 마치 카제인이 우리 몸에 나쁜 성분인 것으로 오해할 수 있습니다. 하지만 카제인은 우리 사람들에게 필요한 9개의 필수 아미노산을 함유한 훌륭한 단백질입니다. 특히 카제인에 들어 있는 인(燐, Phosphate) 성분은 칼슘과 결합하여 인산칼슘 염을 만들기 때문에 우유는 다른 액체보다 더 많은 칼슘을 포함할 수 있습니다. 그러니 우유를 마시는 것은 우리 몸에 칼슘을 공급하는 아주 좋은 방법이지요. 이 인산칼슘을 매개로 하여 카제인 단백질 여러 개가 그림 4-4와 같이 작은 덩어리(하위 마이셀, submicelle)로 뭉치고 이것들이 더 모여 수백 nm 정도의 크기를 가진 덩어리로 뭉치는데, 이런 덩어리를

11) 인스턴트 커피믹스에 넣는 우유 가루는 우유에 식초와 같은 산을 넣어 카제인을 덩어리로 만든 후 말려서 만듭니다. 이 과정에서 산의 신맛을 없애기 위해 수산화나트륨으로 중화를 합니다. 그때 들어간 나트륨과 카제인이 결합하여 카제인산 나트륨이 되는데 나트륨을 과다 섭취하면 몸에 좋지 않기 때문에 그런 광고를 한 것으로 보입니다. 그 과정에서 카제인이 누명을 쓴 것이지요. 조미료의 글루탐산 나트륨에서도 글루탐산이 나쁜 것이 아니라 나트륨이 문제인 것입니다.

마이셀(micelle)이라고 합니다. 마이셀은 소수성 부분들을 가운데에 두고 친수성 부분이 바깥의 물 쪽을 향하는 구조를 말합니다. 이 마이셀의 크기가 가시광선의 파장과 비슷하기 때문에 모든 파장의 가시광선을 사방으로 산란하는 미 산란이 일어나 하얗게 보이는 것입니다.

카제인 단백질이 뭉친 마이셀의 크기는 물 분자에 비해서는 무척 큰 것입니다. 달걀흰자의 알부민 단백질도 우유 마이셀의 크기보다는 작지만 물 분자에 비해서는 훨씬 큽니다. 소금물에 녹아 있는 소듐 또는 염소 이온의 수화물, 그리고 설탕물에 녹아 있는 설탕 분자의 크기와 비교해도 무척 큽니다. 하나의 달걀에 들어 있는 흰자를 한 변의 길이가 1 mm인 작은 정육면체 조각으로 나누면 그 안에 들어있는 물 분자의 개수는 조각마다 거의 차이가 없습니다. 단백질 분자의 개수도 조각마다 별 차이가 없을

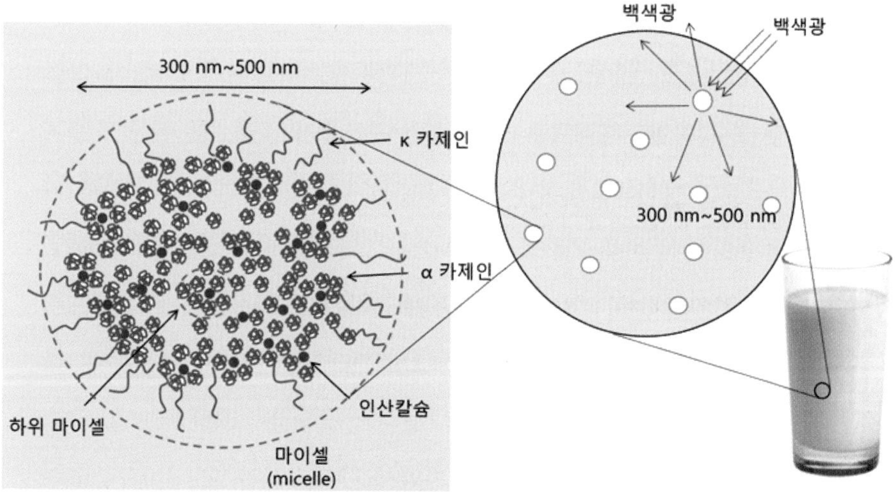

그림 4-4 카제인 분자들은 결합하여 300~500 nm 크기의 마이셀이 되어 모든 파장의 빛을 산란(미 산란)하기 때문에 우유가 하얗게 보입니다.

것입니다.[12] 이 정도 크기에서는 우유나 달걀흰자는 균질하다고 할 수 있습니다. 그렇지만 그 안에 들어 있는 알부민 단백질 분자 또는 우유 마이셀을 셀 수 있을 정도인 작은 부피를 가진 조각으로 나누면 이야기가 달라집니다. 각각의 조각에 들어 있는 물 분자의 수는 거의 차이가 없겠지만 단백질 분자의 수는 다르겠지요. 이 정도의 크기에서는 달걀흰자는 불균질 혼합물입니다. 일반적으로 수 nm~수 μm 정도의 크기를 가진 분자 또는 입자가 크기가 훨씬 작은 분자로 이루어진 다른 물질과 섞여 있으면 균질한지 불균질한지를 명확하게 구분하기 어렵습니다. 이러한 상태를 **콜로이드(Colloid, 교질, 膠質)**[13]라고 합니다. 달걀흰자와 우유는 대표적인 콜로이드입니다.

두유가 하얗게 보이는 것도 물과 섞인 입자의 크기가 가시광선의 파장과 비슷하거나 크기 때문입니다. 그런데 이것은 소의 몸에서 만들어진 작은 단백질이 마이셀 형태로 뭉친 우유와는 약간 다른 이유로 하얗게 보입니다. 콩을 이루는 세포에는 많은 수의 단백질 분자가 모여 단단히 뭉쳐져 있는 덩어리가 있습니다. 콩을 불려서 믹서로 갈아도 이 덩어리가 하나하나의 단백질로 분리되지는 않습니다. 이 메주콩을 물과 섞어 간 것이 하얗게 보이는 것은 단순히 그 덩어리들이 가시광선의 파장보다 크기 때문입니다.[14] 이것을 눈이 아주 가는 체나 헝겊으로 거르면 비지와 콩물이 분리됩니다. 체나 헝겊의 눈이 아무리 촘촘하다고 해도 가시광선 파장보다는 크기 때문이지요. 콩 세포에 있는 단백질 덩어리의 크기는 1 μm 정도이기 때문에

12) 여기에서 '같다'라는 것은 오차 범위 안에서 구별할 수 없을 정도라는 것을 말합니다.

13) 한자어인 교질(膠質)이라는 용어보다는 영어 용어인 콜로이드가 더 일반적으로 쓰이는 것으로 보입니다. 교(膠)는 끈적끈적한 것을 나타내는 한자이고 예전에 목공예에 주로 사용했던 아교의 '교'자가 같은 한자를 씁니다.

14) 검은콩을 갈면 약간 거무튀튀한 콩물이 되지요.

비지 조각에 갇혀 있지 않다면 콩물에 섞여 있게 됩니다. 이 콩물을 끓이면 단백질들이 분리되고 이들이 다시 엉겨 붙어 우유에서처럼 다시 덩어리를 이루며 두유가 됩니다. 두유의 단백질은 콩에 들어 있을 때부터 가시광선을 산란할 정도의 크기를 가진 덩어리를 이루기 때문에 만드는 과정에서 계속 흰색으로 보입니다.

두유를 만들 때 믹서로 갈기 전에 콩을 삶아도 됩니다. 두유를 만드는 것만이 목적이라면 갈고 나서 끓이는 것이 에너지를 아끼기는 하겠네요. 여하간 순서가 어떻든 반드시 익혀야 합니다. 그 이유는 콩에 단백질 분해 효소인 프로테아제(protease)의 활성을 억제하는 물질이 들어 있어서 날것으로 먹으면 소화가 되지 않기 때문입니다. 끓이면 이 단백질 분해를 억제하는 물질이 열로 파괴되어 줄어듭니다. 콩물을 끓이거나 콩을 삶는 또 다른 이유는 콩에서 나는 특유의 비릿한 냄새를 제거하기 위한 것이기도 합니다. 비린내는 콩에 들어 있던 지방이 분해 효소를 만나서 알코올, 알데히드, 케톤과 같은 화합물이 될 때 나는 것인데 80℃ 이상으로 끓이면 없어집니다. 콩 또는 콩나물을 삶을 때 뚜껑을 일찍 열면 비릿한 냄새가 나는 것은 아직 이 온도에 이르지 못했기 때문입니다. 그렇지만 높은 온도에서 너무 오래 콩을 삶거나 콩물을 끓이는 것은 좋지 않습니다. 콩을 간 콩물을 끓이는 경우 변성된 단백질이 엉겨 붙으면서 두부처럼 덩어리가 표면에 막이 생깁니다.[15)]

우유와 두유에 들어 있는 단백질은 열에 의한 풀림 현상이 알부민처럼 심하지 않아서 끓이더라도 달걀흰자처럼 겔 상태가 되지는 않습니다. 두유

15) 우유를 너무 뜨겁게 끓여도 이런 막이 생깁니다.

에서 콩 단백질은 약간 풀린 정도가 됩니다. 끓이기 전에 평균 40 nm 정도의 크기를 가지던 입자들이 90℃로 15분을 끓이면 부피가 최대 두 배 정도로 커집니다.[16] 그런데 콩물을 끓이면서 간수를 섞어주면 경이로운 일이 일어납니다. 단백질의 카복실기 −COOH의 H^+가 간수에 들어 있던 Ca^{2+} 또는 Mg^{2+}로 치환이 되면서 서로 다른 단백질 분자가 결합하여 분자들이 뭉치게 됩니다. 그 결과 콩물 안에 두부가 만들어지며 몽글몽글 하얀 두부꽃이 피어납니다. 이것을 그대로 요리하면 순두부 음식이 되고 틀에 넣고 무거운 것으로 눌러 물을 빼면 일반 두부가 되지요. 물을 뺀 두부라 하더라도 두부 단백질이 뭉친 덩어리 안에는 상당량의 물이 붙잡혀 있습니다. 달걀흰자 익힌 것에 물이 갇혀 있듯이 말이지요.

그림 4-5는 이 과정을 보여주기 위한 것입니다. 간단히 특성만을 보여주기 위해 적은 수의 단백질 뭉침만 나타냈지만 실제 상황에서는 훨씬 많은 수의 단백질 분자가 뭉칩니다. 두유에서는 소수성 아미노산들이 물을 피해 자신들끼리 뭉치려는 성질과 S-S 결합으로 다른 단백질들이 상호작용을 하며 서로 뭉쳐서 가시광선의 파장보다 큰 알갱이를 이룹니다. 이때 단백질의 C-말단에 있던 카복실기는 해리하여 $-COO^-$가 되어 있습니다. 여기에 +2가의 Ca^{2+} 또는 Mg^{2+} 이온이 첨가되면 $-COO-Ca^{2+}-COO-$ 결합을 하며 더 많은 단백질이 엉기는 것입니다. 두부를 만들 때 간수가 아닌, 순수한 소금물만 넣으면 안되는 이유가 여기 있습니다. 소금에 들어 있는 Na^+의 +1가 이온은 단순히 H^+를 치환하기만 할 것이어서 단백질 분자를 엉기게

16) H. Zhao, W. Li, F. Qing and J. Chen, *Calcium sulphate-induced soya bean protein tofu-type gels: influence of denaturation and particle size*, International Journal of Food Science and Technology 2016, 51, 731-741

하지는 못하기 때문입니다. 그 반응 결과 만들어진 염이 앙금으로 가라앉기는 하겠지만 분자 속에 물을 가둔 두부의 부드러운 질감을 내지는 못할 것입니다. 요즘은 화학적으로 만든 $CaSO_4$나 $MgCl_2$를 또는 G.D.L.(글루코노-δ-락톤, $C_6H_{10}O_6$)을 사용하지만, 예전에는 보관해 놓은 소금이 습기를 빨아들여 축축해지며 녹아 나온 것을 모아 사용하였습니다. 간수는 음식의 짜고 싱거운 것을 가리키는 '간'이라는 말에 물이라는 뜻을 가진 한자 수(水)를 붙인 용어입니다. 염화 소듐이 아닌 다른 불순물이 이온 결합을 제대로 하지 못한 채 소금에 섞여 있다가 분리되어 나온 것입니다. 간수는 짠맛이 아니라 쓴맛이 납니다. 그래서 간수가 빠져나온 소금은 맛이 좋다고 하지요.

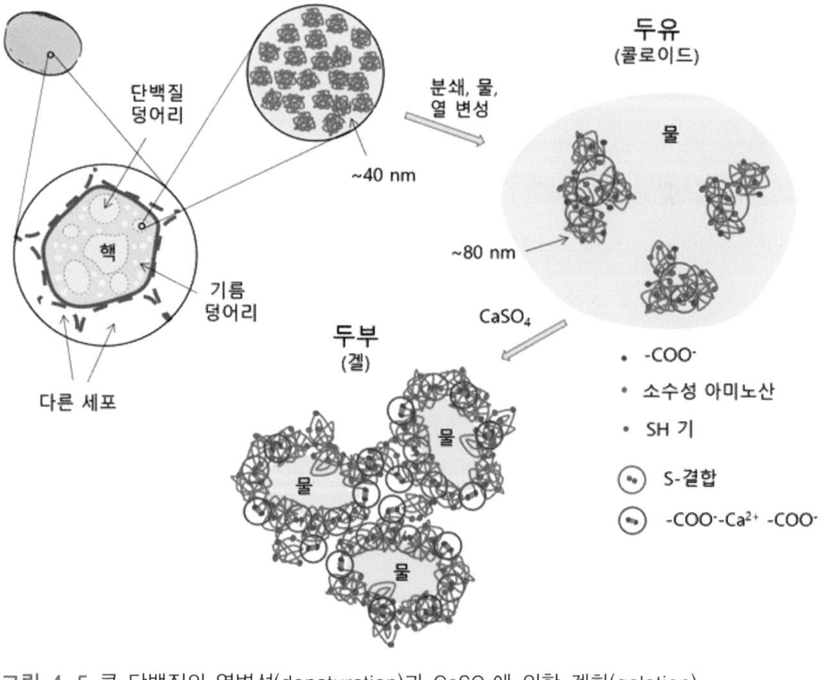

그림 4-5 콩 단백질의 열변성(denaturation)과 $CaSO_4$에 의한 겔화(gelation).

두부가 만들어지는 과학적 원리를 간단히 알아보았습니다. 이러한 원리를 이해하지 못한 상태에서 단순히 경험에만 의존해서 두부와 같은 멋진 식재료를 만들어냈다는 것이 놀랍지 않나요? 그것도 날것으로 먹으면 소화가 되지 않아 배탈이 나는 콩으로 말입니다.

그림 4-5에 나타낸 것처럼 콩은 하나의 세포가 아닙니다. 하나의 세포인 달걀과는 다르지요. 콩뿐 아니라 모든 식물의 씨앗이 그렇습니다. 식물에서 달걀에 해당하는 것은 수분이 일어나기 전의 암술에 들어 있는 밑씨입니다. 수술에서 온 정핵이 이곳에 있는 난자와 결합한 후 분열하여 **배**(胚, **embryo**)[17]가 되는데 이것도 이미 여러 세포이며 식물의 잎, 줄기, 뿌리 부분을 갖추고 있습니다. 그림 4-5에 보인 세포는 배가 자라는 데 필요한 양분을 저장하고 있는 **배젖**(胚젖, **endosperm**)[18] 부분입니다. 이 배젖은 수술에서 온 정핵이 밑씨에 있던 2개의 극핵과 결합한 후 식물 본체로부터 물질을 받아 여러 세포로 분열하고 거기에 단백질과 지방을 저장하고 있는 것입니다. 그래서 콩의 배젖 세포의 핵은 세 쌍의 염색체를 가지고 있습니다.[19]

자, 이제 우리는 익힌 달걀흰자가 왜 흰색인지, 우유와 두유, 그리고 두부가 왜 흰색인지 알았습니다. 도저히 볼 수 없을 정도로 작은 분자들이 가시광선의 파장보다 큰 크기를 가진 덩어리들로 뭉쳐서 모든 파장의 빛을 산란하는 것이 그 원리였지요. 그런데 노른자는요?

---

17) '싹'이라는 뜻의 芽를 붙여 배아(胚芽)라고도 합니다. 한자 胚는 고기를 뜻하는 肉(육)이 변형된 月과 크다는 뜻을 가진 한자 丕(비)가 합성된 글자입니다. 살이 자란다는 뜻으로 만들어진 것이지요.

18) 배유(胚乳)라는 한자 용어에서 유(乳)를 젖으로 바꾼 것입니다.

19) 식물에 따라 두 쌍만 가지는 것도 있고 심지어 15쌍의 염색체를 가지고 있기도 합니다.

왜 노른자는 노란색이지요?

달걀노른자에는 노란색을 내는 색소인 **잔토필(Xanthophyll)**[20]이 들어 있기 때문입니다. '노른자니까 노란색이지'[21]라는 것보다는 낫지만 정말 썰렁한 대답이네요? 그러면 '왜 잔토필 분자가 섞여 있는 물질은 노란색으로 보일까요?'라고 질문을 해야겠지요? 그 답은 '잔토필 분자는 가시광선에서 파장이 짧은 파란색 빛을 흡수하기 때문'입니다. 그래서 흡수되지 않고 남은 빛이 우리 눈의 녹색과 빨간색을 감지하는 원뿔 모양 세포를 자극하니까 노란색으로 보이는 것입니다.

확인해 볼까요?

밤에 전등을 끈 부엌에서 계란프라이에 파란색 셀로판지로 감싼 손전등 불빛을 비춰보세요. 흰자와 노른자가 어떤 색으로 보이나요? 빨간색과 녹색 셀로판지로 감싼 손전등 불빛에는 어떻게 보이나요? 빛이 들어가지 않을 정도로 두꺼운 종이로 만들어진 포장 상자에 손전등을 비출 수 있는 구멍과 들여다보는 구멍을 뚫은 뒤 그 안에 계란프라이를 넣으면 낮에도 이 실험을 해 볼 수 있습니다. 이때 손전등 빛 외에는 다른 빛이 들어가지 않도록 단단히 구멍을 막아야 합니다.

---

20) 노란색이라는 뜻의 그리스어 xanthos와 잎이라는 뜻의 그리스어 phyllon을 합성한 단어입니다. 그러니까 노란색 잎이라는 뜻이네요. 노란색을 내는 루테인과 주황색을 내는 제아잔틴이 주성분입니다. 우리 눈의 망막에 농축되어 있어서 노란색으로 보이는 부분이 있는데 그곳을 황반이라고 부릅니다. 이곳에 있는 루테인이 에너지가 높은 파란색 빛을 흡수하기 때문에 노란색으로 보이는 겁니다.

21) 이 말은 농담으로야 할 수 있겠지만 절대로 논리적이고 과학적인 설명은 될 수 없습니다. 노란색이어서 노른자라 부르는 것일 테니 그렇게 말하면 원인과 결과를 바꾼 것이니까요.

이 실험으로 달걀흰자는 모든 빛을 반사하지만 노른자는 파란색 빛을 반사하지 않는다는 것을 알았습니다. 노른자가 흡수한 것이지요. 반사되지 않았을 뿐인데 어떻게 흡수되었다고 말할 수 있을까요? 파란색 빛이 반사가 되지 않고 모두 통과해버렸다고 해도 될 텐데요? 그런데 익힌 노른자나 흰자 모두 불투명합니다. 계란프라이를 그림이나 글씨가 있는 접시에 담으면 그 부분을 가리잖아요? 투명하다면 그림이나 글씨가 보였을 것입니다. 불투명한 물체에서 반사되지 않은 빛은 흡수된 것입니다.

아직도 물리적으로 시원한 답은 아닙니다. 물리학에서는 왜 잔토필 분자는 파란색 빛을 흡수하는지까지 알아내야 직성이 풀리지요. 그 답은 잔토필 분자의 구조에 있습니다. 그림 4-6의 (가)와 (나)는 달걀노른자에 있는 잔토필 분자인 제아잔틴(Zeaxanthin)과 루테인(Lutein)의 **골격 구조식**입니다. 골격 구조식에서는 탄소 원자를 나타내는 원소기호 C는 표시하지 않고 선의 양쪽 끝에는 탄소 원자가 있는 것으로 약속합니다. 수소 원자도 나타내지 않습니다. 탄소 원자가 있는 곳에 선이 네 개가 만나지 않으면 그 차이만큼 수소 원자가 있다고 약속합니다. 그림 4-6 (가)에서 점 A, B, C, D에는 탄소 원자가 있는 것이며, 각각의 점에 4개, 3개, 2개, 1개의 직선이 만나므로 여기에 각각 0, 1, 2, 3개의 수소 원자가 결합하고 있는 것입니다. 그림 4-6 (나)에서 루테인 분자의 수소 원자를 구체적으로 표시한 것은 제아잔틴 분자와 이 부분만 다르다는 것을 강조하기 위한 것입니다.

골격 구조식에서 탄소 원자 사이의 두 선은 두 쌍의 전자를 공유하는 이중결합을 나타냅니다. 두 탄소 원자가 이중결합을 하는 경우 2s 궤도와 두 2p 궤도가 섞인 그림 4-6 (다)와 같은 세 개의 sp^2 혼성궤도에 전자가 채우며 전자를 공유합니다. 세 혼성궤도의 중심축은 하나의 평면에 놓이며 서로 120°를 이룹니다. 그리고 sp^2 혼성궤도에 섞이지 않은 나머지 2p 궤도의 중심축은 모든 sp^2 혼성궤도의 중심축과 수직입니다. 그림 4-6 (라)는 두 개의 탄소 원자가 이중결합을 하는 것을 설명하기 위한 간단한 모형입니다. 그림에 보인 것처럼 두 탄소 원자가 sp^2 혼성궤도 중 하나에 채워진 전자를 공유하여 한 쌍이 되며 결합이 일어나는 것을 **시그마(σ) 결합**이라고 합니다. 이중결합의 다른 한 쌍은 각 탄소 원자의 sp^2 혼성궤도에 참여하지 않은 2p 궤도를 채운 전자를 공유하며 짝을 이룹니다. 이렇게 결합이 일어나는 것을 **파이(π) 결합**이라고 합니다. 이중결합을 할 때 전자 분포는

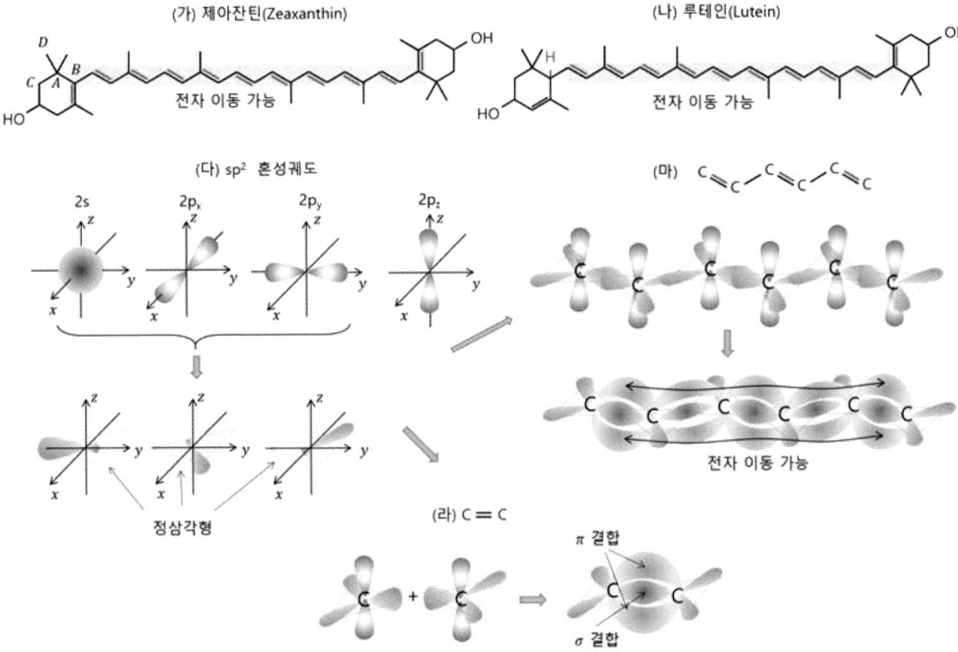

그림 4-6 (가), (나) 달걀노른자를 노랗게 보이게 하는 색소 분자, 제아잔틴(Zeaxanthin)과 루테인(Lutein)의 골격 구조식 (다) sp^2 혼성궤도에서 전자의 확률분포 (라) 두 탄소 원자의 이중결합에서 σ 결합과 π 결합 (마) 여러 탄소 원자의 이중결합-단일결합 사슬.

인접한 원자의 영향으로 그림 (다)와 같은 단일 원자일 때의 모양을 유지하지 못하고 그림 (라)에 보인 것처럼 변형이 일어납니다.

그런데 그림 (가)와 (나)에 보인 골격 분자식에서처럼 이중선과 단일선이 번갈아 나타나는 경우 그림에 표시한 곳만 이중결합이거나 단일결합인 것은 아닙니다. 그림 4-6 (마)에 보인 것처럼 π 결합은 (가)와 (나)에 이중선과 단일선으로 표시한 두 탄소 원자 모두에서 일어납니다. 그리고 여기를 채운 전사들은 인접한 두 원자가 공유하는 것이 아니라 그림 (마)에 있는 6개의 탄소 원자, 또는 그림 (가)와 (나)에서 노란색 사각형 안에 들어 있는 모든 탄소 원자 모두가 공유하는 것이 됩니다. 그러니까 π 결합에 참여하는 전자들은 어느 두 탄소 원자에 구속되어 있는 것이 아니라 여러 원자를 가로지르면서 어느 정도 자유롭게 이동할 수 있는 것입니다. 물론 평균적으로는 어느 한 원자가 전자를 1개 가지고 있고 인접한 두 전자가 전자 한 쌍을 공유하는 것은 유지하지요.

이것은 금속 원자가 전자를 내어놓고 이온이 되면서 덩어리로 결합하는 금속결합과도 비슷합니다. 전자는 금속 안에서 자유롭지만 평균적으로 이온 1개당 전자의 수가 같도록 전자가 균일하게 분포하지요. 그래서 빛, 즉 전자기파가 그림 (가) 또는 (나)와 같은 분자를 만나면, 전파가 금속으로 만든 긴 막대 모양의 안테나를 만날 때와 똑같은 일이 일어납니다. 안테나의 길이에 따라 특정한 파장의 전파가 붙잡히는 것처럼 연속된 π 결합 부분의 길이에 따라 특정한 파장의 빛이 분자에 흡수됩니다. 그 빛의 에너지는 π 결합에 참여한 전자를 높은 에너지 준위로 들뜨게 합니다. 그래서 그림 (가)와 (나)에 보인 제아잔틴과 루테인은 파란색 빛을 흡수할 수 있는 안테나입니다. 제아잔틴에서 π 결합의 길이가 루테인보다 조금 더 기니까 더

긴 청록색의 빛을 흡수할 수 있습니다. 그래서 제아잔틴은 약간 주황색으로 보이고 루테인은 노랑색으로 보입니다.

이러한 잔토필 분자가 어떻게 달걀에 들어 있게 되었을까요? 이 분자들은 닭의 몸에서 만들어진 것이 아니라 모이에 들어 있던 것입니다. 동물은 색소 분자를 만들지 못합니다.[22] 식물만 이 분자들을 만들 수 있는데 특히 식물의 잎에 많이 들어 있습니다.[23] 그래서 풀을 많이 먹인 닭이 낳은 달걀의 노른자는 잔토필을 많이 함유하여 노란색 또는 주황색이 더 선명할 수 있습니다. 달걀노른자의 색에 따른 영양분의 차이는 크지 않다고 합니다만, 적어도 선명한 색의 노른자는 신선한 풀을 먹을 수 있는 좋은 환경에서 자란 건강한 닭이 낳은 것이라고 볼 수 있겠습니다. 식물의 잎 외에도 사료에 섞인 곡물, 특히 옥수수에도 잔토필이 들어 있어서 양계장에서 사육하는 닭도 노른자를 노랗게 할 정도의 색소를 얻을 수 있습니다.

달걀노른자에는 단백질, 지방, 물이 약 1:2:3으로 섞여 있습니다.[24] 달걀흰자는 90%가 물이고 나머지 10%가 단백질입니다. 달걀노른자는 흰자에 비해 물의 양이 상대적으로 적어서 삶은 달걀을 먹을 때 노른자 부분은

---

22) 최근에는 특별한 진딧물과 응애는 이러한 분자를 만들어 낼 수 있다는 것이 밝혀졌습니다.

23) 새싹이 노란 이유가 바로 이 색소 때문입니다. 잎에 엽록소가 많아지면 녹색이 됩니다. 그러다가 가을이 되어 잎을 떨구기 전에 엽록소를 분해하여 저장하기 때문에 잔토필의 색이 다시 나타나며 아름다운 단풍이 드는 것입니다.

24) 그 외에 여러 종류의 비타민과 악명높은 콜레스트롤도 들어 있습니다. 혈액에 들어 있는 콜레스트롤의 양이 지나치게 많으면 동맥경화증을 유발할 수도 있어서 한때 달걀노른자는 성인병을 일으키는 식품으로 여겼습니다. 하지만 콜레스트롤은 세포의 세포막을 구성하는 주요 성분이고 신체가 제대로 기능을 발휘하게 하는 호르몬의 합성에 꼭 필요한 요소입니다. 최근에 와서는 음식에 들어 있는 콜레스트롤과 혈액의 콜레스트롤과는 직접적인 상관관계가 없다는 있는 연구 결과가 발표되고 있습니다.

목 막힘이 심하지요. 노른자는 점도가 더 높은데다가 막에 싸여 있어서 계란프라이를 할 때 흰자는 넓게 퍼지지만 노른자는 볼록하게 솟은 채로 익습니다. 신선한 달걀이라면요.

'물과 기름'은 서로 어울리지 못하는 관계를 나타내는 대표적인 말입니다. 샐러드에 사용할 오리엔탈 드레싱을 만들어 본 사람이라면 올리브유가 다른 재료인 간장과 식초와 얼마나 안 섞이는지 잘 알 것입니다. 항상 올리브유가 맨 위에 떠 있지요. 간장과 식초는 잘 섞이는데 말입니다. 그런데 달걀노른자에는 물과 지방이 분리되어 있지 않습니다. 어떻게 이렇게 잘 섞여 있을까요?

달걀노른자는 그림 4-7에 보인 것처럼 크기가 0.3~2 μm 정도인 물에

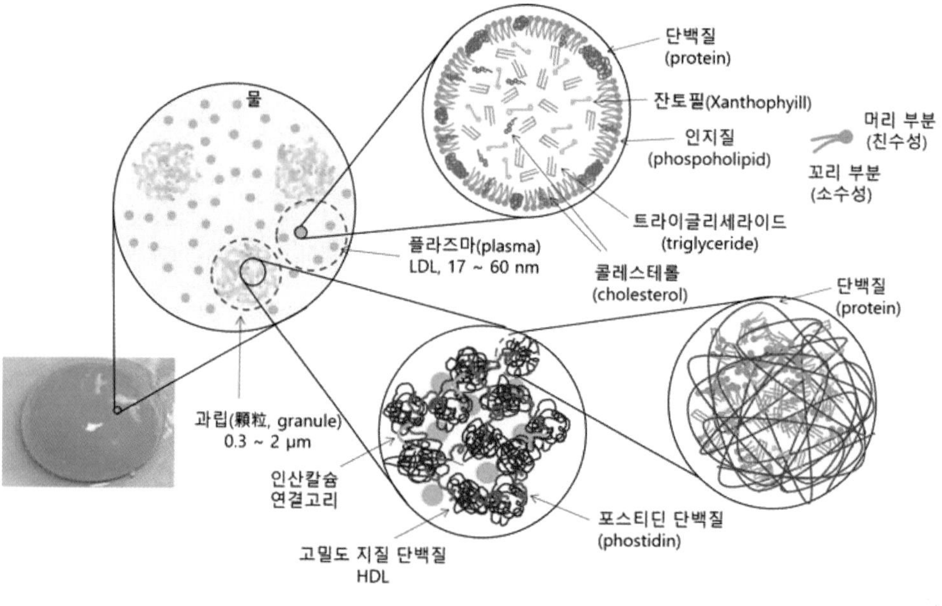

그림 4-7 달걀노른자의 성분과 미세구조

잘 녹지 않는 **과립**(顆粒, 낟알이라는 뜻, **granule**)이 노란색의 걸쭉한 액체에 떠다니는 구조입니다. 노란색 액체는 최대 60 nm 정도의 크기를 가진 작은 알갱이가 물에 섞여 있어서 죽이나 미음 같은 상태입니다. 영어로는 이것을 **플라즈마(plasma)**[25]라고 합니다. 노란 액체 플라즈마에는 인지질과 단백질이 만드는 단층의 막 안에 트리글리세라이드와 같은 물에 녹지 않은 지질이 들어 있습니다. 인지질의 머리 부분은 친수성이고 꼬리 부분은 소수성이라 알갱이 안에 많은 지질 분자를 가지고 있으면서도 알갱이들이 물에 잘 섞일 수 있는 것입니다. 탄화수소인 잔토필 분자는 소수성이고 알갱이의 내부에 있는 지방 성분과 잘 어울립니다. 그래서 노른자의 플라즈마가 노란색으로 보이는 것입니다. 이 걸쭉한 액체에 노른자의 영양 성분 80%가 들어 있습니다.

과립은 단백질 분자가 지질 분자를 붙들고 있는 HDL(고밀도 지질 단백질, high density lipoprotein)이 포스티딘 단백질과 인산칼슘의 연결고리에 의해서로 엉겨 붙은 것입니다. 그 사이의 공간에 플라즈마에 녹아 있는 작은 알갱이들을 가두고 있기도 합니다. 과립에서는 인지질이 친수성 막을 만들지 않기 때문에 물에 잘 녹지 않습니다. 그렇지만 이 과립들끼리 플라즈마와 분리된 층을 만들지 않고 플라즈마 안에 골고루 잘 섞여 있습니다. 달걀 영양 성분의 1/5 정도가 이러한 과립 형태로 들어 있습니다. 플라즈마의 지질 단백질은 저밀도 지질 단백질(LDL)이고 과립은 고밀도 지질 단백질(HDL)입니다. 건강 검진 결과표에 혈액에 들어 있는 LDL과 HDL 수치

25) 생물학에서의 플라즈마는 물리학에서 제4의 상태라고 부르는 플라즈마와는 다른 것입니다. 혈액에서 큰 알갱이인 혈구를 분리하고 남은 액체인 혈장(血漿)을 영어로 blood plasma라고 합니다.

가 나오는데 차이점을 아시겠지요?

단백질과 지방 성분이 많이 들어 있는 노른자는 그림을 그릴 때 물감을 화폭에 달라붙게 하는 **고착제**(固着劑, 단단히 달라붙게 하는 약제라는 뜻, **binder**)로 사용되었습니다. **안료**(顔料, 얼굴-표면에 색을 입히는 재료라는 뜻, **pigment**)를 곱게 간 가루를 달걀노른자, 벌꿀, 아교에 버무린 것을 **템페라**(**tempera**)라고 하고, 그것으로 화폭에 그림을 그리는 기법을 템페라 화법이라고 합니다. 특히 달걀노른자를 고착제로 사용한 템페라는 에그 템페라(egg tempera)라고 구별하여 불렀습니다. 이 방법은 이집트 시대의 유물에서도 발견이 되며, 유럽의 중세와 르네상스 시대의 화가들이 많이 사용하였습니다. 에그 템페라는 빠르게 마르기 때문에 적은 양씩 만들어 곧바로 그림을 그려야 했습니다. 만들 때마다 같은 색이 되게 하려면 많은 주의를 기울여야 했을 겁니다. 그래서 천천히 마르는 기름을 사용하는 유화를 선호하게 되었지요. 물론 에그 템페라만 가지는 독특한 효과 때문에 현대에도 이 화법을 고수하는 화가들도 있습니다.

에그 템페라에서 노른자의 노란색은 어떤 영향을 미칠까요? 우리는 노란 물감에 파란 물감을 섞으면 녹색으로 보인다는 것을 압니다. 노란 물감은 파란색 계통의 빛을 흡수하고 파란색 물감[26]은 빨간색 빛을 흡수하니까 녹색 빛만 남는 것이지요. 그러면 노란색의 노른자와 파란색의 안료를 섞으면 녹색이 되겠네요? 물론 이렇게 녹색으로 바뀐다고 해도 크게 문제가

26) 시안(cyan, 옥색, 청록색이라고 번역하기도 함)이라고 해야 정확한 표현입니다. 빛의 삼원색은 빨강(Red), 녹색(Green), 파랑(Blue)이고, 물감의 삼원색은 자홍색(Magenta), 노랑(Yellow), 옥색(Cyan)입니다. 자홍색 물감은 녹색 빛을, 노랑색 물감은 파란색 빛을, 그리고 옥색 물감은 빨간색 빛을 흡수합니다.

될 것은 없습니다. 이 녹색 템페라를 녹색이 필요한 부분, 예를 들어 나무나 산을 그리는 데에 사용하면 되니까요. 문제는 광물성인 안료와는 달리 노른자에 들어 있는 잔토필은 빛과 산소에 노출되면 분해되어 색이 없어진다는 것입니다.[27] 그러면 노른자와 섞었기 때문에 녹색으로 보이던 부분이 나중에는 파란색으로 변하게 되겠지요. 그림을 그릴 때 나중에 어떻게 색이 바뀔지까지 고려해야 한다면 불편하지 않겠어요?

다행히 노른자의 노란색은 그림의 색깔에는 크게 영향을 미치지 않습니다. 그것은 안료의 입자 크기가 수십 μm로 노른자의 입자들보다 훨씬 크기 때문입니다. 에그 템페라가 유행하던 시절에는 돌을 깨뜨리고 갈아서 안료를 만들었기 때문에 입자의 크기가 훨씬 더 컸을 것입니다. 이것은 노른자에서 가장 큰 입자인 과립보다도 큰 것입니다. 과립은 플라즈마보다도 덜 노랗고 그 양도 플라즈마의 1/4 정도입니다. 그래서 유화 캔버스에 닿은 빛은 크기가 가시광선 파장보다 훨씬 큰 안료 입자에 의해 흡수되거나 반사되어 에그 템페라의 색깔은 보이지 않는 것이지요.

이야기가 부엌으로부터 너무 멀리 가버렸네요. 이제 계란프라이에서 조금 더 나아가 삶은 달걀에 대해 이야기해 봅시다. 계란프라이를 할 때는 달걀흰자와 노른자가 익는 것을 눈으로 직접 확인할 수 있으니 조금만 주의를 기울이면 취향에 따라 익은 정도를 조절할 수 있습니다. 하지만 달걀을 삶을 때는 껍질 때문에 우리가 내부를 볼 수 없어서 어느 정도 익었는지 잘 알 수가 없습니다. 그래서 달걀을 제대로 삶는 것은 상당히 어렵습니다. 샐러드에 얹으려고 삶았는데 노른자가 아직 익지 않은 반숙이 되어 곤란한

---

27) 시간이 지나면 책에 넣어둔 단풍잎이나 은행잎이 나중에 보면 색을 모두 잃어버리고 갈색으로 변해 있지 않던가요?

적도 있고, 너무 익히면 흰자는 단단한 고무 씹는 느낌이 나고 노른자는 퍽퍽해서 목이 막히기도 하지요. 또, 너무 오래 삶으면 달걀노른자에서 나온 황이 흰자의 철분과 만나 노른자의 표면이 초록색으로 변하고, 황화수소 특유의 고약한 냄새가 나기도 합니다.

여러 요리책과 인터넷 사이트에는 달걀을 삶는 '비법'이 소개되어 있습니다. 달걀이 익는 것은 물이 끓고 나서 몇 분이라고 하지만 그 시간은 모두 제각각입니다. 당연히 그럴 수밖에 없을 것이 달걀의 크기, 물의 양, 불의 세기, 냄비의 뚜껑을 닫았는지 등에 따라 달라질 것이기 때문입니다. 소금과 식초를 넣으라고 하는데 그 이유도 다릅니다. 달걀을 삶는 것은 과학자들의 연구 활동과 비슷합니다. 내부를 들여다볼 수 없는 것들에 대해 답을 찾아가는 과정이니까요. 그리고 근거 없는 공식이나 규칙을 따르기보다 왜 그러는지 이해를 해야 다른 상황에도 적용할 수 있으니까요. 달걀을 삶는 비법 대신 달걀이 삶아지는 과학적 원리에 대해 알아봅시다. 달걀 삶는 가장 좋은 방법은 이 원리를 적용하여 각자 찾아야겠지요.

달걀을 삶을 때 어떤 일이 일어날까요?

지금까지 계속 계란프라이나 삶은 달걀에 대해 '달걀이 열에 의해 익는다'라는 표현을 사용했습니다. 밥을 짓거나 고구마를 구울 때 쌀과 날고구마가 열을 받아서 먹기에 좋은 밥과 군고구마로 되는 것을 우리말에서는 '익다'라고 하니까요. 밥이 제대로 되지 않아 생쌀이 씹히면 '설익은 밥'이라고 하지요. 그런데 생각해보면 달걀을 익힌 결과는 우리가 어떤 것에 열을 가했을 때 일어나는 현상과는 반대입니다. 고체인 얼음에 열을 가하면 녹아서 액체인 물이 되지요. 버터에 열을 가해도 액체 상태가 됩니다. 소고기로 국을 끓이거나 닭으로 삼계탕을 끓일 때도 고체 형태이던 기름이 녹아 나와 액체 상태가 되고 물 위에 떠오릅니다. 쇠고깃국과 삼계탕이 식으면 이 기름이 다시 허옇게 엉기지요. 찬밥도 데우면 부드러워집니다. 그러고 보니 이상하지요? 날달걀은 유동적이던 것이 익히면 오히려 굳으니까요.

더구나 달걀의 경우 달걀흰자가 젤 상태가 되는 것은 열을 가해 익힐 때만이 아닙니다. 달걀흰자는 도수가 높은 술에 담가 놓아도 불에 요리했을 때처럼 하얗게 변하며 젤 상태가 됩니다. 온도가 높아졌을 때 단백질 분자가 풀려 서로 엉기는 것처럼 알코올 분자에 의해 단백질 분자가 풀리고 이것들이 다시 엉기는 것입니다. 독한 술 때문에 맛은 다르게 느끼겠지만 질감은 삶은 달걀과 똑같다고 합니다.[28] 애주가들에게는 이것이 숙취 해소에 도움이 될지도 모르겠습니다. 이렇게 덩어리로 굳힌 것은 아니지만 달걀흰자를 술에 섞고 흔들어 거품이 위에 얹히도록 한 여러 종류의 칵테일이 있습니다. 이 칵테일에서 알코올에 의한 단백질 풀림 또는 변성이 중요한 역할을 합니다.

식초 같은 산도 마찬가지로 단백질이 풀리도록 하여 달걀흰자를 굳힙니다. 이 때문에 달걀 삶을 때 식초 몇 방울을 물에 풀어 놓는 것입니다. 삶는 도중 달걀에 금이 가더라도 식초가 새어 나오는 흰자를 곧바로 굳혀서 내용물이 더 흘러나오지 않게 합니다. 수란은 계란을 그릇에 깨뜨리고 끓는 물 위에 계란 그릇을 담아 익히는 중탕 방법인데, 이 때 식초 몇 방울을 풀어 놓는 것도 같은 이유입니다. 식초가 달걀흰자 단백질의 변성을 도와주

28) YTN 사이언스에 이 실험이 방영되었습니다. https://www.youtube.com/watch?v=aC_-isl1veA

니 표면이 빨리 굳어 내용물이 퍼져버리지 않게 해주지요. 식초를 우유에 붓고 저을 때 우유 단백질이 엉겨 치즈가 되는 것도, 생선을 굽기 전에 식초를 푼 물에 담갔다가 구우면 살이 부서지지 않게 잘 구울 수 있는 것도 식초가 단백질 변성을 일으키기 때문입니다. 생선회에 레몬즙을 뿌리면 생선 비린내를 없애줄 뿐 아니라[29] 표면에 있는 단백질을 변성하여 약간 굳히는 효과도 있겠습니다.

그러니까 젤 상태로 만드는 것이 목적이라면 꼭 열을 가해야 하는 것은 아니고 식초와 알코올로도 달걀흰자를 굳힐 수 있는 거였네요. '달걀을 익힌다'라고 하기보다는 '달걀을 굳힌다'라고 해야 정확한 표현이 아닐까요? 물론 익히는 것이 젤 상태로 만드는 가장 효율적인 방법이기는 합니다. 또, 달걀에 묻어 있거나 내용물에 들어 있을지도 모를 나쁜 균을 죽이는 효과도 있지요. 달걀의 노른자까지 포함해서 모든 부분이 60℃에 이르고 나서 3~4분 정도 지나면 충분히 살균할 수 있습니다.

달걀흰자는 60~65℃에서 노른자는 62~70℃에서 변성이 일어나 굳습니다. 그러니 반드시 물을 팔팔 끓일 필요가 없습니다. 물의 온도를 알 수 없으니 이렇게 물이 끓는 것을 보고 100℃에 이르렀다는 것을 확인하는 것뿐입니다. 물을 기포가 올라오도록 계속 끓이는 것은 달걀을 삶는 데에는 큰 영향을 주지 못하면서 에너지만 낭비하는 것입니다. 공급되는 에너지의 대부분이 물의 온도를 더 높이 올리지 못하면서 오직 수증기를 만드는 데만 사용하기 때문입니다. 일단 물이 끓으면 불을 줄여 약하게 끓는 상태를 유지하기만 해도 됩니다. 물의 양이 충분하여 물의 온도가 약 15분 동안

29) 생선 비린내는 염기성인 아민기에 의한 것입니다. 이것이 레몬의 시트르산과 결합하여 염을 만들어서 비린내가 나지 않게 합니다.

70℃ 이하로 내려가지 않는다면 심지어 불을 꺼도 됩니다. 많은 양의 물을 끓이는 것이 적은 양을 끓이는 것보다 에너지가 더 들겠지만 끓은 이후에는 에너지를 사용하지 않으니 이 방법도 나쁘지 않겠습니다. 온도계가 있다면 물의 온도가 70℃ 정도로 유지되도록 불을 조절하는 것이 에너지를 아끼는 좋은 방법입니다.

달걀을 물에 담근 후 물을 끓이면 처음에 같은 온도였다고 해도 물의 온도가 먼저 올라갑니다. 물은 비열은 높지만 불과 닿은 바닥으로 들어온 열이 대류로 물 전체에 빠르게 퍼집니다. 그렇지만 달걀에서는 전도 방식으로 겉에서 안쪽의 노른자까지 전달되어야 하는데 흰자와 노른자의 열전도율이 높지 않기 때문에 달걀의 온도는 천천히 올라갑니다. 흰자와 노른자 모두 유동성이 있지만 점도가 높아 대류에 의한 열의 확산은 무시할 정도입니다. 그리고 열이 전달되어 온도가 올라가서 젤 상태가 되면 전도 형식으로만 열이 전달될 수밖에 없습니다. 열전달이 천천히 일어난다는 것은 막 삶아 뜨거운 달걀을 찬물에 담가 식힐 때 확인해 볼 수 있습니다. 찬물에 담근 후 한참 후에 껍질을 까도 아직 뜨겁지요?

열이 전도될 때에는 2장에서 언급한 확산의 법칙을 따릅니다. 그러므로 열이 노른자까지 전달되어 달걀이 삶아지는 데 걸리는 시간은 달걀 크기의 제곱에 비례합니다. 이때 크기란 달걀을 세로로 세웠거나 눕혔을 때의 높이, 또는 둘레를 말합니다. 잠깐만요. 우리의 물리학 상식을 적용해봅시다. 크기가 크면 표면적이 넓어 달걀로 들어가는 열의 양이 크기의 제곱에 비례하도록 증가하고, 부피가 크기의 세제곱으로 커져서 온도를 높이는 데 그만큼 많은 열이 필요할 텐데 어떻게 달걀 크기의 제곱에 비례한다는, 그렇게 간단한 규칙이 나오지요? 달걀이 삶아지는 데 걸리는 시간이 크기의 제곱에 비례한다는 것은 이런 점들을 모두 고려한 것입니다.

우리나라에서는 달걀을 질량으로 구분합니다. 68 g 이상인 것을 왕란, 60~68 g이면 특란, 52~60 g이면 대란, 44~52 g이면 중란, 44 g 이하면 소란으로 분류합니다. 달걀의 밀도가 같다고 했을 때 질량은 앞에서 말한 크기의 세제곱에 비례하니까 익는 데 걸리는 시간은 질량의 2/3제곱에 비례하게 됩니다. 복잡하지요? 다음과 같이 어림짐작하면 됩니다. 전에 성공적으로 삶아졌던 달걀에 비해 10% 정도 질량이 큰 달걀을 삶을 때에는 그 값의 2/3인 7% 정도 더 오래 삶으면 됩니다.

같은 시간 동안 온도가 높은 곳에서 온도가 낮은 곳으로 전달되는 열의 양은 온도 차가 클수록 많습니다. 그러니 물의 온도가 높을수록 달걀을 삶는 데 걸리는 시간은 줄어듭니다. 소금과 식초를 넣으면 물이 끓는 온도가 높아지겠지만 큰 도움은 되지 못합니다. 더구나 물의 온도를 너무 높이면 앞에서도 이야기한 것처럼 낭비되는 에너지가 많아질 뿐 아니라, 자칫 노른자의 온도가 너무 높게 올라가서 표면이 녹색으로 변할 수도 있고 흰자에 들어 있던 물이 기화하여 수증기로 변하면서 부피가 팽창하여 껍질이 깨질 우려가 있습니다. 앞장에서 물이 수증기로 될 때 부피가 1000배 커진다고 했지요?

달걀을 삶을 때 물 끓이기 시작할 때부터 달걀을 넣는 것이 좋을까요? 아니면 물이 끓은 후 넣는 것이 좋을까요? 냉장고에서 막 꺼낸 달걀이거나 오래된 달걀이 아니라면 별 차이 없습니다. 갑자기 뜨거운 물에 넣으면 달걀의 뭉툭한 쪽에 있는 공기주머니의 부피가 팽창하여 달걀이 깨지지 않을까요? **기체의 부피는 온도가 1℃ 올라갈 때마다 0℃ 때 부피의 1/273 만큼 팽창합니다.** 이것이 **샤를의 법칙**이지요. 20℃의 달걀을 100℃의 끓는 물에 담그면 공기주머니가 원래 부피의 약 1/3 만큼 더 커지겠지요. 냉장고에서 막 꺼낸 달걀의 경우에는 공기주머니 부피의 변화가 더 심하겠네요. 신선한 달걀의 경우 공기주머니가 그다지 크지 않아서 그 부피의 1/3 정도 팽창하는 것은 달걀 껍데기가 버틸 수 있습니다. 그런데 오래 저장했던 달걀은 그 내용물에 화학적 변화가 일어나면서 발생한 기체가 쌓여서 공기주머니의 부피가 상대적으로 큽니다. 그 부피의 1/3이 늘어나는 것은 껍데기가 버티지 못할 수도 있지요. 물이 끓은 다음에 달걀을 넣는 것은 이런 위험이 있네요. 처음부터 달걀과 물을 같이 끓이기 시작하는 경우에도 위험은 있습니다. 물이 끓기 시작할 때는 바닥에서 기포가 발생하며 과격한 대류현상이 일어납니다. 이로 인하여 달걀들이 심하게 움직이면서 서로 부딪혀서 깨질 위험이 있지요.

여하간 굳이 물을 먼저 끓이고 달걀을 넣어야 할 특별한 이유는 없어 보입니다. 다만, 끓는 물에 달걀을 넣고 삶았을 때 껍데기가 잘 까진다고 합니다. 아마도 달걀 막의 변성이 급격히 일어나서 흰자와 분리되고, 흰자의 수분이 기화되어 막과 내용물 사이에 층을 만들기 때문으로 보입니다. 달걀을 삶고 나서 찬물에 담가도 막과 흰자의 분리가 일어나 까는 데 도움이 됩니다. 물론 이렇게 식혀야 손을 데지 않고 깔 수 있지요. 그리고 이렇게 삶은 달걀의 온도를 낮춰 주어야 흰자의 황 성분과 노른자의 철 성분이 만나 노른자의 표면이 푸르스름한 회색으로 변하는 것을 방지할 수 있습니다.

달걀이 삶아질 때 어떤 일이 일어나는지, 또 어떤 원리가 적용되는지 알아보았습니다. 다른 사람이 알려주는 비법을 그대로 적용하는 대신, 이 원리를 응용하여 각 가정의 부엌에서 달걀을 삶는 최적의 방법을 찾아내 보기 바랍니다. 여기에는 과학적 실험 정신이 필요합니다. 어떤 방법을 시도해보고 그 결과를 분석하여 가설을 세워 더 나은 방법을 찾아가는 것이지요.

그런데 요즘은 물과 달걀을 넣고 스위치만 켜면 완숙과 반숙까지 자동으로 척척 해주는 전기 제품도 나왔습니다. 제조 회사에 따라 '계란 찜기', '달걀 찜기', '에그 찜기' 등 여러 이름으로 불립니다. 이 기계는 뜨거운 물속에서 달걀을 삶는 것이 아니라 증기로 찌는 방식으로 달걀을 익힙니다. 직접 물에 넣고 삶아서 익힐 수 없는 떡이나 찐빵도 쪄서 익히니 찌는 방식이 신기할 것은 없습니다만, 어설픈 물리학자의 분석 본능이 꿈틀대네요. '증기는 물보다 밀도가 1000배 정도 낮으니 증기가 달걀에 전달하는 열이 상대적으로 적어서 익히는 데 시간이 무척 오래 걸리지 않을까?'라고 말이지요. 그런데 음식을 찌는 것은 수증기가 다시 물이 될 때 내는 **잠열(潛熱, 숨어 있는 열이라는 뜻, latent heat)**을 이용하는 것입니다.[30] 100℃의 수증기 1 g이 100℃의 물 1 g이 될 때 540 cal의 열이 방출됩니다. 이것은 100℃의 물 540 g이 1℃ 식는 것과 같은 열입니다. 그래서 찌는 요리가 가능한 것입니다.

이 기계에 처음 넣어 주어야 하는 물의 양은 달걀 수와 익히는 정도에 따라 다릅니다. 그 양을 정확하게 잴 수 있는 계량컵이 제품과 함께 제공됩니다. 그 양은 물이 모두 증발할 때가 달걀이 알맞게 익었을 때가 되도록 맞춰진 것이고, 이때 알람이 울리거나 자동으로 전원이 차단되도록 만들어져 있습니다. 이 계량컵에서 이상한 점을 발견할 수 있는데, 그것은 쪄야

30) 떡은 수증기가 응결한 물까지 이용하여 수분을 조절하는 그야말로 창의적인 음식이라 할 수 있습니다.

할 달걀의 수가 많을수록 부어야 할 물의 양이 더 적다는 것입니다. 언뜻 상식과 어긋나 보이는 이 역설적인 상황은 달걀 찌는 기계의 작동원리로 설명을 할 수 있습니다. 이 기계의 뚜껑에는 수증기가 빠져나갈 수 있는 작은 구멍이 나 있습니다. 압력밥솥처럼 뚜껑이 꽉 덮여서 내부 증기압이 너무 높으면 달걀이 깨질 위험이 있으니까요. 그래서 물이 끓어 만들어진 증기는 일부는 달걀의 표면에서 물로 응축하여 다시 바닥으로 떨어지고 일부는 뚜껑의 구멍을 통해 밖으로 빠져나갑니다. 달걀이 많을수록 다시 물로 응축되는 양이 많으니까 더 적은 양의 물이 있어도 되는 것입니다. 원리를 알고 나면 당연한 것이 되지만 이렇게 주변 상황에서 상식과 어긋나는 것을 보고 이상하다고 생각하는 것이 과학의 시작입니다.

달걀의 수가 많을 때 물의 양이 적게 필요하다고 해서 이 기계가 사용하는 전기에너지가 더 적은 것은 아닙니다. 처음에 넣은 물만 증발시킨 것이 아니라 응축해서 떨어진 물도 증발시켜야 하니까요. 또, 달걀이 잠길 정도로 물을 많이 넣고 삶는 것과 적은 양의 물로 찌는 것 중 어떤 방식이 에너지가 더 많이 필요한지도 간단히 비교하기는 어렵습니다. 삶을 때는 물의 양은 많지만 모두 증발시키지는 않으니까요. 그리고 중간에 불을 꺼도 되고요. 여하간 자동으로 달걀을 삶아준다는 점에서 이 기계가 편리한 것만은 틀림이 없네요. 단, 기계가 사용하는 전력으로 인한 차이겠지만 달걀이 익는 시간은 더 깁니다. 에너지를 고려한다면 프라이 또는 스크램블이 효율적입니다. 4 cm의 크기를 가진 공 모양의 달걀이 두께가 1 cm 정도인 납작한 원판 모양 또는 작은 여러 조각으로 나뉘니 속까지 익는 시간과 이때 들어가는 에너지가 훨씬 줄어드는 것입니다. 더구나 에너지가 직접 달걀을 익히는 데 쓰이고, 비열과 잠열이 높은 물의 온도를 높이고 증기로 만드는 데 쓰이지 않으니까요. 두께가 더 얇은 달걀말이도 있네요. 끓고 있는 떡국이나 라면에 달걀을 풀면 금방 익지요. 이것은 모두 앞에서 말한 열의 확산으로 설명되는 물리 현상입니다.

달걀 찌는 기계에 달걀을 넣을 때 숨구멍이 있는 뭉툭한 쪽에 작은 구멍을 뚫어 놓으면 깨지거나 터지는 것을 방지할 수 있습니다. 찔 때뿐 아니라 삶을 때도 도움이 됩니다. 이때 흰자를 싸고 있는 안쪽 막이 터지지 않게 조심해야 합니나. 그러고 보니 달걀은 뭉툭한 쪽과 뾰족한 쪽이 있는 특별한 모양이지요? 걸리버 여행기를 쓴 스위프트는 아침에 삶은 달걀을 먹다가 달걀의 어느 쪽을 먼저 깨는가로 싸움을 벌이는 소인국 릴리퍼트와 블레풔스크의 이야기를 생각해냈는지도 모르겠습니다.[31] 우리말에는 아예 '달걀 모양'이라는 특별한 용어까지 있습니다. 턱이 갸름한 달걀 모양의 얼굴이 예쁘다고 하지요. 이 달걀 모양도 좋은 질문거리가 되겠습니다. 이렇게요.

왜 달걀은 '달걀 모양'일까요?

아무것이나 물어대는 어린아이의 엉뚱한 질문과 과학적 질문의 차이는 그 질문이 우리가 가진 일반적인 지식 또는 상식과 어긋나서 '생각해보니 그렇네?'라고 감탄하게 된다는 점입니다. 그렇다면 달걀의 모양은 왜 상식에서 벗어난 것일까요?

닭은 노른자와 흰자를 보호하는 달걀껍데기를 만들어야 합니다. 이를 위해 닭은 에너지와 자원을 많이 써야 합니다. 먹이로부터 얻는 탄산칼슘이

---

31) 걸리버가 처음으로 도착한 소인국 릴리퍼트에서는 반드시 뾰족한 쪽을 깨야 한다는 것이 국법이었습니다. 왕의 할아버지가 뭉툭한 쪽을 깨다가 다쳤다는 것이 그 이유였지요.

부족하면 심지어 뼈를 만드는 데 필요한 칼슘까지 사용해서 껍데기를 만든다고 합니다. 그러니 달걀이 공 모양이라면 더 효율적이었을 텐데요. 두께가 모두 같다고 할 때, 같은 양의 노른자와 흰자를 담을 껍데기 중 탄산칼슘이 가장 적게 들어가는 것은 공 모양일 테니까요.

또, 공 모양일 때 모든 부분이 균일하게 외부의 충격을 견딜 수 있습니다. 달걀을 엄지와 검지로 눌렀을 때 긴 쪽 방향으로는 잘 깨지지 않지만 짧은 쪽으로는 쉽게 깨지지요. 알이 부화하여 병아리가 되었을 때 안에서 쉽게 깨고 나오게 하려고 그런 것일까요? 그렇다면 타원을 돌린 럭비공 모양이면 충분하니 한쪽은 뭉툭하고 반대쪽은 뾰족한 모양이어야 할 이유가 없지요. 더구나 달걀노른자는 껍데기 모양과는 달리 거의 완벽한 공 모양입니다. 그러고 보니 공 모양의 노른자를 보호하려고 일부러 찌그러진 모양의 껍데기를 만든 것이 이상하지 않나요?

달걀 모양의 달걀이 유리한 이유는 이것을 굴려보면 알 수 있습니다. 일직선으로 멀리 굴러가지 않고 그림 4-8 (가)처럼 뾰족한 쪽에 중심이 있는 원 궤적을 그립니다.[32] 이렇게 구르는 것이 닭의 조상인 새가 자손을 퍼뜨리는 데 유리한 조건을 제공하였습니다. 이들은 높은 벼랑이나 나무에 작은 둥지를 만들었는데, 알을 낳았을 때 알이 굴러 둥지 밖으로 떨어져 버리면 큰일이었겠지요. 물론 새들이 '알의 모양이 이런 모양이면 좋겠다'라고 생각해서 알 모양을 정한 것은 아닙니다. 긴 시간의 진화과정에서 우연히 이런 모양의 알을 낳는 새가 출현했을 것이고 이들이 다음 세대를

32) 미국 백악관 앞 잔디밭에서 부활절 기간에 열리는 달걀 굴리기 행사(White House Easter Egg Roll)에서는 어린이들이 달걀을 숟가락으로 굴려 누가 먼저 결승선에 도착하는지 경쟁하는 경기를 합니다. 달걀을 곧바로 굴리기 어렵다는 것을 이용한 재미있는 경기지요.

만드는 데 유리해서 번성하게 된 것이지요. 물론 모든 새의 알이 달걀과 똑같은 모양을 가지지는 않습니다. 서식지에 따라 다르지요. 나무에 만들어진 구멍에 둥지를 트는 긴점박이올빼미(Ural owl, Strix uralensis)의 알은 공 모양이고, 호주의 초원에 사는 에뮤(Emu, Dromaius novaeholladiae)의 알은 타원 모양입니다. 이 새들은 알이 굴러가더라도 잘못될 위험이 없으니 이러한 모양의 알을 낳는 것입니다. 바닷가 절벽에 둥지를 트는 큰부리바다오리(Brünnich's guillemot, Uria lomvia)의 알은 달걀보다 한쪽 끝이 더 뾰족합니다.

달걀 모양의 알은 새들이 알을 품을 때 그림 4-8 (나)에 보인 것과 같이 효율적일 수도 있습니다. 작은 몸에서 나오는 열로 알을 골고루 덥혀야 하니 알을 촘촘하게 쌓을 수 있으면 더 유리하겠지요. 알이 타원처럼 대칭인 모양이라면 그림 4-8 (나)와 같이 효율적으로 알을 배치할 수 없습니다. 그러니 우리 식탁에서 무심코 보았던 달걀의 모양에는 수억 년의 세월이 담겨있는 것입니다.

달걀은 왜 일직선으로 구르지 않을까요? 달걀을 평평한 곳에 놓으면 거의

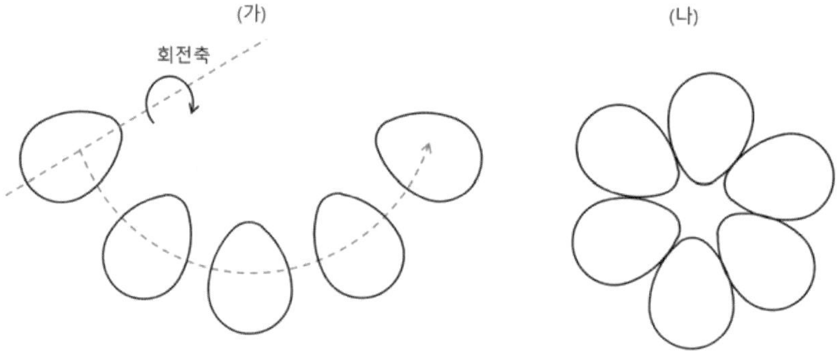

그림 4-8 (가) 달걀이 구르는 모습 (나) 여러 알을 부화할 때 효율적인 배치

모든 경우 그림 4-9 (가)와 같이 눕습니다. 안정한 상태가 되려면 두 조건을 동시에 만족해야 합니다. 첫째 달걀이 바닥에 닿은 부분에 그은 법선이 연직선과 일치해야 하고, 둘째 바로 그 선 위에 질량중심이 있어야 합니다. 그래서 콜럼버스의 유명한 일화가 있듯 달걀을 긴 쪽으로 세우기는 어렵습니다. 뭉툭한 쪽을 아래로 해도 그렇습니다. 달걀의 내부가 완전하게 대칭이 아니라서 질량중심이 대칭축과 약간 어긋나 있을 수 있기 때문입니다.

그림 4-9 (가)에 보인 것처럼 바닥에 놓인 달걀의 대칭축은 수평이 아닙니다. 뾰족한 쪽이 아래로 내려가도록 기울어진 상태입니다. 굴러갈 때도 이 상태를 유지합니다. 이것은 그림 (나)에 보인 것처럼 종이컵이 바닥에 뉘어져서 구르는 것과 같습니다. 종이컵이 굴러갈 때 각 부분은 회전축에 중심을 둔 원운동을 합니다. 이때 각속도가 같으니까 반지름이 큰 쪽은 속력이 빠르고 반지름이 작은 쪽은 속력이 느리니 일직선으로 나아가지 못하고 휘어지는 것이지요. 그런데 잠깐만요. 달걀이 굴러갈 때 바닥에 닿는 것은

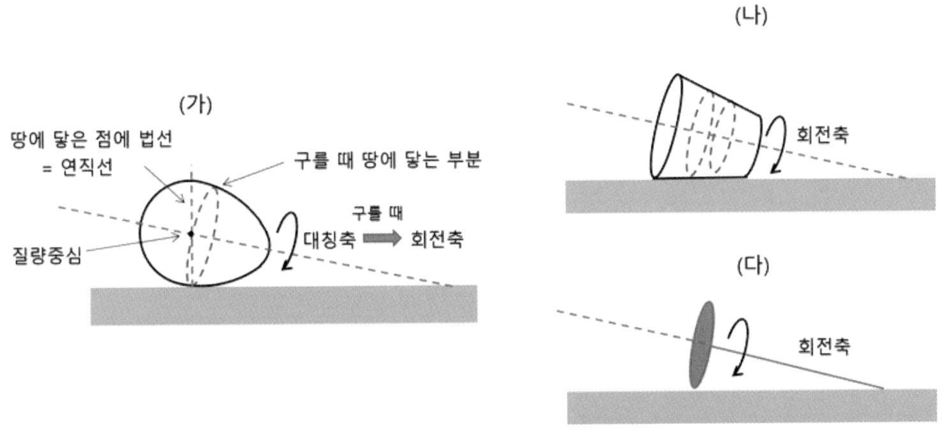

그림 4-9 바닥에서 구르는 (가) 달걀, (나) 종이컵 (다) 막대에 끼운 원판

거의 한 점이고 그 점들을 연결하면 그림 (가)처럼 하나의 원이 되는데 종이컵처럼 속력이 다른 곳이 있을 수가 없는데요? 맞습니다. 그렇게 설명하면 안 되는 거였네요. 달걀이 구르는 것과 종이컵이 구르는 것에서의 공통점은 대칭축이 회전축이 되어 굴러간다는 것이고, 그 회전축이 수평으로부터 기울어져 있다는 것입니다. 그러니 그림 (다)와 같이 얇은 원판을 긴 막대기에 꽂아 바닥에 놓고 굴리는 것으로 설명해야겠네요. 원판이 어떻게 굴러갈지 짐작할 수 있지요. 이제 달걀처럼 바닥에 닿은 부분이 한 점이 되었네요. 그림 (다)에서는 막대기가 바닥에 닿은 점 하나가 있지 않느냐고요? 그것은 그림 (가)에서 대칭축이 바닥에 닿은 지점이 그 역할을 합니다. 그리고 달걀의 경우에는 질량중심이 바닥에 닿은 점의 연직선 위에 있으니 두 군데를 받치지 않아도 안정한 것입니다.

항아리는 달걀의 위아래를 자른 듯한 모양으로 만들어져 있습니다. 왜 원통 모양으로 만들지 않고 가운데를 볼록하게 만들었을까요? 첫째, 이 모양으로 만드는 것이 효율적이기 때문입니다. 같은 양의 내용물을 담는 그릇을 만드는 데 보다 적은 양의 흙이 들어가기 때문입니다. 이것 역시 달걀 껍데기처럼 부피와 표면적의 문제입니다. 원통 모양이 더 유리할 듯한데 그렇지 않습니다. 뚜껑까지 고려해야 하니까요. 물론 공 모양이 가장 효율적이지만 세울 수 없으니까 이런 항아리 모양이 고안된 것입니다. 그까짓 흙이라고 하면 안 됩니다. 항아리를 만드는 흙은 특별한 재질이어야 하고 고운 흙을 얻기 위해 여러 단계의 작업을 거쳐야 합니다. 둘째, 이렇게 위로 올라갈수록 좁아지는 돔 모양으로 만드는 것이 만들 때 찌그러짐에 대해 안정합니다. 독을 만들 때의 흙 반죽은 밀가루 반죽처럼 말랑말랑해서 작은 압력이나 충격에도 쉽게 변형이 됩니다. 그러니 물레에 놓고 돌려서 둥근 모양을 만들 수 있지요. 항아리의 윗부분이 위에 구멍이 있어도 무너지지 않는 로마의 판테온처럼 안정한 돔 구조라서 만들 때, 또 마를 때까지 모양이 유지됩니다. 그러면 아랫부분은요? 원통 모양이라면 밑바닥과 옆면이 90°를 이룹니다. 위로 올라갈수록 넓어지는 항아리 모양에서는 이 각이 둔각이라 충격을 받았을 때 그 힘이 넓게 분산되어 쉽게 깨지지 않습니다.

포도주나 위스키를 담아서 숙성시키는 오크통도 달걀 모양 또는 항아리 모양입니다. 오크통은 참나무 판자를 덧대어 만드는 것이니 같은 폭의 나무판을 붙여서 원통으로 만드는 것이 훨씬 쉬울 것입니다. 가운데를 볼록한 모양으로 만들기 위해서는 같은 폭의 나무판에서 양쪽 끝을 깎아내야 하니 나무가 덜 드는 것도 아닙니다. 열기를 이용해서 판자를 구부리기까지 하는 복잡한 과정을 거치면서 이런 모양으로 만드는 데는 이유가 있습니다.[33] 바로, 굴리기가 쉽다는 것입니다. 포도주나 위스키로 가득 찬 오크통은 무척 무거워서 들어 나를 수 없습니다. 보통 뉘어서 굴리지요. 이때 가운데가 볼록한 오크통은 방향을 바꾸기가 쉽습니다. 그림 4-10에 보인 것처럼 회전축이 기울어진 쪽으로 방향이 바뀐다는 점을 잘 활용하면 오크통을 원하는 방향으로 굴릴 수 있습니다.[34] 원통 모양이었다면 일직선으로 굴러가기 때문에 방향을 바꿀 때마다 통을 살짝 들었다가 방향을 바꾼 후 놓거나, 바닥에 둔 채 힘들게 밀어서 방향을 틀어야 할 것입니다. 항아리도 이렇게 굴릴 수 있겠지만 바닥이 딱딱하고 평평하지 않으면 항아리가 깨질 것이기

33) 오크통 만드는 복잡한 과정을 보여주는 동영상이 인터넷에 많이 있습니다. 예를 들어, https://www.youtube.com/watch?v=XDIneGy4hgU

34) 핸들을 잡지 않고 자전거를 타면서 방향을 바꾸려고 할 때 이 원리를 사용합니다. 바꾸려는 방향 쪽으로 몸과 자전거가 기울어지게 하면 됩니다.

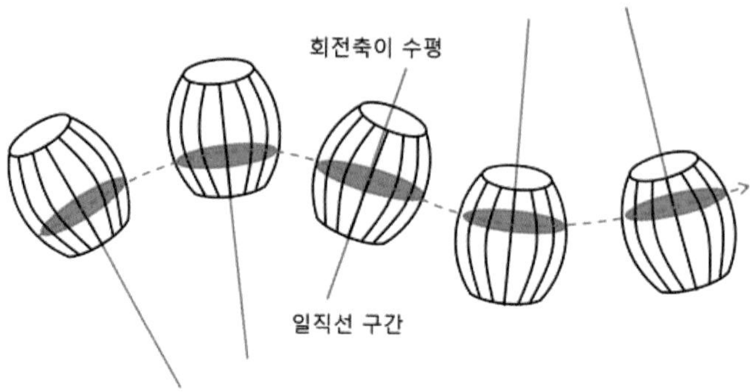

그림 4-10 오크통 굴리기

때문에 그렇게 하지 않습니다.

영어에서 oval은 달걀 모양과 같은 도형을 가리키는 단어입니다.[35] oval은 모든 부분이 부드러운 곡선이고 타원(ellipse)과 아주 비슷하지만 똑같지는 않습니다. '부드러운 곡선'을 조금만 더 수학적으로 표현하자면 '**oval 위의 모든 점에서 접선이 단 하나만 존재해야 한다**'가 됩니다.[36] 가장 간단한 oval은 원을 지름을 따라 나눈 두 개의 반원을 직사각형의 양쪽에 붙인 운동경기장(스타디움) 모양입니다. 기하학적으로 달걀 모양을 어떻게 그릴지 알아볼까요?

뭉툭한 곳과 뾰족한 곳이 있는 달걀 모양을 그리는 데는 최소한 세 값의 반지름을 가지는 원호가 필요합니다. 뭉툭한 곳과 뾰족한 곳을 나타내기 위해 두 종류의 원이 필요하고 이 둘을 연결할 또 하나의 원이 있어야 하니까요. 두 원의 연결부분에서 접선이 같도록 그리려면 어떻게 해야 할까

---

35) 달걀을 뜻하는 라틴어 ovum에서 파생된 단어입니다. 일상적인 용어로는 우리말처럼 'egg shape'이라고 합니다.

36) 명확한 수학적 표현은 'oval 위의 모든 점에서 미분가능이다'입니다.

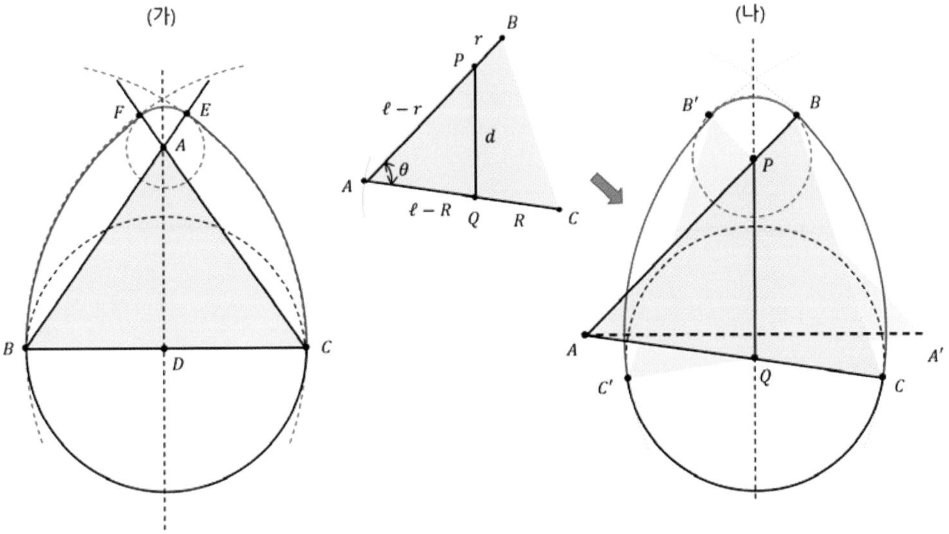

그림 4-11 (가) 모스의 달걀(Moss' egg) : 파란색 원의 중심 점 D와 검정색 원의 중심 점 B가 두 원이 연결되는 점 C와 같은 직선 위에 있다. 빨간색 원의 중심 점 A와 파란색 원의 중심 점 B가 두 원이 연결되는 점 E와 같은 직선 위에 있다. (나) 모스의 달걀을 일반화한 세 종류의 원호로 달걀 모양 그리기

요? 간단합니다. 연결할 두 원의 중심과 연결 지점이 같은 선 위에 있게 하면 됩니다. 그리기에 가장 쉬운 것이 그림 4-11 (가)의 '모스의 달걀(Moss' egg)'입니다. 모스의 달걀을 그리는 순서는 다음과 같습니다.

1. 변 BC의 중점 D에서 수직이등분선을 그리고 그 위에 점 A를 잡아 이등변 삼각형 ABC를 그립니다. 이때 꼭지각 $< BAC$는 반드시 $60°$보다 커야 합니다.
2. 점 D를 중심으로 선분 AD의 길이를 반지름으로 하는 반원을 점 B에서 점 C까지 그립니다. (검은색 실선)

3. 점 B를 중심으로 선분 BC의 길이를 반지름으로 하는 원호를 점 C에서부터 점 E까지 그립니다. 점 E는 원호가 선분 AB의 연장선과 만나는 점입니다. 또, 점 C를 중심으로 선분 BC의 길이를 반지름으로 하는 원호를 점 B에서부터 점 F까지 그립니다. 점 F는 원호가 선분 AC의 연장선과 만나는 점입니다. (파란색 실선)
4. 점 A를 중심으로 선분 AE 또는 AF의 길이를 반지름으로 하는 원호를 점 E에서 점 F까지 그립니다. (빨간색 실선)

모스의 달걀을 일반화하여 뾰족한 부분과 뭉툭한 부분의 반지름이 각각 r과 $R(>r)$이고, 중심이 d만큼 떨어진 그림 (나)와 같은 달걀 모양의 곡선을 다음의 순서로 작도할 수 있습니다.[37)]

1. 수직선 위에 떨어진 거리가 d인 점 P와 Q를 정합니다.
2. 점 P와 Q가 중심이고 반지름이 각각 $\ell-r$과 $\ell-R$인 원호가 만나는 점 A를 찾습니다. 선분 PQ의 반대쪽에 같은 방법으로 A의 대칭점 A'를 찾습니다. 여기에서 ℓ은 $2R$보다 큰 임의의 값을 선택할 수 있습니다.
3. AP의 연장선 위에 점 P로부터 r만큼 떨어진 점 B와 AQ의 연장선 위에 점 Q로부터 R만큼 떨어진 점 C를 찾습니다. 같은 방법으로 대칭점 B'와 C'를 찾습니다.
4. 점 P를 중심으로 반지름이 r인 원호를 점 B에서 점 B'까지 그립니다.

---

37) 모스의 달걀에서는 R, r, d가 자유롭지 않고 $(3R-r)(R-r)=d^2$을 만족해야 한다는 제한이 있습니다.

(빨간색 실선)

5. 점 Q를 중심으로 반지름이 ℓ인 원호를 C에서 C'까지 그립니다.
6. 점 $A(A')$를 중심으로 반지름이 ℓ인 원호를 $B(B')$에서 $C(C')$까지 그립니다. (파란색 실선)

앞장에서 물방울 모양에 대한 수학 공식을 소개했었지요? 달걀 모양에 대한 수학적인 공식도 있습니다. 독일의 공학자 휘겔쉐퍼(Fritz Hügelschäffer)는 1948년에 그림 4-12 (가)와 같이 반지름과 중심이 다른 두 원의 **뉴턴 변환(Newton transformation)**으로부터 달걀 모양을 만들 수 있다는 것을 보이고 이로부터 달걀 모양에 대한 다음과 같은 공식을 얻었습니다.

$$y^2 = \frac{b^2\left(a^2 - (x-d)^2\right)}{a^2 - d^2 + 2dx}$$

뉴턴 변환은 어떤 한 고정된 점으로부터 그은 직선이 두 곡선과 만나는 두 점의 x 좌표값과 y 좌표값을 서로 교환한 좌표값을 가지는 점의 집합으로 새로운 곡선을 얻는 방법입니다. 예를 들어, 그림 4-12의 (가)에서 원 1과 원 2는 점 O와 O'이 중심이고 반지름이 a와 $b(> a)$인 원입니다. 안쪽에 있는 원 1의 중심 O로부터 임의의 직선을 긋고 이 직선이 원 1과 원 2와 만나는 점을 P와 Q라 합시다. Q의 x값과 P의 y값을 좌표로 하는 점을 R이라 했을 때 모든 직선에 대한 점 R의 집합으로 그림에 붉은색으로 표시한 달걀 모양을 얻을 수 있습니다. 이 곡선의 식이 위에 나타낸 공식입니다. 이 식은 길이가 $2b$이고 폭이 $2a$인 달걀의 모양을 나타낼 수 있습니다.

그림 (나)와 같이 반지름이 큰 원 2의 중심으로부터 직선을 그어 뉴턴 변환을 해도 달걀 모양이 나옵니다. 이 달걀은 (가)와 다릅니다. 뭉툭한 쪽과 뾰족한 쪽의 차이가 더 크네요. 하지만 달걀의 길이와 폭은 (가)와 같습니다. 이 달걀 모양에 대한 공식은 훨씬 더 복잡합니다. 코사인정리와 같은 수학 지식이 있으면 한번 도전해 보기 바랍니다. 실제 달걀 모양을 보면 그림 4-12의 (가)처럼 뭉툭한 곳과 뾰족한 곳이 두드러지게 차이가 나지 않습니다. (나)의 모양은 약간 과장된 것입니다. 그래서 휘겔쉐퍼가 (가)를 선택했는지도 모릅니다. 최근 영국 켄트대학 생명과학 연구팀은 지구상에 존재하는 모든 새의 알 모양을 나타낼 수 있도록 이 휘겔쉐퍼의

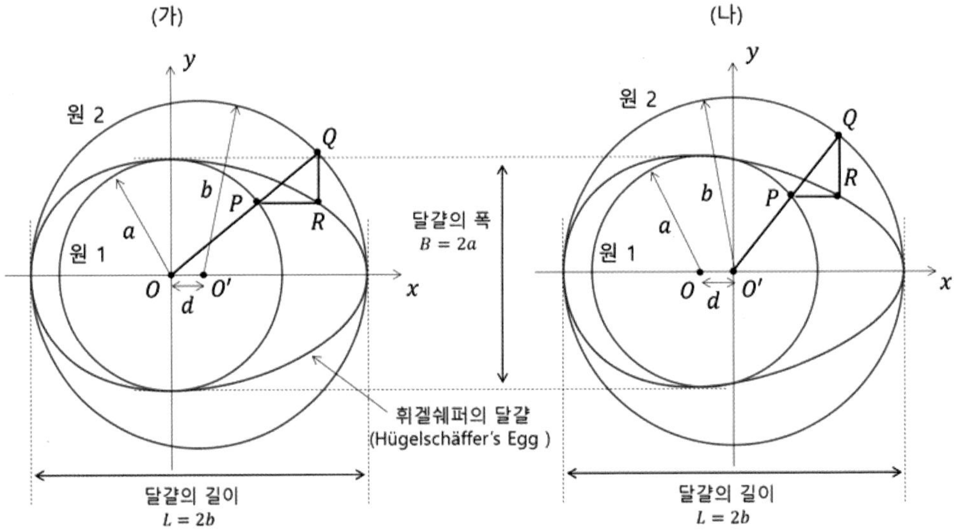

그림 4-12 두 원의 뉴턴 변환으로 달걀 모양에 대한 수학식을 찾는 방법 (가) 반지름이 작은 원의 중심으로부터 그은 직선을 이용한 뉴턴 변환으로 얻어지는 휘겔쉐퍼의 달걀 (나) 반지름이 큰 원의 중심으로부터 직선을 그어 얻을 수 있는 달걀의 모양

공식을 일반화하기도 하였습니다.[38)]

물론 뭉툭한 곳과 뾰족한 곳의 곡률 차이는 주의 깊게 보면 알아챌 수 있습니다. 그리고 그 내부에는 중요한 차이가 있습니다. 릴리퍼트와 블레풔스크에서 이런 점에 근거해서 법을 만들었다면 의미가 있었을지도 모릅니다. 그림 4-13은 달걀의 내부를 간단히 그린 것입니다. 뭉툭한 쪽에 공기가 들어 있는 기실이 있습니다. 이 기실은 달걀 껍데기와 바로 붙어 있는 바깥쪽 막과 흰자를 싸고 있는 안쪽 막 사이에 공기가 들어 있는 공간입니다. 수정란이 부화하여 허파가 만들어졌을 때 여기에 들어 있는 공기로 호흡합니다.

기실은 막 산란했을 때는 작은데 시간이 지나면서 점점 커집니다. 흰자에서 증발한 수증기와 내용물의 화학적 변화에서 발생한 기체가 쌓이기 때문입니다. 그래서 달걀을 보관할 때는 이 기실이 위로 오도록 놓아야 합니다. 노른자나 흰자보다 밀도가 낮은 공기층이 맨 아래에 있게 되면 공기가 (특히 산소가) 위로 올라가서 내용물의 화학적 변화를 더 빨리 일어나게 할 테니까요. 물론 이것은 냉장고의 달걀 통에 달걀을 차곡차곡 쌓아 둘 때의 이야기입니다. 달걀 한 개를 따로 바닥에 놓으면 그림 4-9의 (가)처럼 자연스럽게 기실이 위에 있게 됩니다.

상할 정도가 아니라면 달걀 내부에 쌓이는 기체가 우리에게 약간의 도움을 주기도 합니다. 이 기체들이 달걀 껍데기에 붙어 있는 바깥쪽 막과 흰자를 싸고 있는 안쪽 막을 분리해서 삶은 달걀의 껍데기를 까기 쉽게 합니다. 삶은 달걀의 껍데기가 잘 까지지 않을 때 '신선한 달걀이어서 그렇다'라고

38) V. G. Narushin,, M. N. Romanov, and D. K. Griffin, *Egg and math: introducing a universal formula for egg shape*, Ann. N.Y. Acad. Sci. 1505 (2021) 169-177

생각하면 조금 위안이 되겠습니다.

기실의 크기가 시간이 지나면 점점 커진다는 것을 이용하여 달걀의 신선도를 알아볼 수 있습니다. 오래되어 기실이 커진 달걀은 흔들어 보면 내용물이 움직이는 것이 느껴집니다. 또, 달걀을 물에 담가보는 방법도 있습니다. 신선도가 높은 달걀일수록 아래로 가라앉습니다. 기실이 작을수록 평균밀도가 높아서 상대적으로 큰 부력이 작용할 테니까요. 여름철에 냉장고에 넣는 것을 깜빡해서 부화가 진행된 달걀을 깨고 놀라거나 모르고 삶았는데 상해있어서 낭패를 본 적이 있을 겁니다. 꺼림직하면 달걀을 깨거나 삶기 전에 물에 띄워 볼 것을 권합니다.

닭의 몸에서 달걀이 만들어지고, 그 달걀을 낳을 때 물리학 원리가 적용된 근사한 일들이 일어납니다. 성숙한 닭은 약 25시간을 주기로 달걀을 낳을 수 있습니다. 암평아리는 수천 개의 난자를 가지고 이 세상에 나옵니다. 성장하여 암탉이 되면 이 난자들에 영양 성분이 공급되어 차례로 노른

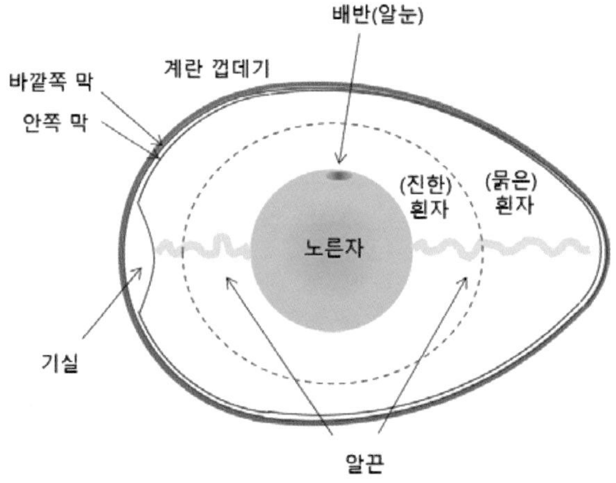

그림 4-13 달걀의 내부 구조.

자가 만들어집니다. 그림 4-13에서 난자는 배반(胚盤, 아이를 배는 받침이라는 뜻, 알눈이라고도 함, germinal disk)만이며 노른자는 나중에 수정된 난자가 개체로 성장하는 데 필요한 영양소입니다. 노른자가 충분히 커지면 난소에서 떨어져 나와 난관(卵管, 알이 지나는 관이라는 뜻, oviduct)으로 들어갑니다.[39] 그림 4-14에서 난관의 처음 부분이 수정부(受精部, infundibulum)인데 여기에 약 15분 정도 머무는 동안 그 부분에 도달한 정자가 있으면 수정이 되어 유정란이 됩니다. 수정이 되지 않더라도 그 이후의 달걀 만들기 과정은 똑같이 진행되고, 이 경우에는 무정란이 됩니다.

난관의 다음 부분은 관이 넓어진 팽대부(膨大部, magnum)인데 여기를 지날 때 흰자가 노른자를 둘러싸게 됩니다. 약 2~3시간 걸리는데 여기에서 흰자의 약 55%가 만들어집니다. 이것이 그림 4-13에서 흰자 성분의 농도가

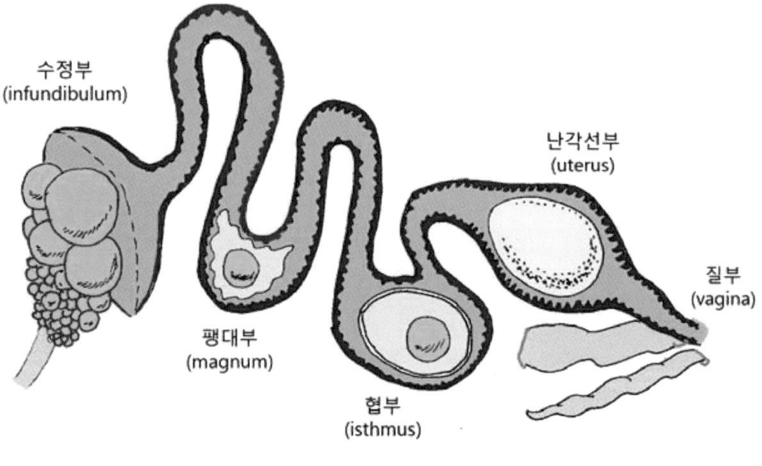

그림 4-14 난관에서 달걀이 만들어지는 과정

39) https://www.youtube.com/watch?v=25nyZd7gbj4에서 달걀이 만들어지는 상세한 과정을 볼 수 있습니다.

진한 부분입니다. 이때 알이 진행 방향을 축으로 빙빙 돌면서 흰자가 꼬여 알끈이 만들어집니다. 이 끈이 노른자를 중앙에 단단히 고정하지요. 그다음은 관이 좁아지고 약 1시간 동안 이 협부(俠部, 좁아진 부분이라는 뜻, isthmus)를 지날 때 달걀의 안쪽 막과 바깥쪽 막이 만들어집니다. 그리고 난각선부(卵殼腺部, 달걀 껍데기를 분비하는 샘이 있는 부분이라는 뜻, shell gland)에 도달하여 21시간을 머무는 동안 달걀 껍데기가 만들어집니다. 바깥쪽 막의 여러 군데에 붙어 있던 탄산칼슘의 작은 결정들이 자라나며 서로 붙어 달걀을 감싸게 됩니다. 이때 물이 그림 4-13의 묽은 흰자 부분[40]에 채워지며 밖으로 나올 때의 달걀 크기가 됩니다. 껍데기가 완성되면 큐티클의 막이 생기고 달걀 껍데기의 색도 덧입혀집니다. 이렇게 막과 껍데기가 생기기 전에는 난관에서 서식하고 있던 살모넬라균이 달걀에 들어갈 수 있으니까 날달걀을 먹는 것은 되도록 피해야 합니다.[41]

껍데기를 가지게 된 달걀은 이제 우리가 보는 달걀 모양이 되었습니다. X-선 촬영으로[42] 이때의 달걀 모양을 관찰하면 뾰족한 쪽이 달걀 진행 방향의 앞쪽입니다. 이렇게 앞쪽이 뭉툭한 것보다 뾰족한 것이 달걀이 난관의 나머지 부분을 지나 질부(膣部, vagina)에 이르게 하는 데에 물리적으로 유리하지요. 1장에서 이야기했던 날카로운 칼이 식자재를 잘 자르는 것과 같은 이치입니다. 물리 원리는 이렇듯 달걀이 만들어지는 생명현상에서까지 나타납니다. 그런데 이 질부에서 다시 한 번 놀라운 일이 일어납니다.

---

40) 계란프라이를 할 때 팬 위에 넓게 확 퍼지는 부분입니다. 거의 물이라서 점도가 낮기 때문이지요.

41) 날달걀이 목청에 좋다는 속설이 있으나 이것은 전혀 근거 없는 이야기입니다. 목소리는 기도를 지나는 공기가 내는 것이고 날달걀은 식도를 통해 몸 안으로 들어가기 때문이지요.

42) J. R. G. Bradfield, *Radiographic studies on the formation of the hen's egg shell,* J Exp Biol. 1951 Jun;28(2):125-40. doi: 10.1242/jeb.28.2.125.

달걀이 180° 회전한다는 것입니다. 그래서 달걀의 뭉툭한 쪽이 바닥으로 떨어집니다. 바닥으로부터 받는 충격을 넓은 면에 분산시키니 압력이 줄어들어 깨질 확률이 낮아지는 것이지요. 그리고 달걀의 질량중심이 뭉툭한 쪽에 가까울 테니 바닥에 떨어졌을 때 달걀이 멀리 구를 확률도 낮아집니다. 대부분 오뚜기처럼 제자리에서 진동하는 정도로 그치겠지요. 이 정도면 닭이 거의 물리학 박사가 아닐까요? 바보짓을 하는 사람을 '닭대가리'라고 부르는 것이 어쩌면 닭을 무시하는 것일지도 모릅니다. 물론 닭이 물리학의 원리를 알아서 이렇게 하는 것은 아닐 것입니다. 생명현상에 유리하니 이렇게 진화한 것이겠지요.

닭의 체온은 약 39℃로 사람 체온보다 약간 높습니다. 바깥 대기의 기온은 이보다 낮으니 달걀이 식겠지요. **온도가 내려가면 모든 물질의 부피는 줄어듭니다.** 물만 4℃ 이하에서 예외라고 했지요? 이때 껍데기보다는 안에 든 내용물이 온도에 따라 부피가 더 많이 변화합니다.[43] 그러니 식을 때 더 많이 수축하는 것이지요. 그 결과 달걀 안쪽의 압력이 대기압보다 낮아져서 외부에서 공기가 안쪽으로 들어가 기실이 만들어집니다. 달걀의 바깥쪽 막과 안쪽 막은 표면장력이 큰 액체나 세균과 같은 큰 입자의 출입은 불가능하지만, 기체 분자의 출입은 가능하기 때문입니다. 이때 유입된 산소로 부화한 병아리가 호흡을 할 수 있는 것이지요. 물질의 열팽창이라는 물리 현상 덕분에 병아리가 탄생할 수 있는 것입니다. 이 모든 과정이 정교하게 설계된 기계장치 또는 컴퓨터 프로그램 같지 않나요?

43) 삶을 때는 하얀 흰자가 살짝 보이던 달걀 껍데기의 금이 찬물에 담가 식히면 보이지 않지요. 안에 든 내용물이 껍데기보다 더 많이 수축했기 때문입니다.

날달걀과 삶은 달걀은 왜 다르게 움직이나요?

달걀에 대한 물리학 이야기에서 빠지지 않는 것이 날달걀과 삶은 달걀을 껍질을 깨지 않고 구분하는 여러 방법입니다. 가장 널리 알려진 것이 바닥에 놓고 팽이 돌리듯 손가락으로 돌려 보는 것이지요. 안정되게 일정한 각속도로 잘 돌아가면 삶은 달걀이고 돌리는 데 대해 거부하지도 않으면서 잘 돌지 않으면 날달걀입니다. 날달걀일 때보다 삶은 달걀일 때 관성모멘트가 커서 그렇습니다. 달걀을 세워서 두 손으로 잡고 돌린 달걀을 손가락으로 살며시 눌러 돌아가는 것을 멈추게 한 뒤 손가락을 떼었을 때 다시 돌기 시작하면 날달걀입니다. 또, 경사면에 가만히 놓았을 때 빠르게 구르는 것이 날달걀입니다. 이것은 모두 흰자와 노른자가 날달걀에서 유동성이 있는 콜로이드 액체이고, 삶은 달걀에서는 젤 상태가 되기 때문입니다. 빛이 차단된 곳에서 손전등으로 불빛을 달걀에 통과시켜 보아도 됩니다. 날달걀은 전등 불빛이 통과하며 환하게 빛나지만 삶은 달걀은 빛이 통과하지 못합니다. 달걀흰자와 노른자가 익으면서 불투명해지기 때문입니다. 말랑말랑하지만 유동적이지 않는 젤 상태가 되고, 불투명하게 되는 것은 모두 달걀에 들어 있는 단백질이 열에 의해 변성이 일어나서 나타나는 현상입니다.

앞에서 이야기한 그림 4-8 또는 그림 4-9와 같은 달걀 구르기는 약간 과장된 것입니다. 삶은 달걀은 이렇게 구를 수 있지만 날달걀은 잘 구르지 않습니다. 그림 4-15는 날달걀과 삶은 달걀의 움직임이 어떻게 다른지를 보여줍니다. 그림에서처럼 손가락을 날달걀에 대고 살짝 밀었을 때 액체 상태인 흰자와 노른자는 달걀 껍데기와 함께 움직이지 않습니다. 점성이 있어서 흰자의 껍데기와 가까운 부분은 껍데기의 움직임을 따라가기는 하지만요. 그래서 손가락을 떼면 달걀이 굴러가는 속력이 손가락으로 밀어준 속력보다 작아집니다. 달걀이 일정하게 구르지도 못하고 이리저리 흔들리기도 합니다. 굴러가는 동안 점성으로 인해 달걀 전체에 움직임이 퍼지며 밖에서 보는 속력은 계속 줄어들지요. 결국은 달걀 전체가 동일한 각속도로 움직이는 상태가 되고 나면 일정한 속력으로 움직입니다. 이때는 속력이 많이 줄어든 상태지요. 그래서 날달걀을 굴려본 적이 있는 사람은 '달걀 모양은 알이 둥지에서 굴러 떨어지지 않게 진화한 결과이다'라는 그림 4-8과 같은 주장에 대해 '날달걀은 억지로 굴려도 잘 구르지 않던데?'하면서 의심할지도 모릅니다. 잘 구르지는 않더라도 구를 때의 아주 작은 차이는 오랜 기간 쌓이면 무척 다른 결과를 만들어냅니다. 그리고 일단 내용물이 같은 각속도로 움직이는 상태가 되고 나면 그 속력으로 계속 구릅니다. 속력

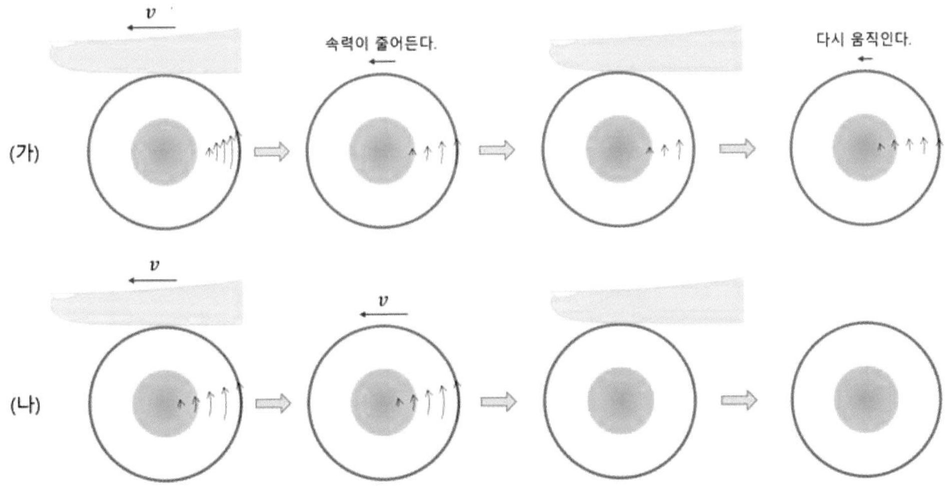

그림 4-15 (가) 날달걀과 (나) 삶은 달걀 굴리기

이 작더라도 일직선으로 달걀이 구른다면 결국은 둥지에서 떨어지겠지요.

굴러가는 날달걀을 손가락으로 잠시 잡아 멈추게 했다가 손가락을 떼면 다시 움직입니다. 붙잡고 있던 껍데기만 움직임이 멈췄었기 때문입니다. 삶은 달걀은 젤 상태가 되어 물리학에서 말하는 이상적인 강체(剛體, 딱딱한 물체라는 뜻으로 운동할 때 모양이 변하지 않는 물체를 가리킴, rigid body)는 아니지만 모든 부분이 같이 움직입니다. 정확하게는 표현하자면 각 부분의 중심축에 대한 각속도가 같습니나. 삶은 달걀은 손가락으로 밀어주면 손가락을 떠난 후에도 계속 같은 속력으로 굴러갑니다. 물론 뭉툭한 쪽과 뾰족한 쪽이 있는 달걀 모양으로 인해 그림 4-8처럼 굴러가지요. 구르고 있는 삶은 달걀을 손가락으로 잡아 움직임을 멈추게 하면 모든 부분의 움직임도 따라서 멈춥니다. 그래서 손가락을 떼어도 다시 움직이지 않지요. 이러한 차이를 이용하여 날달걀과 삶은 달걀을 구분할 수 있습니다. 날달걀을 굴릴 때 그 안에서 그림 4-15와 같은 일이 일어난다는 것을 다음과 같이 확인해 봅시다.

확인해 볼까요?

1. 날달걀을 깨서 작은 컵에 담습니다. 껍데기를 깰 때 너무 큰 충격이 가해져서 노른자가 터지지 않게 조심해야 합니다. 실제 달걀 구조와 비슷하도록 노른자가 가운데에 오도록 하는 것도 좋겠습니다.
2. 노른자와 흰자의 움직임을 볼 수 있도록 고춧가루 입자 몇 개(5개 정도)를 뿌립니다. 고춧가루 입자 대신 노른자나 흰자와 대비되는 색을 가지고 있으면서 가벼운 모든 입자로 대치할 수 있습니다.

3. 컵을 빙글빙글 돌리면서 각 부분에 있는 고춧가루가 어떻게 움직이는지 관찰해 봅시다. 흰자와 노른자가 컵과 함께 움직이나요?
4. 돌리던 컵을 그대로 바닥에 놓으면 각 부분에 있는 고춧가루가 어떻게 움직이는지 관찰해 봅시다. 흰자와 노른자가 컵과 함께 멈추나요?

그래서 날달걀과 삶은 달걀을 구분하는 좋은 방법[44]은 달걀을 손에 쥐고[45] 손목을 빙빙 돌려 달걀에 회전을 준 뒤 바닥에 놓는 것입니다. 삶은 달걀은 바닥에 놓으면 가만히 있지만, 날달걀은 이리저리 움직입니다. 이것 역시 그림 4-15로 왜 그런지 이해할 수 있지요. 산란한 지 오래된 달걀이라면 기실이 커져 있어서 손에 쥐고 돌릴 때 안에 있는 내용물이 흔들리기 때문에 날달걀이라는 것을 알아낼 수도 있습니다.

날달걀인지 삶은 달걀인지 확실하게 알고 있는 비교할 달걀이 있다면 더 간단한 방법도 있습니다. 약간 경사진 곳에 두 달걀을 동시에 놓아 아래로 미끄러지지 않고 굴러서 내려가게 하는 것입니다. 그러면 날달걀이 더 빨리 굴러 내려갑니다. 높은 곳에서 아래로 내려간 물체는 속력이 빨라집니다. 물체가 높은 곳에 있는 상황의 중력 퍼텐셜에너지가 이 물체의 운동에너지로 전환되기 때문입니다. **크기를 가진 물체의 운동은, 물체의 모든 부분이 질량중심과 나란하게 움직이는 병진운동(竝進運動, 나란하게 나아가**

44) 달걀 겉면에 찍힌 녹색의 10자리 숫자(난각 표기)가 삶을 때 흐릿해지는 걸로 삶은 달걀인지 날달걀인지 알 수 있기는 합니다.

45) 바른 자세로 서 있을 때 손을 달걀을 쥐고 있는 것처럼 하라고 하지요? 손에 너무 힘을 주지 말고 자연스럽게 하라는 뜻일 겁니다.

는 운동이라는 뜻, translation)과, 각 부분의 질량중심에 대한 상대운동의 조합입니다. 내용물 모두가 함께 움직이지 않는 날달걀의 경우 각 부분의 질량중심에 대한 상대운동이 작습니다. 하지만 삶은 달걀의 경우에는 모든 부분이 회전축에 대해 같은 각속도로 움직여야만 하지요. 그래서 날달걀의 경우 퍼텐셜에너지의 더 많은 부분이 병진운동에 대한 운동에너지로 전환될 수 있어서 속력이 빠릅니다. 여기에서 미끄러지지 않고 굴러 내려가게 한다는 것이 중요합니다. 마찰이 적어 그냥 미끄러지기만 하고 구르지 않는다면 날달걀과 삶은 달걀의 차이는 거의 나타나지 않습니다. 이것 역시 다음과 같은 실험을 통해 확인해 볼 수 있습니다.

확인해 볼까요?

1. 원기둥 모양이어서 굴러갈 수 있는 작은 크기의 생수병을 냉동실에 넣어 물을 얼립니다. 이때 물이 꽉 차 있으면 물이 어는 과정에 부피가 팽창하여 생수병 모양을 변형시킬 수 있으니 약간 물을 따라내고 얼립니다. 또, 뉘어서 얼리면 모양이 변형될 수 있으니 세워서 얼리는 것이 좋습니다.
2. 물을 얼린 생수병과 얼리지 않은 생수병을 경사면에 가만히 놓아 굴러 내려가게 해 봅시다.[46] 미끄러지지 않고 굴러 내려갈 수 있도록 경사면에 고무판과 같이 마찰을 크게 하는 것을 까는 것이 좋습니다. 어느 것이 먼저 바닥에 도달하나요?

가장 간단한 계란프라이에서 출발해서 삶은 계란까지 이야기했지요? 달

46) 얼리기 전에 물을 조금 따라내서 두 생수병의 물의 질량이 약간 다른 것은 큰 문제가 되지 않습니다. 두 생수병에 작용하는 중력도 질량에 비례하고 두 병의 관성도 질량이 비례하니까 질량의 영향은 상쇄됩니다.

걀은 그 자체로 맛있고 영양가 높은 음식이 되지만 다른 음식의 부재료로도 많이 사용됩니다. 달걀이 들어간 음식을 찾는 것과 그렇지 않은 것을 찾는 것 중 어느 것이 더 쉬울지 모르겠네요. 달걀에 대한 알레르기가 있거나 채식주의자인 경우에는 심각한 문제지요. 달걀이 주재료는 아니면서도 달걀 없이는 만들 수 없는 식품이 있습니다. 바로 마요네즈입니다. 우리의 전통 음식은 아니지만 이제 냉장고에 마요네즈가 들어 있지 않은 가정이 있을까 싶을 정도로 대중화된 식품입니다. 과일이나 야채를 마요네즈에 버무린 '사라다'는 이미 우리나라 음식이 된 지 오래되었습니다. 식빵 두 조각 사이에 계란프라이를 넣고 마요네즈를 친 토스트도 그렇지요. 이 친숙한 마요네즈에 대해서 다음과 같은 과학적 질문을 던져볼까요?

왜 마요네즈는 통에서 짜 놓으면 그 모양을 유지하나요?

그거야 치약이나 물감도 그렇지 않나요? 치약은 고운 가루 형태의 연마재를 액체에 버무려 놓은 것입니다. 어떤 힘도 작용하지 않았을 때는 서로 촘촘히 붙어 있는 입자들이 자리를 바꿀 수 없어서 모양을 유지합니다.[47] 약간의 힘이 작용하면 가루 입자들이 서로 미끄러지며 유체와 같은 유동성이 생깁니다. 유동성이 있는 모든 유체에는 '**그 안에 있는 어떤 점에서 압력이 모든 방향으로 같은 크기로 작용한다**'는 **파스칼의 원리**가 적용됩니다. 그래서 튜브의 어느 부분을 눌러도 구멍이 뚫린 곳으로 치약이 나오는

47) 양치질을 하는 동안 침이 섞여 입자 사이가 멀어지면 치약은 액체처럼 흐물거립니다. 치약을 짠 칫솔에 물을 묻혀서 양치질을 하면 효과가 떨어진다는 것도 이런 이유입니다.

것입니다. 치약 짜는 것에도 물리학이 숨어 있었네요.

치약의 연마재 가루는 고체입니다. 이 가루 입자 하나하나는 정해진 모양을 가지고 있고 이 가루만으로도 어떤 높이까지 쌓아 올릴 수 있습니다. 마른 가루라면 중력의 영향으로 무너지기 때문에 어떤 경사각을 가진 산 모양이 되겠지만요. 액체로 버무려 놓으면 가루를 서로 붙어 있게 하는 액체의 점착력 덕분에 중력의 영향이 상대적으로 줄어들어 산 모양이 아니더라도 치약의 모양이 오래 시속되는 것입니다. 그러니 짜 놓은 치약이 모양을 유지하는 것은 어쩌면 당연한 일일지도 모릅니다. 마른 모래로는 모래성을 쌓을 수 없지만 물을 적신 모래로는 가능한 것처럼 말입니다.

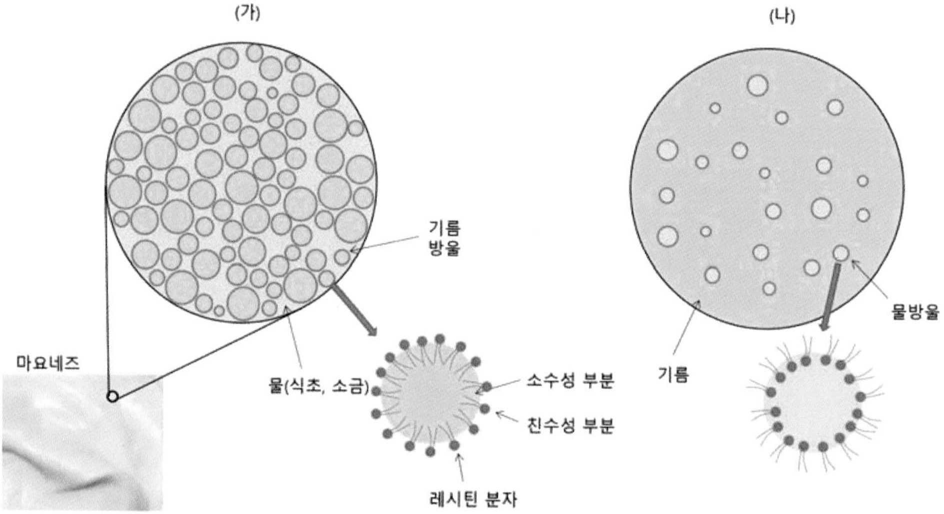

그림 4-16 (가) 기름방울이 물에 흩어진 구조의 제대로 만들어진 마요네즈 (단순화하여 2차원적으로 그린 것이고 실제는 기름방울이 공 모양이 아니라 주변의 기름방울의 영향으로 찌그러진 모양임) (나) 물방울이 기름에 흩어진 실패한 마요네즈 (물 섞인 기름)

그런데 마요네즈에는 이런 고체 입자가 없습니다. 마요네즈를 만드는 재료는 달걀노른자, 식용유, 식초와 같은 액체니까요. 점성이 어느 정도 있는 달걀노른자도 막이 터지면 모양을 유지하지 못합니다. 고체로는 유일하게 소금을 약간 넣기는 하지만 간을 맞추기 위한 것이고 나중에 모두 물에 녹을 겁니다. 그러고 보니 치약과는 정반대네요? 치약은 모양을 유지할 수 있는 고체 가루를 유동성이 있게 해서 튜브를 눌렀을 때 짤 수 있도록 한 것인데, 스스로 모양을 유지하지 못하는 액체를 섞어서 만든 마요네즈가 한참 동안 모양을 유지하는 것이니까요. 그리고 물이 주성분인 식초와 지방인 식용유가 골고루 섞여 마요네즈가 되는 것부터가 신기한 일입니다.

이 모든 것을 가능하게 하는 것이 달걀노른자에 들어있는 **레시틴**(lecithin, 달걀노른자를 가리키는 그리스어 레키로스가 어원)이라는 물질입니다. 레시틴은 하나의 분자 이름이 아니고 여러 종류의 지질을 아울러 부르는 용어입니다. 그림 4-7에 보인 달걀노른자의 플라즈마에 흩어져 있던 작은 LDL 입자의 막을 이루고 있는 지질 분자들입니다. 설명했던 것처럼 이 분자들은 친수성을 띠는 부분과 소수성을 띠는 부분을 함께 가지고 있습니다. 이 분자의 소수성 부분이 그림 4-16에 보인 것처럼 기름방울에 붙어 그 표면이 친수성이 되면 물속에서 안정된 상태를 유지할 수 있습니다. 이렇게 서로 섞일 수 없는 두 용액이 거의 균질하게 섞여 있는 용액을 유화액(乳化液, emulsion)이라고 합니다. 유화액은 우유처럼 된 액체라는 뜻으로 지방과 단백질 성분이 물과 잘 섞여 있는 우유가 대표적인 유화액이기 때문에 붙여진 이름입니다. 기름방울은 식용유와 식초를 거품기를 이용하여 손으로 휘젓거나 전기 믹서로 섞어주면 만들어집니다. 하지만 휘젓는 것을 멈추면 얼마 후 다시 물과 기름으로 분리되어 버립니다. 달걀노른자와 함께 섞으면 레시틴이 그림 4-16과 같이 기름방울을 감싸서 방울들이 다시 엉기지 못하게 하는 것입니다. 레시틴과 같이 유화액을 만드는 데 도움을 주는 물질을 유화제(乳化劑, emulsifier)라고 합니다. 달걀노른자의 HDL 과립을 이루고 있는 여러 단백질도 유화제 역할을 해줍니다. 달걀노른자 자체가 지방과 물이 균질하게 섞인 유화액이었습니다.

레시틴으로 둘러싸인 기름방울은 수 마이크로미터의 크기를 가지며 그림 4-16에 도식적으로 나타낸 것처럼 서로 가까이 붙어 있어서 마음대로 자리를 바꾸지 못합니다. 기름방울 사이를 채우고 있는 물의 점착력이 중력의 영향을 상대적으로 약화시키기까지 합니다. 그래서 마요네즈가 모양을 유지하는 것입니다. 이것은 마치 물은 흘러버리기 때문에 높이 쌓을 수 없는데 작은 물풍선 여러 개는 높이 쌓을 수 있는 것과 같습니다.

기름방울도 그렇고 그 사이에 있는 물도 원래부터 액체였으니 마요네즈 통을 눌러 짜낼 수 있는 것은 특별히 신기할 것도 없지요? 그런데 마요네즈의 **점성**(粘性, 끈적거리는 성질이라는 뜻, **viscosity**)은 물과 기름, 심지어 달걀노른자보다 1000배 정도 강해집니다. 각 액체를 이루고 있는 작은 분자들이 움직이게 하는 것보다 수십억 개 정도의 분자들이 뭉친 기름방울이 움직이게 하는 것이 훨씬 더 힘이 들 테니까요.

일반적으로 어떤 액체에 다른 물질을 녹이면 점성이 강해집니다. 농도가 높으면 점성도 따라서 강해지지요. 3장에서 소금물에 녹아 있는 소듐이온과 염소이온을 물 분자 여러 개가 둘러싸서 수화물을 만든다고 했지요? 물 분자가 하나씩 떨어져 있을 때보다 이렇게 덩어리가 되면 움직이게 하기가 어려워서 점성이 강해지는 것입니다. 소금물이나 설탕물이 손에 묻었을 때 끈적끈적해지는 것은 물이 증발하면 농도가 높아지기 때문입니다.[48] 해수욕을 하고 난 후 몸에 묻었던 물이 마를 때, 또는 땀이 막 나기 시작했을 때, 피부가 끈적거리는 것도 같은 이유입니다. 오히려 바닷물에 몸을 담갔을 때와 땀을 많이 흘리고 나면 소금물의 농도가 낮아서 끈적이는 느낌이 덜하지요.

액체에 녹은 물질의 농도가 어느 이상이 되면 갑자기 점성이 수백에서 수천 배로 증가하는 신기한 일이 일어납니다. 좋은 예가 설탕물과 물엿이겠네요. 이러한 일이 일어날 때 점성과 농도 사이의 관계식을 찾아낸 영국의 윈(K. Wynne) 교수[49]는 이 현상을 '**마요네즈 효과**'라고 명명하였습니다. 물엿의 점성, 즉 끈적거림을 이용하여 볶은 콩이나 쌀알을 뭉치게 만든 것이 강정입니다. 그렇지만 처음부터 점성이 강한 물엿을 이용하여 콩강정을 만들기는 어려우니 물에 타서 점성을 약하게 하여 쉽게 섞은 다음 졸여서 물을 증발시키는 비법을 쓰지요. 대부분의 중국 요리에서는 점성이 있는 걸쭉한 소스를 만들어 재료에 잘 묻게 합니다.

자, 이제 마요네즈의 원리를 알았으니 수제 마요네즈를 만들어 볼까요?

마요네즈 만들기

1. 달걀노른자 2개, 식초 또는 레몬즙 2큰술(=30 cc), 약간의 소금, 식용유 1큰술을 넣고 걸쭉해질 때까지 휘젓습니다.
2. 다시 1큰술씩 넣고 걸쭉해질 때까지 젓는 과정을 15번 정도 되풀이합니다.

---

48) 알코올은 반대입니다. 알코올은 물보다 점도가 낮아서 알코올 농도가 높아질수록 점도가 낮아집니다. 손소독제는 글리세린에 알코올을 섞은 것이라 끈적임이 거의 없지요.

49) K. Wynne, *The Mayonnaise Effect*, J. Phys. Chem. Lett. 2017, 8, 24, 6189-6192

생각보다 간단하지요? 만일 전기 믹서기를 사용할 수 있다면 더 간단합니다. 모든 재료를 한꺼번에 넣고 아래쪽에서부터 젓기 시작해서 점점 위로 올라오며 마요네즈가 될 때까지 저어주면 되니까요. 왜 기름을 조금씩 넣어가며 저어야 할까요? 그렇게 해야만 기름이 작은 방울로 쪼개지고 물에 골고루 퍼지기 때문입니다. 기름이 너무 많으면 물 위에 뜬 큰 방울들이 다시 엉기기 때문에 젓는 작업의 효율이 떨어져서 훨씬 더 힘이 듭니다.

마요네즈는 만드는 데 들어가는 기름의 양이 물의 양보다 많습니다. 그래서 모든 재료를 한꺼번에 넣고 저으면 기름 안에 잘게 쪼개진 물방울이 들어가 있는 정반대의 유화액이 만들어지지요. 이런 유화액의 예가 버터나 마가린입니다. 신기하게도 사람의 혀는 식초 물에 기름방울이 섞인 그림 4-16과 같은 마요네즈를 먹을 때 식초와 노른자의 시큼하고 고소한 맛을 주로 느끼지만, 기름에 물방울이 들어 있는 유화액을 먹을 때는 기름의 맛을 주로 느낍니다. 마요네즈의 80%가 식용유라는 것을 맛으로 느끼는 사람은 거의 없지요. 기름 안에 물방울이 섞여 있는 유화액은 마요네즈처럼 점성이 강하지도 않습니다. 물의 양이 적어서 물방울이 촘촘하게 들어있지도 못하니까요. 이것이 믹서기로 저을 때 아래에서부터 저어야 하는 이유이기도 합니다. 기름은 물 위에 뜨니까 아래부터 저으면 많은 양의 물에 적은 양의 기름이 방울이 되며 섞이게 되겠지요. 어떻습니까? 책이나 인터넷에 나와 있는 마요네즈 만드는 방법을 무조건 따라 하는 것보다 왜 그렇게 해야 하는지를 알면 실패할 확률이 낮아지지 않을까요?

그러고 보니 마요네즈를 만들 때 식초는 왜 넣지요? 마요네즈가 기름방울이 물에 퍼져 있는 것이라면 식초가 아니라 물을 약간 넣어도 될 텐데요. 식초는 소금처럼 맛을 내기 위한 것입니다. 그러니 식초 특유의 냄새를 싫어하는 사람이라면 레몬즙으로 대신할 수 있습니다. 그런데 식초는 아주 중요한 역할을 합니다. 앞에서 닭의 난관을 지나면서 달걀이 만들어질 때 그곳에 서식하고 있던 살모넬라균이 들어갈 수 있다고 했지요? 식초는 날달걀에 들어 있을지도 모르는 균을 죽이고 마요네즈를 만들고 난 후 균이 들어와 부패하는 것을 막아줍니다. pH가 4 이하면 균이 죽습니다. 또, 기름이 산화하여 마요네즈의 맛이 변하는 것도 막아줍니다. 만들고 나서 즉시 먹어서 보관을 신경 쓰지 않아도 되고, 신맛이 싫다면 약 65℃의 물에 15분 정도 담가 살균한 달걀노른자로 마요네즈를 만들면 됩니다. 하지만 신맛과 고소한 맛이 매력인데 그렇지 않은 마요네즈는 조금 상상하기 어렵네요.

마요네즈가 들어간 음식은 너무 뜨겁게 데우거나 너무 차게 하면 안 됩니다. 온도가 너무 높아지면 기름방울 사이에 있는 물이 증발하고 기름방울들이 너무 조밀해지면서 유동성을 잃어 마요네즈 특유의 부드러움이 사라집니다. 또, 노른자의 단백질에 변성이 일어나 유화제 역할을 제대로 하지 못하게 되거나 기름과 물의 분자운동이 활발해져서 막이 터져 기름방울들이 다시 엉기게 됩니다. 물이 얼 정도로 차게 해도 물의 부피가 늘어나는 상변화 과정에서 유화제의 막이 손상되어 기름이 새 나올 수 있습니다.

마요네즈가 제 기능을 잃으면 물과 기름으로 분리되어 식재료에 흡수되거나 중력의 영향으로 얇게 퍼져서 눈에 보이지 않기 때문에 거품이라고 생각하는 사람들이 많습니다. 만드는 과정에서도 거품이 일어나는 것처럼 보입니다. 그렇지만 마요네즈는 공기 방울이 모인 거품이 아닙니다. 속에 기름이 들어 있는 방울이 모인 것이지요. 마요네즈를 만드는 과정에서 부피는 거의 늘어나지 않습니다. 한편, 카스테라를 만들기 위해 달걀흰자를 젓는 과정에서는 공기 방울이 모인 거품이 만들어지고 부피가 거의 6~8배 늘어납니다. 거품은 다음 권에서 설거지할 때 일어나는 세제 거품에 관해 이야기할 때 다루겠습니다. 달걀 이야기는 이쯤에서 마치기로 하지요.

추가 질문

1. 닭이 알을 낳은 후에 달걀 안에 있는 흰자와 노른자의 부피가 껍데기보다 더 작아지도록 수축하는 물리적 이유로 기실이 만들어집니다. 그렇다면 왜 항상 뭉툭한 쪽에 기실이 만들어지나요? 곡률 반지름이 큰 쪽에 만들어지는 것이 안쪽 막의 표면적 변화를 작게 하기 때문이라면 곡률 반지름이 더 큰 옆면에 만들어져야 할 것입니다. 온도가 낮아질 때 알끈의 길이가 수축해서 기실이 만들어지는 것일까요?

글을 마치며

부엌에서 찾을 수 있는 물리가 제법 많지요? 칼로 써는 것으로 요리를 시작하여 설거지까지 마친 후 너무 많이 먹은 것에 대해 후회하고 살이 찔까 걱정하는 데까지 물리학과 관계된 이야기를 해 보았습니다. 부엌에서 음식을 요리하거나 식탁에서 식사하면서 어쩌면 한 번쯤 떠올렸거나 아니면 그냥 지나쳤을 '어? 이거 왜 그러지?'라는 물음을 던지고 물리학적으로 설명을 하려 드는 물리학자들의 수다입니다. 이런저런 잡다한 이야기를 늘어놓다 보니 내용이 너무 많아졌습니다. 그렇다고 필요한 내용만 간추려 줄이면 그저 물리 법칙만 늘어놓는 무미건조한 책이 될 것 같아 두 권으로 나누어 출판하게 되었습니다.

책을 쓰는 동안 Chat GPT라는 인공지능(AI, Artificial Intelligence) 프로그램이 세상을 깜짝 놀라게 했습니다. 어떤 분야, 어떤 내용이건 키워드만 치면 글을 써 주는 프로그램이 등장한 것이지요. 그래서 이제 더더욱 사람들이 책을 읽지 않을 것이라고 합니다. 지식을 얻는 수단이 바뀐 것이지요.

하기야 이미 지식 전달 도구가 책에서 영상매체로 바뀐 지도 오래되었습니다. 하지만, 아무리 인공지능이 발달해도 자연현상에 대해 '와!' 또는 '이야!'라고 감탄하고, '어?' 또는 '왜 그러지?'라는 호기심을 가지는 것은 오직 인간일 것이라고 위안을 해 봅니다.

까칠한 물리학 가족의 카톡을 공개합니다. '무인도에 가져갈 단 하나는 무엇인가요?'라는 질문에 대한 수다입니다. 이 책은 이런 논의를 거치며 만들어졌습니다. 우리 가족이 대단한 물리학자들은 아니지만, 물리학 전공자로서 몸에 밴 몇 가지 점을 이 대화 속에서 찾을 수 있을 것입니다. 첫째, 남의 질문에 곧바로 답을 하려 들지 않고 먼저 질문을 올바로 이해하려고 한다는 것입니다. 질문이 올바르지 않으면 그 답이 무슨 의미가 있겠어요? 이것은 일상생활에서도 아주 좋은 습관입니다. 이렇게 질문을 따져보는 습관은 어떤 의도를 가진 질문이나 설문에 우리가 휩쓸리지 않게 하지요. 둘째는, 답을 했을 때 왜 그렇게 생각하는지를 밝혀야 한다는 것입니다. 이것도 대학 수학 능력 고사의 폐단일 텐데, '그냥 찍었어'라는 설명은 우리 호모 사피엔스가 절대로 하지 말아야 할 말입니다. 셋째, 항상 사실과 정확한 자료를 근거로 자신의 주장을 펼쳐야 한다는 것입니다. 스마트폰에 키워드만 치면 자료를 찾을 수 있는 세상인데도 억지 주장을 펴는 사람들이 많이 있지요.

까칠한 물리학 가족의 카톡

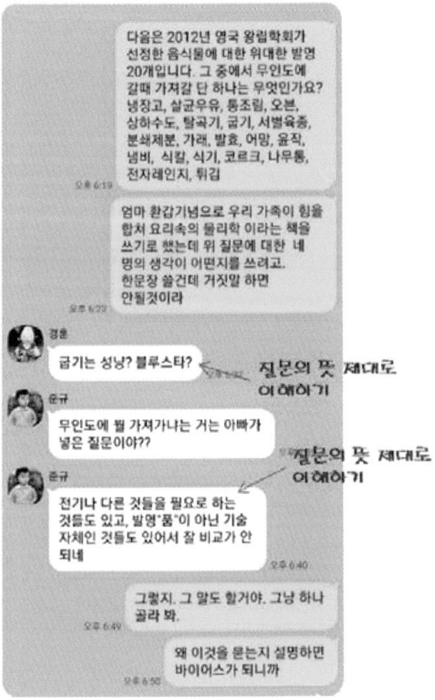

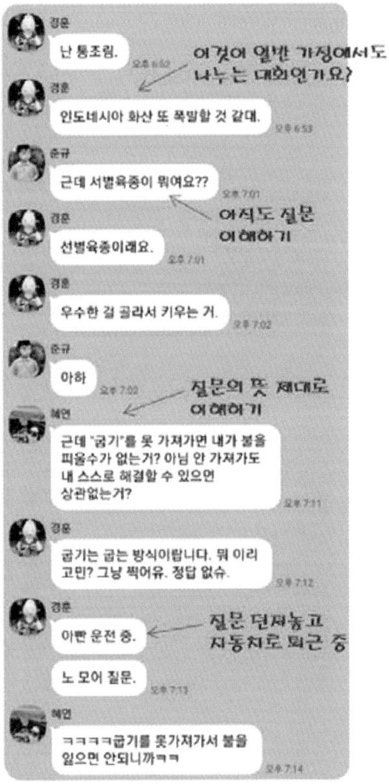

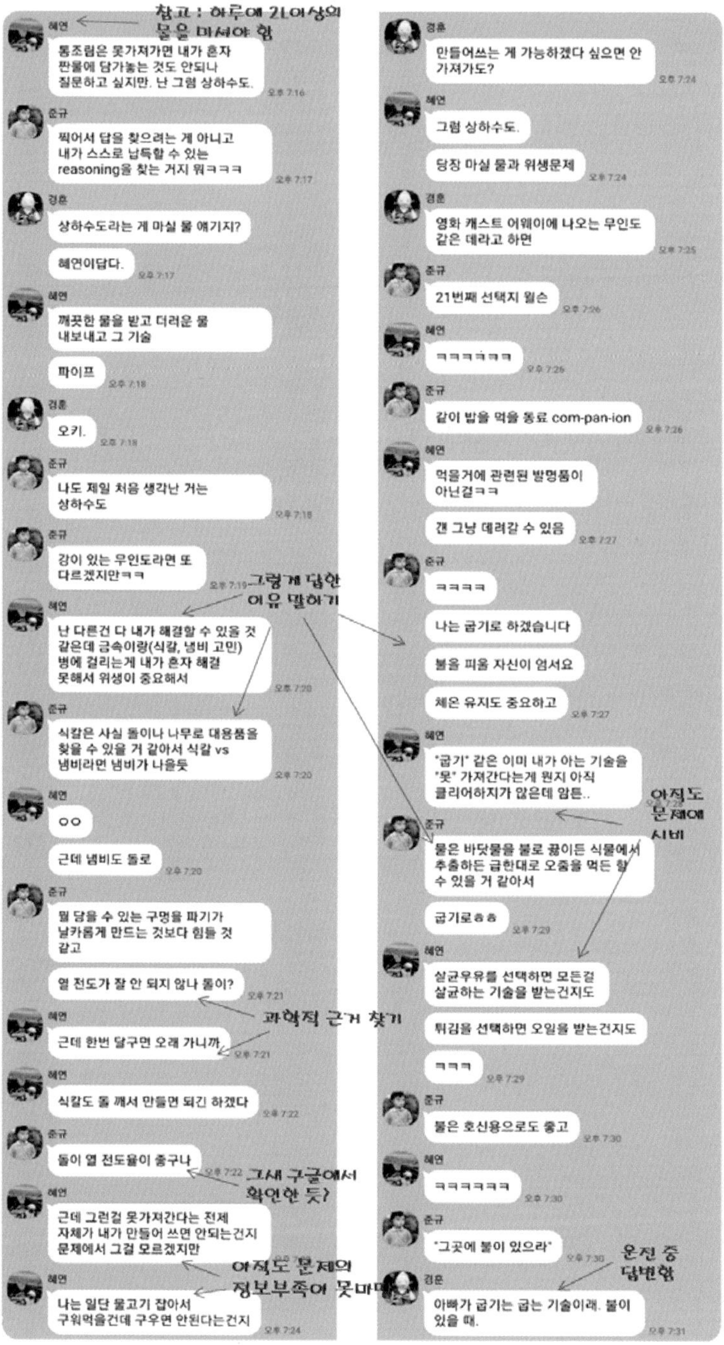
혜연
참고 : 하루에 2L이상의 물을 마셔야 함
통조림은 못가져가면 내가 혼자 판물에 담가놓는 것도 안되나 질문하고 싶지만. 난 그럼 상하수도.
오후 7:16
준규
찍어서 답을 찾으려는 게 아니고 내가 스스로 납득할 수 있는 reasoning을 찾는 거지 뭐ㅋㅋㅋ
오후 7:17
경훈
상하수도라는 게 마실 물 얘기지?
혜연이답다.
오후 7:17
혜연
깨끗한 물을 받고 더러운 물 내보내고 그 기술
파이프
오후 7:18
경훈
오키.
오후 7:18
준규
나도 제일 처음 생각난 거는 상하수도
오후 7:18
준규
강이 있는 무인도라면 또 다르겠지만ㅋㅋ
오후 7:19
그렇게 답한 이유 말하기
혜연
난 다른건 다 내가 해결할 수 있을 것 같은데 금속이랑(식칼, 냄비 고민) 병에 걸리는게 내가 혼자 해결 못해서 위생이 중요해서
오후 7:20
준규
식칼은 사실 돌이나 나무로 대용품을 찾을 수 있을 거 같아서 식칼 vs 냄비라면 냄비가 나올듯
오후 7:20
혜연
ㅇㅇ
근데 냄비도 돌로
오후 7:20
준규
물 담을 수 있는 구멍을 파기가 날카롭게 만드는 것보다 힘들 것 같고
열 전도가 잘 안 되지 않나 돌이?
오후 7:21
과학적 근거 찾기
혜연
근데 한번 달구면 오래 가니까
오후 7:21
혜연
식칼도 돌 깨서 만들면 되긴 하겠다
오후 7:22
준규
돌이 열 전도율이 좋구나
오후 7:22
그새 구글에서 확인한 듯?
혜연
근데 그런걸 못가져간다는 전제 자체가 내가 만들어 쓰면 안되는건지 문제에서 그걸 모르겠지만
아직도 문제의 정보부족이 못마땅
혜연
나는 일단 물고기 잡아서 구워먹을건데 구우면 안된다는건지
오후 7:24
경훈
만들어쓰는 게 가능하겠다 싶으면 안 가져가도?
오후 7:24
혜연
그럼 상하수도.
당장 마실 물과 위생문제
오후 7:24
경훈
영화 캐스트 어웨이에 나오는 무인도 같은 데라고 하면
오후 7:25
준규
21번째 선택지 윌슨
오후 7:26
혜연
ㅋㅋㅋㅋㅋㅋ
오후 7:26
준규
같이 밥을 먹을 동료 com-pan-ion
오후 7:26
혜연
먹을거에 관련된 발명품이 아닌걸ㅋㅋ
걘 그냥 데려갈 수 있음
오후 7:27
준규
ㅋㅋㅋㅋ
나는 굽기로 하겠습니다
불을 피울 자신이 없어서요
체온 유지도 중요하고
오후 7:27
혜연
"굽기" 같은 이미 내가 아는 기술을 "못" 가져간다는게 뭔지 아직 클리어하지가 않은데 암튼..
아직도 문제에 시비
준규
물은 바닷물을 불로 끓이든 식물에서 추출하든 급한대로 오줌을 먹든 할 수 있을 거 같아서
굽기로ㅎㅎ
오후 7:29
혜연
살균우유를 선택하면 모든걸 살균하는 기술을 받는건지도
튀김을 선택하면 오일을 받는건지도
ㅋㅋㅋ
오후 7:29
준규
불은 호신용으로도 좋고
오후 7:30
혜연
ㅋㅋㅋㅋㅋㅋ
오후 7:30
준규
"그곳에 불이 있으라"
오후 7:30
운전 중 답변함
경훈
아빠가 굽기는 굽는 기술이래. 불이 있을 때.
오후 7:31

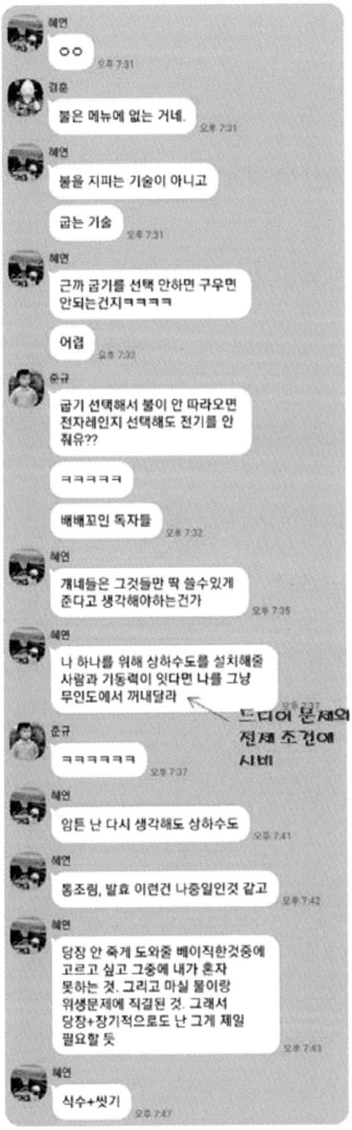
혜연
ㅇㅇ
오후 7:31
경춘
불은 메뉴에 없는 거네.
오후 7:31
혜연
불을 지피는 기술이 아니고
굽는 기술
오후 7:31
혜연
근까 굽기를 선택 안하면 구우면 안되는건지ㅋㅋㅋㅋ
어렵
오후 7:32
준규
굽기 선택해서 불이 안 따라오면 전자레인지 선택해도 전기를 안 줘유??
ㅋㅋㅋㅋㅋ
배배꼬인 독자들
오후 7:32
혜연
걔네들은 그것들만 딱 쓸수있게 준다고 생각해야하는건가
오후 7:35
혜연
나 하나를 위해 상하수도를 설치해줄 사람과 기동력이 잇다면 나를 그냥 무인도에서 꺼내달라
오후 7:37
드디어 문제의 전제 조건에 시비
준규
ㅋㅋㅋㅋㅋㅋ
오후 7:37
혜연
암튼 난 다시 생각해도 상하수도
오후 7:41
혜연
통조림, 발효 이런건 나중일인것 같고
오후 7:42
혜연
당장 안 죽게 도와줄 베이직한것중에 고르고 싶고 그중에 내가 혼자 못하는 것. 그리고 마실 물이랑 위생문제에 직결된 것. 그래서 당장+장기적으로도 난 그게 제일 필요할 듯
오후 7:43
혜연
식수+씻기
오후 7:47

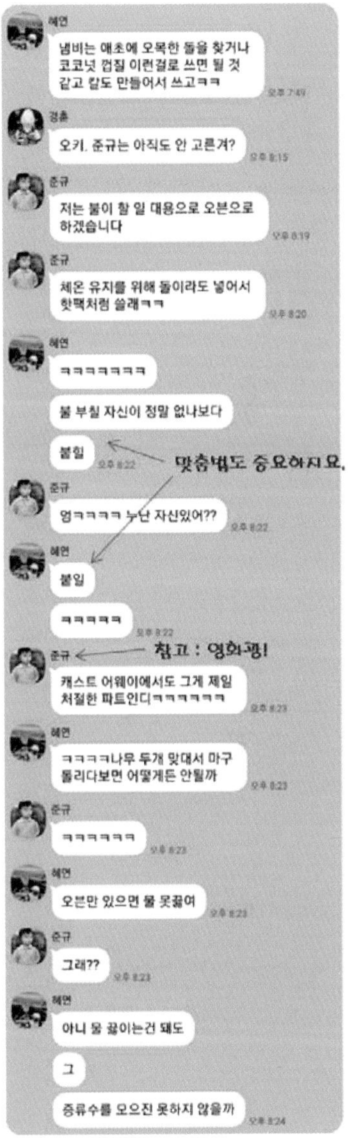
혜연
냄비는 애초에 오목한 돌을 찾거나 코코넛 껍질 이런걸로 쓰면 될 것 같고 칼도 만들어서 쓰고ㅋㅋ
오후 7:49
경춘
오키. 준규는 아직도 안 고른겨?
오후 8:15
준규
저는 불이 참 일 대용으로 오븐으로 하겠습니다
오후 8:19
준규
체온 유지를 위해 돌이라도 넣어서 핫팩처럼 쓸래ㅋㅋ
오후 8:20
혜연
ㅋㅋㅋㅋㅋㅋㅋ
불 부칠 자신이 정말 없나보다
불힐
오후 8:22
맞춤법도 중요하지요.
준규
엉ㅋㅋㅋㅋ 누난 자신있어??
오후 8:22
혜연
불일
ㅋㅋㅋㅋㅋ
오후 8:22
참고 : 영화광!
준규
캐스트 어웨이에서도 그게 제일 처절한 파트인디ㅋㅋㅋㅋㅋㅋ
오후 8:23
혜연
ㅋㅋㅋㅋ나무 두개 맞대서 마구 돌리다보면 어떻게든 안될까
오후 8:23
준규
ㅋㅋㅋㅋㅋㅋ
오후 8:23
혜연
오븐만 있으면 물 못끓여
오후 8:23
준규
그래??
오후 8:23
혜연
아니 물 끓이는건 돼도
그
증류수를 모으진 못하지 않을까
오후 8:24

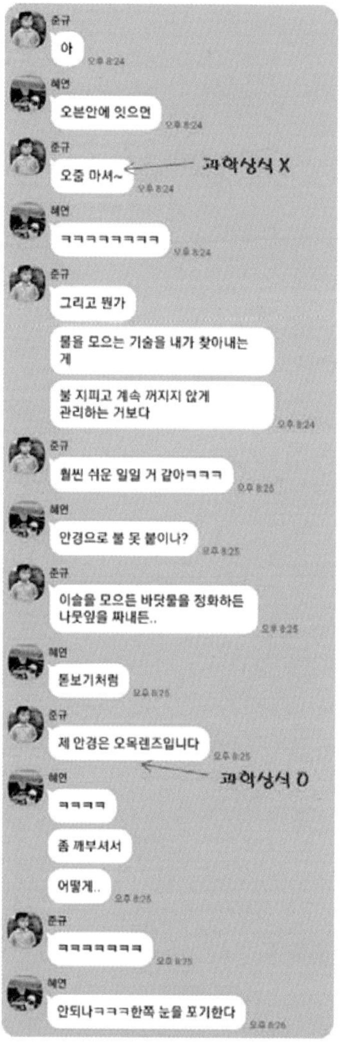

준규
아
오후 8:24
혜연
오븐안에 잇으면
오후 8:24
준규
오줌 마셔~
과학상식 X
오후 8:24
혜연
ㅋㅋㅋㅋㅋㅋㅋㅋㅋ
오후 8:24
준규
그리고 뭔가
물을 모으는 기술을 내가 찾아내는 게
불 지피고 계속 꺼지지 않게 관리하는 거보다
오후 8:24
준규
훨씬 쉬운 일일 거 같아ㅋㅋㅋ
오후 8:25
혜연
안경으로 불 못 붙이나?
오후 8:25
준규
이슬을 모으든 바닷물을 정화하든 나뭇잎을 짜내든..
오후 8:25
혜연
돋보기처럼
오후 8:25
준규
제 안경은 오목렌즈입니다
오후 8:25
과학상식 O
혜연
ㅋㅋㅋㅋ
좀 깨부셔서
어떻게..
오후 8:25
준규
ㅋㅋㅋㅋㅋㅋㅋ
오후 8:25
혜연
안되나ㅋㅋㅋ한쪽 눈을 포기한다
오후 8:26

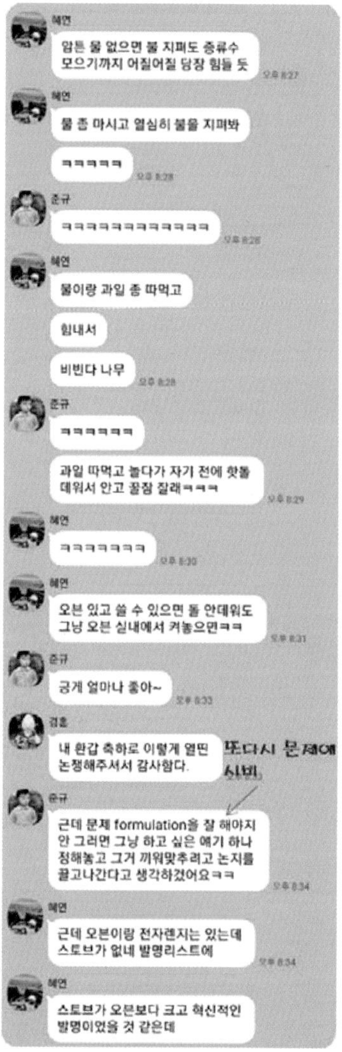

혜연
암튼 물 없으면 불 지펴도 증류수 모으기까지 어질어질 당장 힘들 듯
오후 8:27
혜연
물 좀 마시고 열심히 불을 지펴봐
ㅋㅋㅋㅋㅋ
오후 8:28
준규
ㅋㅋㅋㅋㅋㅋㅋㅋㅋㅋㅋㅋㅋ
오후 8:28
혜연
물이랑 과일 좀 따먹고
힘내서
비빈다 나무
오후 8:28
준규
ㅋㅋㅋㅋㅋㅋ
과일 따먹고 놀다가 자기 전에 핫돌 데워서 안고 꿀잠 잘래ㅋㅋㅋ
오후 8:29
혜연
ㅋㅋㅋㅋㅋㅋㅋ
오후 8:30
혜연
오븐 있고 쓸 수 있으면 돌 안데워도 그냥 오븐 실내에서 켜놓으면ㅋㅋ
오후 8:31
준규
궁게 얼마나 좋아~
오후 8:33
경호
내 환갑 축하로 이렇게 열띤 논쟁해주서서 감사함다.
또다시 문제에 시비
준규
근데 문제 formulation을 잘 해야지 안 그러면 그냥 하고 싶은 얘기 하나 정해놓고 그거 끼워맞추려고 논지를 끌고나간다고 생각하겠어요ㅋㅋ
오후 8:34
혜연
근데 오븐이랑 전자렌지는 있는데 스토브가 없네 발명리스트에
오후 8:34
혜연
스토브가 오븐보다 크고 혁신적인 발명이었을 것 같은데

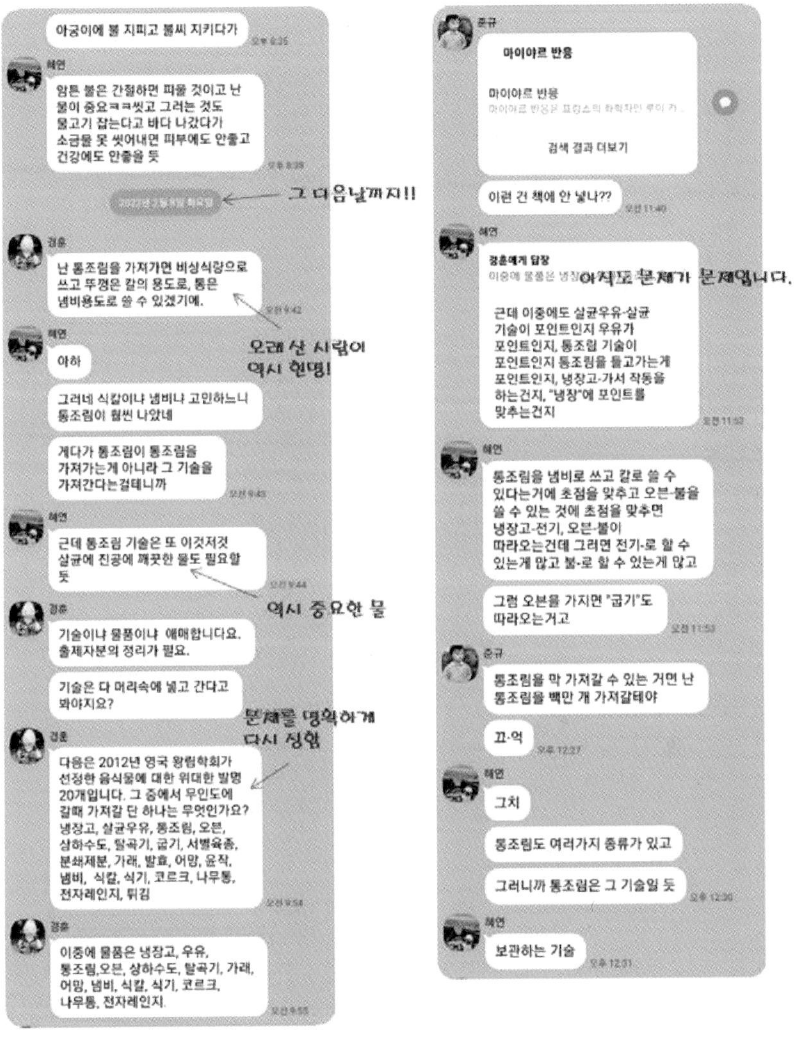
아궁이에 불 지피고 불씨 지키다가
혜연
암튼 불은 간절하면 피울 것이고 난 물이 중요ㅋㅋ씻고 그러는 것도 물고기 잡는다고 바다 나갔다가 소금물 못 씻어내면 피부에도 안좋고 건강에도 안좋을 듯
그 다음날까지!!
경훈
난 통조림을 가져가면 비상식량으로 쓰고 뚜껑은 칼의 용도로, 통은 냄비용도로 쓸 수 있겠기에.
오전 9:42
오래 산 사람이 역시 현명!
혜연
아하
그러네 식칼이나 냄비나 고민하느니 통조림이 훨씬 나았네
게다가 통조림이 통조림을 가져가는게 아니라 그 기술을 가져간다는걸테니까
혜연
근데 통조림 기술은 또 이것저것 살균에 진공에 깨끗한 물도 필요할 듯
역시 중요한 물
경훈
기술이냐 물품이냐 애매합니다요. 출제자분의 정리가 필요.
기술은 다 머리속에 넣고 간다고 봐야지요?
문제를 명확하게 다시 정함
경훈
다음은 2012년 영국 왕립학회가 선정한 음식물에 대한 위대한 발명 20개입니다. 그 중에서 무인도에 갈때 가져갈 단 하나는 무엇인가요? 냉장고, 살균우유, 통조림, 오븐, 상하수도, 탈곡기, 굽기, 서별육종, 분쇄제분, 가래, 발효, 어망, 윤작, 냄비, 식칼, 식기, 코르크, 나무통, 전자레인지, 튀김
경훈
이중에 물품은 냉장고, 우유, 통조림,오븐, 상하수도, 탈곡기, 가래, 어망, 냄비, 식칼, 식기, 코르크, 나무통, 전자레인지.
준규
마이아르 반응
마이아르 반응
검색 결과 더보기
이런 건 책에 안 낳나??
오전 11:40
혜연
경훈에게 답장
아직도 문제가 문제입니다.
근데 이중에도 살균우유-살균 기술이 포인트인지 우유가 포인트인지, 통조림 기술이 포인트인지 통조림을 들고가는게 포인트인지, 냉장고-가서 작동을 하는건지, "냉장"에 포인트를 맞추는건지
오전 11:52
혜연
통조림을 냄비로 쓰고 칼로 쓸 수 있다는거에 초점을 맞추고 오븐-불을 쓸 수 있는 것에 초점을 맞추면 냉장고-전기, 오븐-불이 따라오는건데 그러면 전기-로 할 수 있는게 많고 불-로 할 수 있는게 많고
그럼 오븐을 가지면 "굽기"도 따라오는거고
오전 11:53
준규
통조림을 막 가져갈 수 있는 거면 난 통조림을 백만 개 가져갈테야
끄·억
오후 12:27
혜연
그치
통조림도 여러가지 종류가 있고
그러니까 통조림은 그 기술일 듯
오후 12:30
혜연
보관하는 기술
오후 12:31

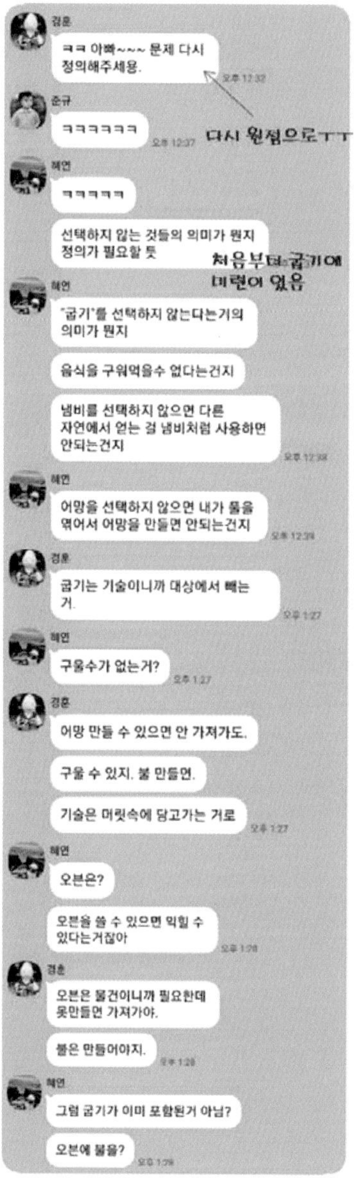
경훈
ㅋㅋ 아빠~~~ 문제 다시 정의해주세용.
오후 12:32
준규
ㅋㅋㅋㅋㅋㅋㅋ
오후 12:37
다시 원점으로ㅜㅜ
혜연
ㅋㅋㅋㅋㅋㅋ
선택하지 않는 것들의 의미가 뭔지 정의가 필요할 듯
처음부터 굽기에 미련이 있음
혜연
"굽기"를 선택하지 않는다는거의 의미가 뭔지
음식을 구워먹을수 없다는건지
냄비를 선택하지 않으면 다른 자연에서 얻는 걸 냄비처럼 사용하면 안되는건지
오후 12:38
혜연
어망을 선택하지 않으면 내가 풀을 엮어서 어망을 만들면 안되는건지
오후 12:39
경훈
굽기는 기술이니까 대상에서 빼는 거.
오후 1:27
혜연
구울수가 없는거?
오후 1:27
경훈
어망 만들 수 있으면 안 가져가도.
구울 수 있지. 불 만들면.
기술은 머릿속에 담고가는 거로
오후 1:27
혜연
오븐은?
오븐을 쓸 수 있으면 익힐 수 있다는거잖아
오후 1:28
경훈
오븐은 물건이니까 필요한데 못만들면 가져가야.
불은 만들어야지.
오후 1:28
혜연
그럼 굽기가 이미 포함된거 아님?
오븐에 불을?
오후 1:29

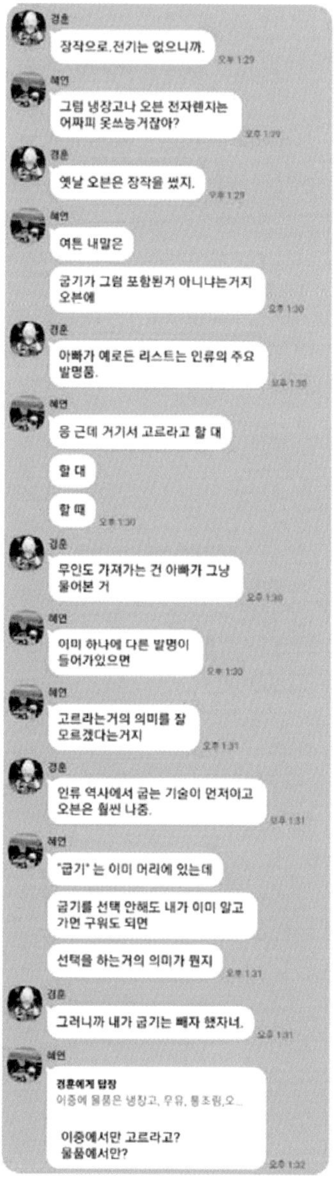
경훈
장작으로. 전기는 없으니까.
오후 1:29
혜연
그럼 냉장고나 오븐 전자렌지는 어짜피 못쓰능거잖아?
오후 1:29
경훈
옛날 오븐은 장작을 썼지.
오후 1:29
혜연
여튼 내말은
굽기가 그럼 포함된거 아니냐는거지 오븐에
오후 1:30
경훈
아빠가 예로든 리스트는 인류의 주요 발명품.
오후 1:30
혜연
웅 근데 거기서 고르라고 할 대
할 대
할 때
오후 1:30
경훈
무인도 가져가는 건 아빠가 그냥 물어본 거
오후 1:30
혜연
이미 하나에 다른 발명이 들어가있으면
오후 1:30
혜연
고르라는거의 의미를 잘 모르겠다는거지
오후 1:31
경훈
인류 역사에서 굽는 기술이 먼저이고 오븐은 훨씬 나중.
오후 1:31
혜연
"굽기" 는 이미 머리에 있는데
굽기를 선택 안해도 내가 이미 알고 가면 구워도 되면
선택을 하는거의 의미가 뭔지
오후 1:31
경훈
그러니까 내가 굽기는 빼자 했자너.
오후 1:31
혜연
경훈에게 답장
이중에 물품은 냉장고, 우유, 통조림,오...
이중에서만 고르라고?
물품에서만?
오후 1:32

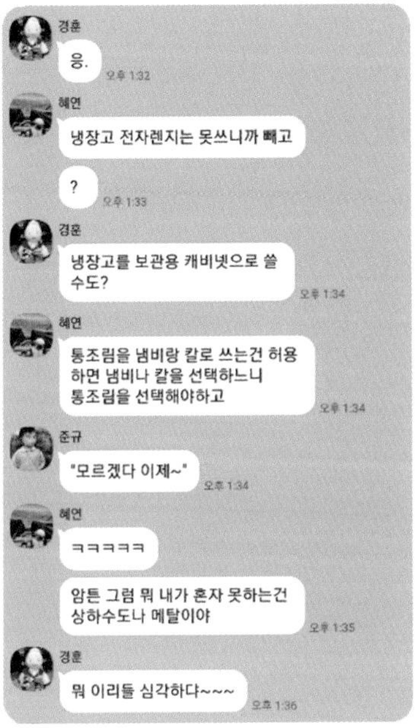
경훈
응.
오후 1:32
혜연
냉장고 전자렌지는 못쓰니까 빼고
?
오후 1:33
경훈
냉장고를 보관용 캐비넷으로 쓸 수도?
오후 1:34
혜연
통조림을 냄비랑 칼로 쓰는건 허용하면 냄비나 칼을 선택하느니 통조림을 선택해야하고
오후 1:34
준규
"모르겠다 이제~"
오후 1:34
혜연
ㅋㅋㅋㅋㅋ
암튼 그럼 뭐 내가 혼자 못하는건 상하수도나 메탈이야
오후 1:35
경훈
뭐 이리들 심각하다~~~
오후 1:36

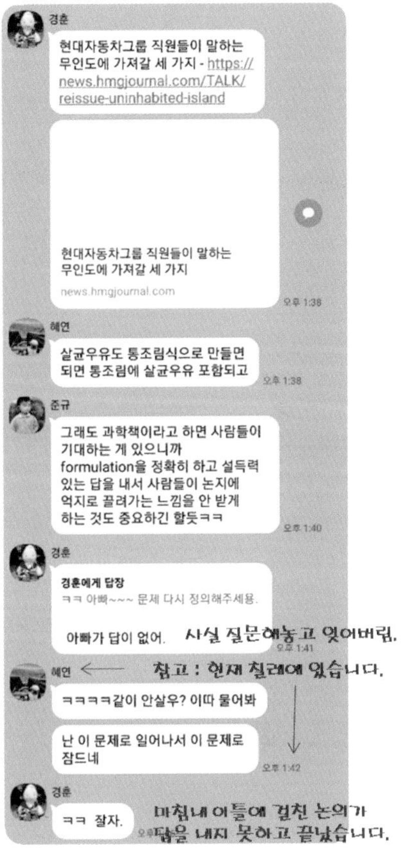
경훈
현대자동차그룹 직원들이 말하는 무인도에 가져갈 세 가지 - https://news.hmgjournal.com/TALK/reissue-uninhabited-island
현대자동차그룹 직원들이 말하는 무인도에 가져갈 세 가지
news.hmgjournal.com
오후 1:38
혜연
살균우유도 통조림식으로 만들면 되면 통조림에 살균우유 포함되고
오후 1:38
준규
그래도 과학책이라고 하면 사람들이 기대하는 게 있으니까 formulation을 정확히 하고 설득력 있는 답을 내서 사람들이 논지에 억지로 끌려가는 느낌을 안 받게 하는 것도 중요하긴 할듯ㅋㅋ
오후 1:40
경훈
경훈에게 답장
ㅋㅋ 아빠~~~ 문제 다시 정의해주세용.
아빠가 답이 없어.
사실 질문해놓고 잊어버림.
오후 1:41
혜연
참고 : 현재 칠레에 있습니다.
ㅋㅋㅋㅋ같이 안살우? 이따 물어봐
난 이 문제로 일어나서 이 문제로 잠드네
오후 1:42
경훈
ㅋㅋ 잘자.
마침내 이틀에 걸친 논의가 답을 내지 못하고 끝났습니다.

2권에서 만나요.

부엌에서 물리 찾기 1

초판 1쇄 인쇄 | 2023년 7월 10일
초판 1쇄 발행 | 2023년 7월 15일

지은이 | 청유재 사람들
박병윤 · 권경훈 · 박혜연 · 박준규
펴낸이 | 조승식
펴낸곳 | (주)도서출판 **북스힐**

등 록 | 1998년 7월 28일 제 22-457호
주 소 | 서울시 강북구 한천로 153길 17
전 화 | (02) 994-0071
팩 스 | (02) 994-0073

블로그 | blog.naver.com/booksgogo
이메일 | bookshill@bookshill.com

정가 18,000원

ISBN 979-11-5971-512-9

Published by bookshill, Inc. Printed in Korea.